普通高等院校计算机基础教育系列精品教材

Python 基础及其在数学建模中的应用

主 编 李汉龙 隋 英 韩 婷

副主编 刘 丹 孙丽华

参 编 吕 晶 韩 颖 杨 丽

北京理工大学出版社
BEIJING INSTITUTE OF TECHNOLOGY PRESS

内 容 简 介

本书是作者结合多年的 Python 语言课程教学实践编写的。其内容包括：Python 介绍、Python 基础知识、Python 程序设计、Python 网络爬虫、Python 高等数学、Python 线性代数、Python 概率统计、Python 插值拟合与常微分方程求解及 Python 在数学建模中的应用共九章。书中配备了较多的实例，这些实例是学习 Python 与数学建模必须掌握的基本技能。

本书由浅入深、由易到难，既可作为在职教师学习 Python 的自学用书，也可作为数学建模培训班学生的培训教材。

图书在版编目（CIP）数据

Python 基础及其在数学建模中的应用 / 李汉龙，隋英，韩婷主编. --北京 ：北京理工大学出版社，2023.3（2023.4 重印）

ISBN 978-7-5763-2198-2

Ⅰ. ①P… Ⅱ. ①李… ②隋… ③韩… Ⅲ. ①数学模型-应用软件 Ⅳ. ①O141.4

中国国家版本馆 CIP 数据核字（2023）第 046861 号

出版发行 / 北京理工大学出版社有限责任公司
社　　　址 / 北京市海淀区中关村南大街 5 号
邮　　　编 / 100081
电　　　话 / （010）68914775（总编室）
　　　　　　　（010）82562903（教材售后服务热线）
　　　　　　　（010）68944723（其他图书服务热线）
网　　　址 / http：//www. bitpress. com. cn
经　　　销 / 全国各地新华书店
印　　　刷 / 唐山富达印务有限公司
开　　　本 / 787 毫米×1092 毫米　1/16
印　　　张 / 15　　　　　　　　　　　　　　　　责任编辑 / 时京京
字　　　数 / 375 千字　　　　　　　　　　　　　文案编辑 / 时京京
版　　　次 / 2023 年 3 月第 1 版　2023 年 4 月第 2 次印刷　责任校对 / 刘亚男
定　　　价 / 45.00 元　　　　　　　　　　　　　责任印制 / 李志强

前　言

Python 是一种跨平台的计算机程序设计语言。Python 的创始人为荷兰人吉多·范罗苏姆（Guido van Rossum）。

本书以 Python3.9 为基础，是作者结合多年的 Python 语言课程教学实践编写的。其内容包括：Python 介绍、Python 基础知识、Python 程序设计、Python 网络爬虫、Python 高等数学、Python 线性代数、Python 概率统计、Python 插值拟合与常微分方程求解、Python 在数学建模中的应用共九章。书中配备了较多的实例，这些实例是学习 Python 与数学建模必须掌握的基本技能。

本书由浅入深、由易到难，可作为在职教师学习 Python 的自学用书，也可作为数学建模培训班学生的培训教材。

本书程序代码主要是在 Anaconda3.9 中的集成环境 Spyder 下编写而成。本书从 Python 介绍开始，重点介绍了 Python 网络爬虫、Python 高等数学、Python 线性代数、Python 概率统计等内容，并通过具体的实例，使读者一步一步地随着作者的思路来完成课程的学习；同时，在每章后面作出归纳总结，并给出一定的练习题。书中所给实例具有技巧性而又道理显然，可使读者思路畅达，对所学知识融会贯通，事半功倍。本书可谓读者学习 Python 和数学建模的良师益友。

本书所使用的素材包含文字、图形、图像、代码等，有的为作者本人制作，有的来自互联网络。我们使用这些素材，目的是想给读者提供更为完善的学习资料。

本书第 1 章由吕晶编写；第 2 章、第 3 章由李汉龙编写；第 4 章由韩婷编写；第 5 章、第 8 章由隋英编写；第 6 章由孙丽华编写；第 7 章由刘丹编写；第 9 章第 1 节 Python 在数学规划建模中的应用由韩颖编写；第 9 章第 2 节 Python 在空气质量建模中的应用由杨丽编写；参考文献及前言由李汉龙编写。全书由李汉龙、韩婷统稿，李汉龙、隋英、韩婷审稿。

本书的编写和出版得到了北京理工大学出版社的大力支持，在此表示衷心的感谢！

本书参考了国内外出版的一些教材以及网络资料，见本书所附参考文献，在此表示谢意。由于水平所限，书中待商榷之处在所难免，恳请读者、同行和专家批评指正。

编　者

2022 年 12 月

目 录
CONTENTS

第1章 Python 介绍

【本章概要】

- 了解 Python
- 认识 Anaconda
- 掌握 Spyder

1.1　了解 Python

1.1.1　Python 简介

Python 最初是由荷兰人 Guido van Rossum 在 1990 年创造的，作为 ABC 的代替语言。Python 是一个高层次的结合了解释性、编译性、互动性和面向对象的脚本语言。Python 是一种解释型语言，在开发过程中是没有编译这个环节的。Python 是交互式语言，在提示符后直接执行代码。Python 是面向对象语言，一切皆对象。

语法：

Python 开发者有意让违反了缩进规则的程序不能通过编译，以此来强制程序员养成良好的编程习惯。并且在 Python 语言里，缩进而非使用花括号或者某种关键字表示语句块的开始和退出。增加缩进表示语句块的开始，而减少缩进则表示语句块的退出。缩进成了语法的一部分。

根据 PEP 规定，必须使用 4 个空格来表示每级缩进。使用 Tab 字符和其他数目的空格虽然都可以编译通过，但不符合编码规范。支持 Tab 字符和其他数目的空格仅仅是为了兼容很旧的 Python 程序和某些有问题的编辑器。第一行要顶到行头，同一级别新的都要顶到行头。

变量：

使用变量时，需要遵守一些规则。违反这些规则将引发错误。标识符的第一个字符必须是字母表中的字母（大写或小写），或者一个下画线（'-'）。标识符名称的其他部分可以由字母（大写或小写），下画线（'-'）或数字（0-9）组成。变量名只能包含数字、字母、下画线。变量名不能以数字开头以及不能包含空格。变量名不能将 Python 保留字和函数名作为变量名，如 print 等。Python3 的 33 个保留字列表如表 1.1 所示。

表 1.1　Python3 的 33 个保留字列表

False	def	if	raise
None	del	import	return
True	elif	in	try
and	else	is	while
as	except	lamda	with
assert	finally	nonlocal	yield
break	for	not	
class	from	or	
continue	global	pass	

变量名要简单又具有描述性。如 name 比 n 好，user_name 比 u_n 好。慎用大写字母 I 和 O，避免看错成数字 1 和 0。

1.1.2　Python 标准库

Python 是一种脚本语言，有胶水语言之称。它也有自己的标准库，这时就有人问 Python 标准库是什么。打个比方，就像你平时用的生活用品，你总不可能所有的都自己制作、生产，是要去买的。标准库就像一个超市，你要什么就去里面寻找。

Python 的标准库很强大，它提供了非常广域的支持。包含的内置模块（用 C 语言写的）提供了系统层面的使用，比如对文件的 I/O 操作。使得它易于被 Python 程序员使用。就像用 Python 写出的为解决常见问题的其他的标准化的解决方案一样。一些模块被设计得非常简洁以促进和提高 Python 程序 API 的跨平台可移植性。

Windows 平台安装的 Python 通常包含整个标准库，也时常会包含一些额外的组件。Unix 系的操作系统通常提供了一系列的包，所以很可能要用系统自带的包工具来获得其他的组件。

Python 拥有一个强大的标准库，其核心只包含数字、字符串、列表、字典、文件等常见类型和函数。Python 标准库命名接口清晰、文档良好，很容易学习和使用。Python 标准库的主要功能有以下几点：

文本处理。包含文本格式化、正则表达式匹配、文本差异计算与合并、Unicode 支持、二进制数据处理等功能。

文件处理。包含文件操作、创建临时文件、文件压缩与归档、操作配置文件等功能。操作系统功能。包含线程与进程支持、IO 复用、日期与时间处理、调用系统函数、写日记等功能．网络通信。包含网络套接字、SSL 加密通信、异步网络通信等功能。网络协议．支持 HTTP、FTP、SMTP、POP、IMAP、NNTP、XMLRPC 等多种网络协议，并且提供了编写网络服务器的框架。W3C 格式支持包含 HTML、SGML、XML 的处理。

1.1.3 Python 特点

1. 优点

（1）作为初学 Python 的非科班出身的小白，Python 非常简单，非常适合人类阅读。阅读一个良好的 Python 程序就像是在读英语一样，尽管这个英语的要求非常严格！

（2）易学。Python 虽然是用 c 语言写的，但是它摈弃了 C 语言中非常复杂的指针，简化了 Python 的语法。

（3）Python 是 FLOSS（自由/开放源码软件）之一。Python 希望看到一个更加优秀的人创造并经常改进。

（4）可移植性——由于它的开源本质，Python 已经被移植在许多平台上（经过改动使它能够工作在不同平台上）。如果你小心地避免使用依赖于系统的特性，那么你的所有 Python 程序无须修改就可以在下述任何平台上面运行。这些平台包括 Linux、Windows、FreeBSD、Macintosh、Solaris、OS/2、Amiga、AROS、AS/400、BeOS、OS/390、z/OS、PalmOS、QNX、VMS、Psion、Acom RISC OS、VxWorks、PlayStation、Sharp Zaurus、Windows CE 甚至还有 PocketPC、Symbian 以及 Google 基于 linux 开发的 Android 平台。

（5）在计算机内部，Python 解释器把源代码转换成称为字节码的中间形式，然后再把它翻译成计算机使用的机器语言并运行。

（6）Python 既支持面向过程的函数编程也支持面向对象的抽象编程。在面向过程的语言中，程序是由过程或仅仅是可重用代码的函数构建起来的。在面向对象的语言中，程序是由数据和功能组合而成的对象构建起来的。与其他主要的语言如 C++和 Java 相比，Python 以一种非常强大又简单的方式实现面向对象编程。

（7）可扩展性和可嵌入性。如果你需要你的一段关键代码运行得更快或者希望某些算法不公开，你可以把你的部分程序用 C 或 C++编写，然后在你的 Python 程序中使用它们。你可以把 Python 嵌入你的 C/C++程序，从而向你的程序用户提供脚本功能。

（8）丰富的库。Python 标准库确实很庞大。Python 有可定义的第三方库可以使用。它可以帮助你处理各种工作，包括正则表达式、文档生成、单元测试、线程、数据库、网页浏览器、CGI、FTP、电子邮件、XML、XML-RPC、HTML、WAV 文件、密码系统、GUI（图形用户界面）、Tk 和其他与系统有关的操作。记住，只要安装了 Python，所有这些功能都是可用的。这被称作 Python 的"功能齐全"理念。除了标准库以外，还有许多其他高质量的库，如 wxPython、Twisted 和 Python 图像库等等。

（9）Python确实是一种十分精彩又强大的语言。它合理地结合了高性能与使得编写程序简单有趣的特色。

（10）规范的代码。Python采用强制缩进的方式使得代码具有极佳的可读性。

2. 缺点

很多时候不能将程序连写成一行，如 import sys；for i in sys. path：print i。而 perl 和 awk 就无此限制，可以较为方便地在 shell 下完成简单程序，不需要如 Python 一样，必须将程序写入一个 . py 文件。

（1）运行速度，有速度要求的话，用 C++改写关键部分吧。不过对于用户而言，机器上运行速度是可以忽略的。因为用户根本感觉不出来这种速度的差异。

（2）既是优点也是缺点，Python 的开源性是的 Python 语言不能加密。

（3）构架选择太多（没有像 C#这样的官方 . net 构架，也没有像 ruby 由于历史较短，构架开发的相对集中。Ruby on Rails 构架开发中小型 web 程序天下无敌）。不过也从另一个侧面说明，Python 比较优秀，吸引的人才多，项目也多。

1.1.4 Python 应用

Python 是一门简单、易学并且很有前途的编程语言，很多人都对 Python 感兴趣，但是当学完 Python 基础用法之后，又会产生迷茫，尤其是自学的人员，不知道接下来的 Python 学习方向，以及学完之后能干些什么？以下是 Python 十大应用领域。

1. WEB 开发

Python 拥有很多免费数据函数库、免费 WEB 网页模板系统，以及与 WEB 服务器进行交互的库，可以实现 WEB 开发，搭建 WEB 框架，目前比较有名气的 Python WEB 框架为 Django。

2. 网络编程

网络编程是 Python 学习的另一个方向。网络编程在生活和开发中无处不在，哪里有通信哪里就有网络，它可以称为是一切开发的基石。对于所有编程开发人员必须要知其然并知其所以然，所以网络部分将从协议、封包、解包等底层进行深入剖析。

3. 爬虫开发

在爬虫领域，Python 几乎是霸主地位，将网络一切数据作为资源，通过自动化程序进行有针对性的数据采集以及处理。从事该领域应学习爬虫策略、高性能异步 IO、分布式爬虫等，并针对 Scrapy 框架源码进行深入剖析，从而理解其原理并实现自定义爬虫框架。

4. 云计算开发

Python 是从事云计算工作需要掌握的一门编程语言。目前很流行的云计算框架 OpenStack 就是由 Python 开发的。如果想要深入学习并进行二次开发，就需要具备 Python 的技能。

5. 人工智能

NASA 和 Google 早期大量使用 Python，为 Python 积累了丰富的科学运算库。当 AI 时代来临后，Python 从众多编程语言中脱颖而出，各种人工智能算法都基于 Python 编写，尤其 PyTorch 之后，Python 作为 AI 时代头牌语言的位置基本确定。

6. 自动化运维

Python 是一门综合性的语言，能满足绝大部分自动化运维需求，前端和后端都可以做，从事该领域，应从设计层面、框架选择、灵活性、扩展性、故障处理以及如何优化等层面进行学习。

7. 金融分析

金融分析包含金融知识和 Python 相关模块的学习。学习内容囊括 Numpy \ Pandas \ SciPy 数据分析模块等，以及常见金融分析策略如"双均线""周规则交易""羊驼策略""Dual Thrust 交易策略"等。

8. 科学运算

Python 是一门很适合做科学计算的编程语言，从 1997 年开始，NASA 就大量使用 Python 进行各种复杂的科学运算。随着 NumPy、SciPy、Matplotlib、Enthought librarys 等众多程序库的开发，使得 Python 越来越适合做科学计算、绘制高质量的 2D 和 3D 图像。

9. 游戏开发

在网络游戏开发中，Python 也有很多应用，相比于 Lua or C++，Python 比 Lua 有更高阶的抽象能力，可以用更少的代码描述游戏业务逻辑。Python 非常适合编写 1 万行以上的项目，而且能够很好地把网游项目的规模控制在 10 万行代码以内。

10. 桌面软件

Python 在图形界面开发上很强大，可以用 Tkinter/PyQt 框架开发各种桌面软件。

习题1-1

1. 单选题：下列关于 Python2.x 和 Python3.x 的说法，正确的是（　　）。

A. Python3.x 使用 print 语句输出数据

B. Python3.x 默认使用的编码是 UTF-8

C. Python2.x 和 Python3.x 使用"//"进行除法运算的结果不一致

D. Python3.x 的异常可以直接被抛出

2. 单选题：列选项中，不属于 Python 语言特点的是（　　）。

A. 面向过程　　　　B. 免费开源　　　　C. 面向对象　　　　D. 编译性语言

3. 单选题：下列关于 IPython 的说法，错误的是（　　）。

A. IPython 集成了交互式 Python 的很多优点

B. IPython 的性能远远优于标准的 Python 的 shell

C. IPython 支持变量自动补全、自动收缩

D. 与标准的 Python 相比，IPython 缺少内置的功能和函数

4. 单选题：下列选项中，（　　）是不符合规范的变量名。

A. _text　　　　　　B. HAPPY　　　　　C. 3fe　　　　　　D. my_name

5. 单选题：下列关于 Python 命名规范的说法中，错误的是（　　）。

A. 模块名、包名应简短且全为小写　　　　B. 类名的首字母一般使用大写

C. 常量经常使用全大写字母命名　　　　　D. 函数名中不能使用下画线

1. 2　认识 Anaconda

Anaconda 是一个开源的 Python 发行版本，包含 Conda、Python 等 180 个科学包及其依赖项。Anaconda 的下载文件比较大，Anaconda3-2022.10-Windows-x86_64 版本大约 621 MB。

1. 2. 1　Anaconda 下载地址

Anaconda 下载地址是 https：//www. Anaconda. com/download/；

Anaconda 下载清华镜像地址是 https：//mirrors. tuna. tsinghua. edu. cn/Anaconda/archive/；

Anaconda 是跨平台的，有 Windows、macOS、Linux 版本，可以根据自己的实际情况选择安装相应版本。这里以 Anaconda 3-2022.10-Windows-x86_64 版本为例，介绍 Anaconda3 的安装。

1. 2. 2　Anaconda 安装

双击下载好的 Anaconda3-2022.10-Windows-x86_64 文件，出现如图 1.1 所示界面。

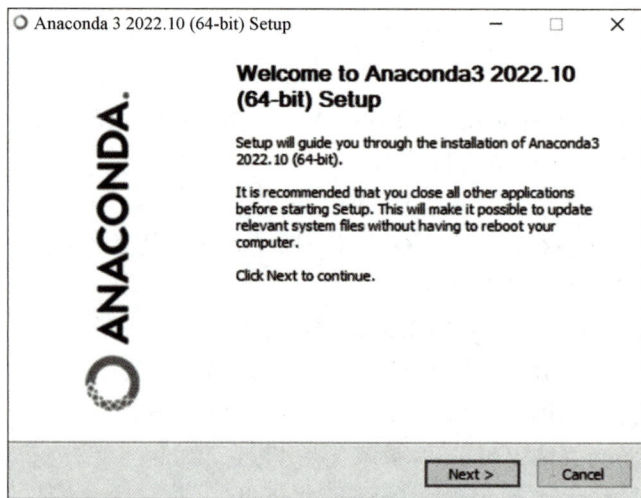

图 1.1　Anaconda3 安装示意图

单击 "Next"，出现如图 1.2 所示界面。

单击 "I Agree（我同意）"，出现如图 1.3 所示界面。

如出现 Install for 界面：Just me 还是 All Users？假如你的电脑有好几个用户，才需要考虑这个问题。其实我们电脑一般就一个 User，就一个人使用，选择 Just me，继续单击 "Next"，出现如图 1.4 所示界面。

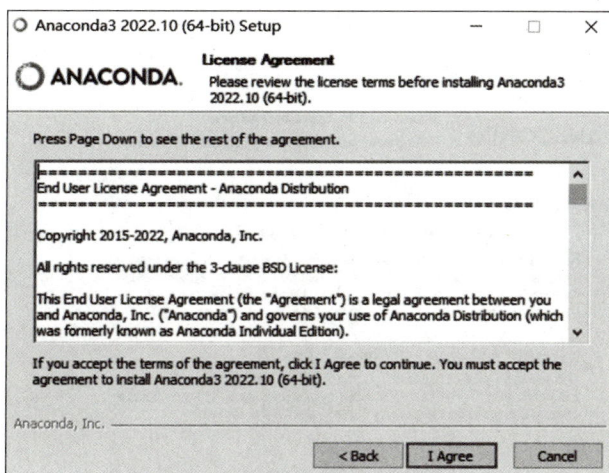

图 1. 2　Anaconda3 安装示意图

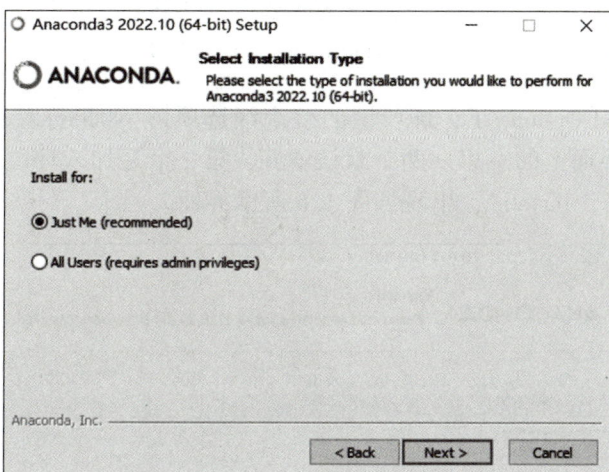

图 1. 3　Anaconda3 安装示意图

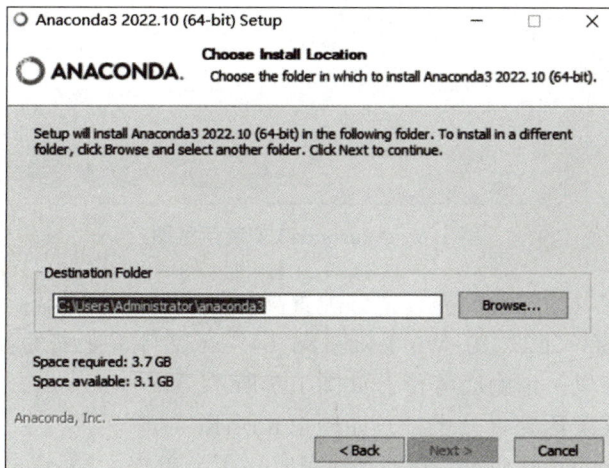

图 1. 4　Anaconda3 安装示意图

继续单击"Next",出现如图 1.5 所示界面。

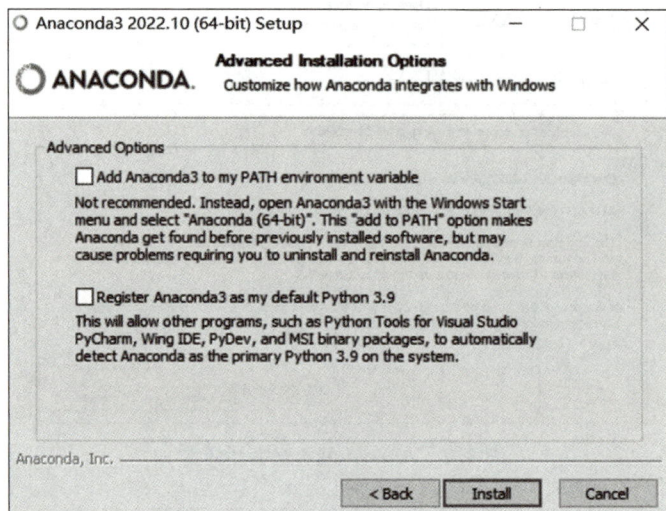

图 1.5　Anaconda3 安装示意图

这就来到 Advanced Options 了,即所谓的"高级选项"。如果你英文好,有一定背景知识的话,肯定明白这界面上的意思。两个默认就好,第一个是加入环境变量,第二个是默认使用 Python 3.9,单击"Install",出现如图 1.6 所示界面。

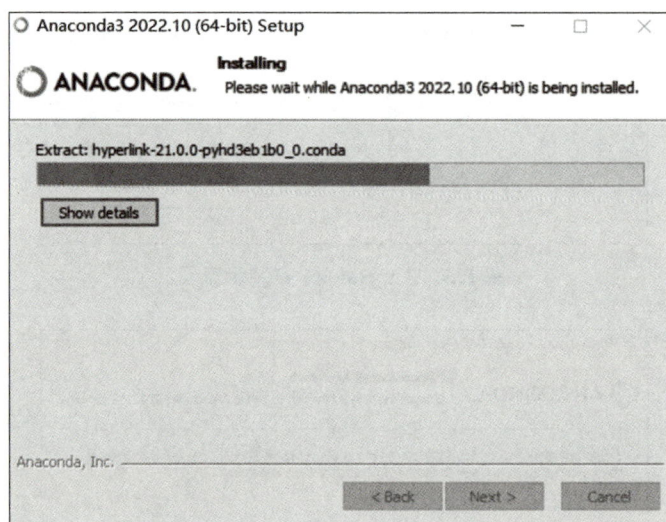

图 1.6　Anaconda3 安装示意图

安装时间根据你的电脑配置而异,电脑配置高,硬盘是固态硬盘,速度就更快。安装过程其实就是把 Anaconda3-2022.10-Windows-x86_64.exe 文件里压缩的各种 dll,py 文件,全部写到安装目标文件夹里,请耐心等待,如图 1.7 所示。

一直等到安装进度条达到百分之百,如图 1.8 所示。

终于安装完成 Installation Complete(安装完成)了,单击"Next",如图 1.9 所示。

继续单击"Finish",如图 1.10 所示。那两个选项都可以不选,单击"Finish"完成安装。

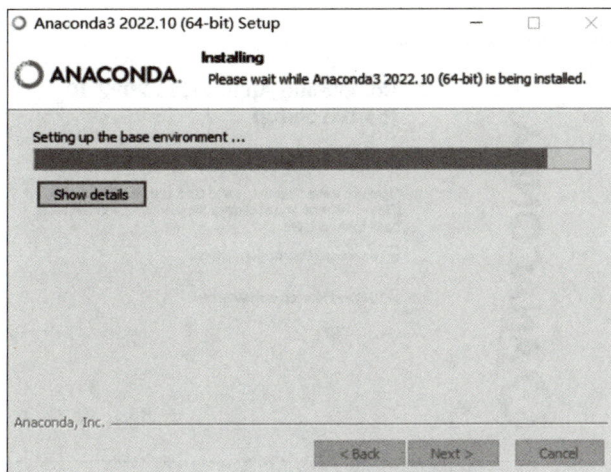

图 1.7　Anaconda3 安装示意图

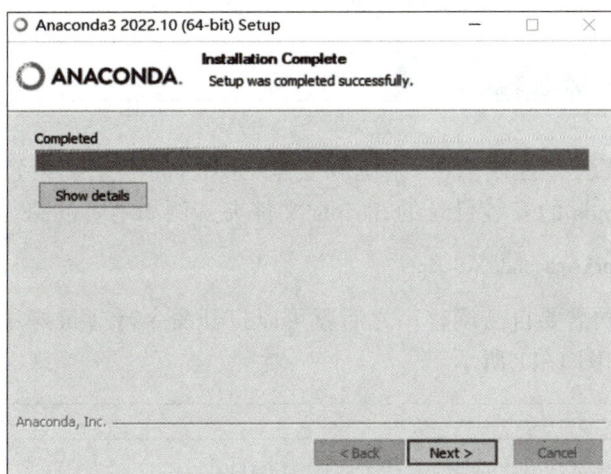

图 1.8　Anaconda3 安装示意图

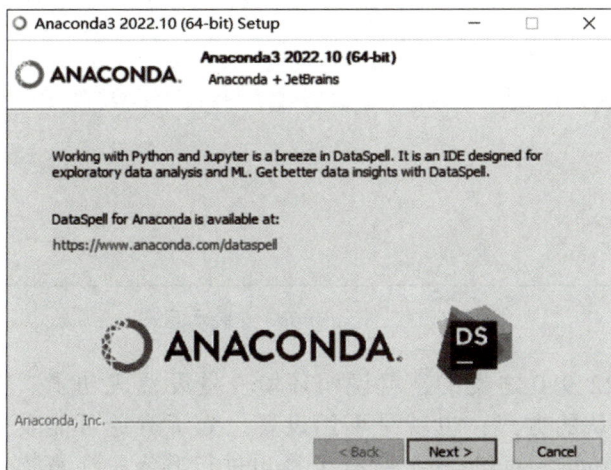

图 1.9　Anaconda3 安装示意图

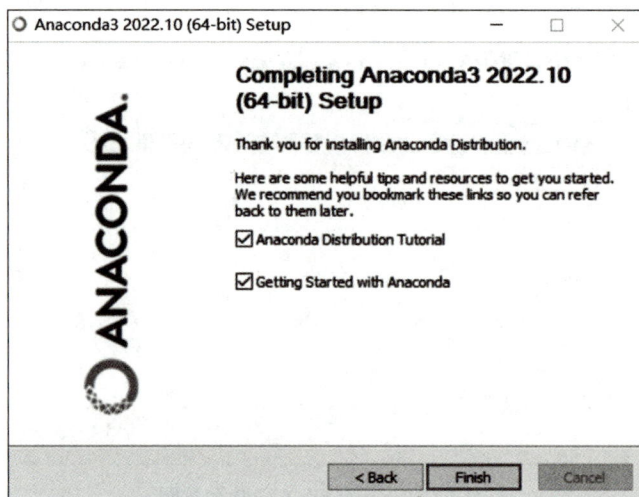

图 1.10   Anaconda3 安装示意图

1.2.3   Anaconda 配置环境变量

Windows 系统需要去"控制面板\系统和安全\系统\高级系统设置\环境变量\用户变\PATH"中添加 Anaconda 的安装目录的 Scripts 文件夹，例如笔者的路径是：

C:\Users\Administrator\Anaconda3\Scripts。

根据安装路径不同需要自己调整。之后就可以打开命令行（最好用管理员模式打开）输入 conda--version，如图 1.11 所示。

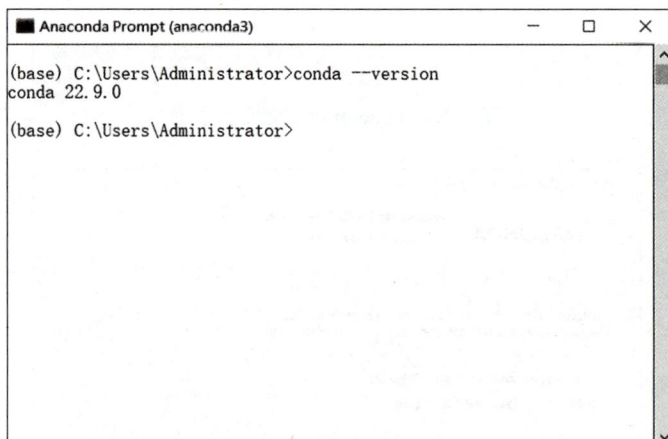

图 1.11   Anaconda3 安装示意图

如果输出 conda 22.9.0 之类的，就说明环境变量设置成功了。实际应用中，环境变量设置也经常采用默认的方式，也就是不用设置。为了避免可能发生的错误，我们在命令行输入"conda upgrade --all"先把所有工具包进行升级，注意连字符是两个英文状态下的减号"--"。

1.2.4　Anaconda 管理虚拟环境

用 Anaconda 创建一个独立的 Python 环境。接下来的例子都是在命令行操作的，先打开命令行。输入 conda activate，按 "Enter" 键能将我们引入 Anaconda 设定的虚拟环境中。如果你后面什么参数都不加，那么会进入 Anaconda 自带的 base 环境；你可以输入 Python 试试，这样会进入 base 环境的 Python 解释器，如图 1.12 所示。如果你把原来环境中的 Python 环境去除掉会更能体会到，这个时候在命令行中使用的已经不是你原来的 Python 而是 base 环境下的 Python。而命令行前面也会多一个（base），说明当前是在 base 环境下。

```
Anaconda Prompt (anaconda3) - python
(base) C:\Users\Administrator>conda activate

(base) C:\Users\Administrator>python
Python 3.9.15 (main, Nov 24 2022, 14:39:17) [MSC v.1916 64 bit (AMD64)] on win32
Type "help", "copyright", "credits" or "license" for more information.
>>>
```

图 1.12　base 环境的 Python 解释器

我们当然不满足一个 base 环境，我们应该为自己的程序安装单独的虚拟环境。创建一个名称为 work 的虚拟环境并指定 Python 版本为 3（这里 conda 会自动找 3 中最新的版本下载）。

```
conda create --name work Python=3.9
```

新建环境：

创建 Python 版本为 3.9，名为 work 的环境．--name 可以被--n 替换．命令行中输入：

```
conda create --name work Python=3.9
```

按 "Enter" 键确认后界面如图 1.13 所示。

```
Anaconda Prompt (anaconda3) - conda create --name work python=3.9

(base) C:\Users\Administrator>conda create --name work python=3.9
Collecting package metadata (current_repodata.json): done
Solving environment: done

## Package Plan ##

  environment location: C:\Users\Administrator\anaconda3\envs\work

  added / updated specs:
    - python=3.9


The following NEW packages will be INSTALLED:

  ca-certificates    pkgs/main/win-64::ca-certificates-2022.10.11-haa95532_0 None
  certifi            pkgs/main/win-64::certifi-2022.9.24-py39haa95532_0 None
  openssl            pkgs/main/win-64::openssl-1.1.1s-h2bbff1b_0 None
  pip                pkgs/main/win-64::pip-22.2.2-py39haa95532_0 None
  python             pkgs/main/win-64::python-3.9.15-h6244533_2 None
  setuptools         pkgs/main/win-64::setuptools-65.5.0-py39haa95532_0 None
  sqlite             pkgs/main/win-64::sqlite-3.40.0-h2bbff1b_0 None
  tzdata             pkgs/main/noarch::tzdata-2022f-h04d1e81_0 None
  vc                 pkgs/main/win-64::vc-14.2-h21ff451_1 None
  vs2015_runtime     pkgs/main/win-64::vs2015_runtime-14.27.29016-h5e58377_2 None
  wheel              pkgs/main/noarch::wheel-0.37.1-pyhd3eb1b0_0 None
  wincertstore       pkgs/main/win-64::wincertstore-0.2-py39haa95532_2 None


Proceed ([y]/n)?
```

图 1.13　创建一个名称为 work 的虚拟环境

输入英文字母 y（yes 确认），按"Enter"键后界面如图 1.14 所示。

```
Anaconda Prompt (anaconda3)                    —    □    ×

done
#
# To activate this environment, use
#
#     $ conda activate work
#
# To deactivate an active environment, use
#
#     $ conda deactivate

Retrieving notices: ...working... done

(base) C:\Users\Administrator>
```

图 1.14　创建一个名称为 work 的虚拟环境

于是我们就有了一个 work 的虚拟环境，接下来我们要进入指定的虚拟环境。在命令行输入 conda activate name，如果不写 name，则会默认激活 base 环境。这里 name 就是 work，在命令行输入 conda activate work 切换到 work 环境。如果忘记名称可以先用 conda env list 去查看所有的环境。现在的 work 环境除了 Python 自带的一些官方包之外没有其他的包，是一个比较干净的环境。我们可以试试先输入 Python 打开 Python 解释器，然后输入 import requests，会报错找不到 requests 包，这很正常。接下来我们就要演示如何安装 requests 包。输入 exit()，按"Enter"键退出 Python 解释器。

安装第三方包，输入 conda install requests 或者 pip install requests 来安装 requests 包。

安装完成之后我们再输入 Python 进入解释器并安装 requests 包，这次一定就是成功的了。

如果要卸载第三方包，输入 exit()，按"Enter"键退出 Python 解释器，然后再输入 conda remove requests 或者 pip uninstall requests，按"Enter"键即可卸载 requests 包。

如果要查看当前环境中安装了的所有包可以用 conda list。如果要导出当前环境包的信息可以用 conda env export > environment. yaml，将包信息存入 yaml 文件中。当需要重新创建一个相同的虚拟环境时，可以用 conda env create −−f environment. yaml，其实命令很简单，一些常用的命令，自己多打两次就能记住。下面给出一些常用命令：

```
conda activate                          #切换到 base 环境
conda activate work                     #切换到 work 环境
conda create - - n work Python=3        #创建名为 work 的环境并指定 Python 版本为 3(的最新版本)
conda env list                          #列出 conda 管理的所有环境
conda list                              #列出当前环境的所有包
conda install requests                  #安装 requests 包
conda remove requests                   #卸载 requets 包
conda remove - - n work - all           #删除 work 环境及下属所有包
conda update requests                   #更新 requests 包
conda env export > environment. yaml    #导出当前环境的包信息
conda env create - - f environment. yaml #用配置文件创建新虚拟环境
```

或许你会觉得奇怪：为什么 Anaconda 能做这些事，它的原理到底是什么？我们来看看 Anaconda 的安装目录，如图 1.15 所示。

condabin	2022/11/29 21:49	文件夹	
conda-meta	2022/11/29 23:32	文件夹	
DLLs	2022/11/29 23:32	文件夹	
envs	2022/11/29 23:43	文件夹	
etc	2022/11/29 21:49	文件夹	
include	2022/11/29 23:32	文件夹	
Lib	2022/11/29 23:32	文件夹	
Library	2022/11/29 21:48	文件夹	
libs	2022/11/29 23:32	文件夹	
man	2022/11/29 21:49	文件夹	
Menu	2022/11/29 23:31	文件夹	
pkgs	2022/11/29 23:29	文件夹	
Scripts	2022/11/29 23:32	文件夹	
share	2022/11/29 21:49	文件夹	
shell	2022/11/29 21:49	文件夹	
sip	2022/11/29 21:49	文件夹	
tcl	2022/11/29 23:32	文件夹	
Tools	2022/11/29 21:47	文件夹	
.nonadmin	2022/11/29 23:31	NONADMIN 文件	0 KB
_conda	2022/10/7 1:42	应用程序	19,428 KB
api-ms-win-core-console-l1-1-0.dll	2018/4/20 13:28	应用程序扩展	19 KB
api-ms-win-core-datetime-l1-1-0.dll	2018/4/20 13:28	应用程序扩展	19 KB
api-ms-win-core-debug-l1-1-0.dll	2018/4/20 13:28	应用程序扩展	19 KB
api-ms-win-core-errorhandling-l1-1-...	2018/4/20 13:28	应用程序扩展	19 KB

图 1.15　Anaconda 的安装目录

这里只截取了一部分，但是我们和 Python 环境目录比较一下，可以发现其实十分的相似，这里就是 base 环境。里面有一个基本的 Python 解释器，Lib 里面也有 base 环境下的各种包文件。那我们自己创建的环境去哪了呢？我们可以看见一个 envs（环境文件夹），这里就是我们自己创建的各种虚拟环境的入口，点进去看看，如图 1.16 所示。

| work | 2022/11/29 23:43 | 文件夹 | |
| .conda_envs_dir_test | 2022/11/29 23:41 | CONDA_ENVS_D... | 0 KB |

图 1.16　work 环境目录

可以发现，我们之前创建的 work 目录就在下面，再点进去，如图 1.17 所示。

conda-meta	2022/11/29 23:43	文件夹	
DLLs	2022/11/29 23:43	文件夹	
include	2022/11/29 23:43	文件夹	
Lib	2022/11/29 23:43	文件夹	
Library	2022/11/29 23:43	文件夹	
libs	2022/11/29 23:43	文件夹	
Scripts	2022/11/29 23:43	文件夹	
share	2022/11/29 23:43	文件夹	
tcl	2022/11/29 23:43	文件夹	
Tools	2022/11/29 23:43	文件夹	
.nonadmin	2022/11/29 23:43	NONADMIN 文件	0 KB
api-ms-win-core-console-l1-1-0.dll	2018/4/20 13:28	应用程序扩展	19 KB
api-ms-win-core-datetime-l1-1-0.dll	2018/4/20 13:28	应用程序扩展	19 KB
api-ms-win-core-debug-l1-1-0.dll	2018/4/20 13:28	应用程序扩展	19 KB
api-ms-win-core-errorhandling-l1-1-...	2018/4/20 13:28	应用程序扩展	19 KB

图 1.17　work 目录里的文件夹与文件

这就是一个标准的 Python 环境目录，这么一看，Anaconda 所谓的创建虚拟环境其实就是安装了一个真实的 Python 环境，只不过我们可以通过 activate，conda 等命令去随意地切换我们当前的 Python 环境，用不同版本的解释器和不同的包环境去运行 Python 脚本。

1.2.5 Anaconda 体验

从 Windows 开始菜单，可以看到"最近添加"的：Anaconda3（64-bit）Anaconda Prompt。打开 Anaconda Prompt，这个窗口和 doc 窗口是一样的，输入命令就可以控制和配置 Python。最常用的是 conda 命令，这个 pip 的用法一样，此软件都已集成，可以直接用，点开的界面如图 1.18 所示。用命令"conda list"查看已安装的包，从这些库中我们可以发现 NumPy、SciPy、Matplotlib、Pandas，说明已经安装成功了。

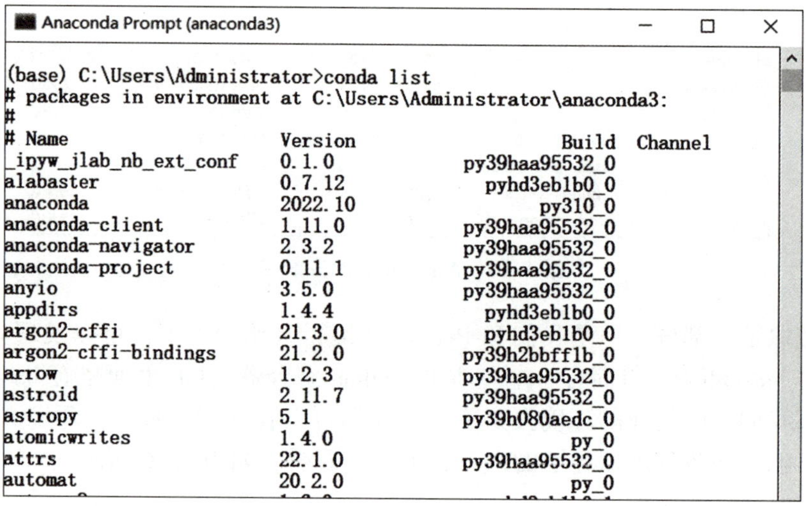

图 1.18　用命令"conda list"查看已安装的包

还可以使用 conda 命令进行一些包的安装和更新。常用命令有以下两个：

conda list：列出所有的已安装的 packages。

conda install name：其中 name 是需要安装 packages 的名字。

比如，要安装 NumPy 包，输入上面的命令就是"conda install numpy"。单词之间空一格，然后按"Enter"键，输入 y 就可以了。

安装完 Anaconda，就相当于安装了 Python、IPython、集成开发环境 Spyder、一些包等等，可以在 Windows 下的 cmd 下查看。

1.2.6 Anaconda Navigtor

Anaconda Navigtor 用于管理工具包和环境的图形用户界面，后续涉及的众多管理命令也可以在 Navigator 中手工实现，如图 1.19 所示。

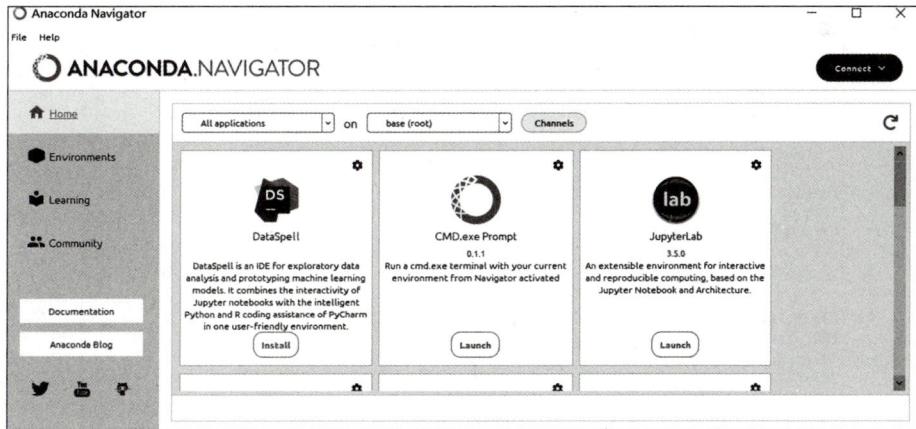

图 1.19 Anaconda Navigtor

1. Jupyter notebook

基于 WEB 的交互式计算环境，可以编辑易于人们阅读的文档，用于展示数据分析过程，如图 1.20 所示。

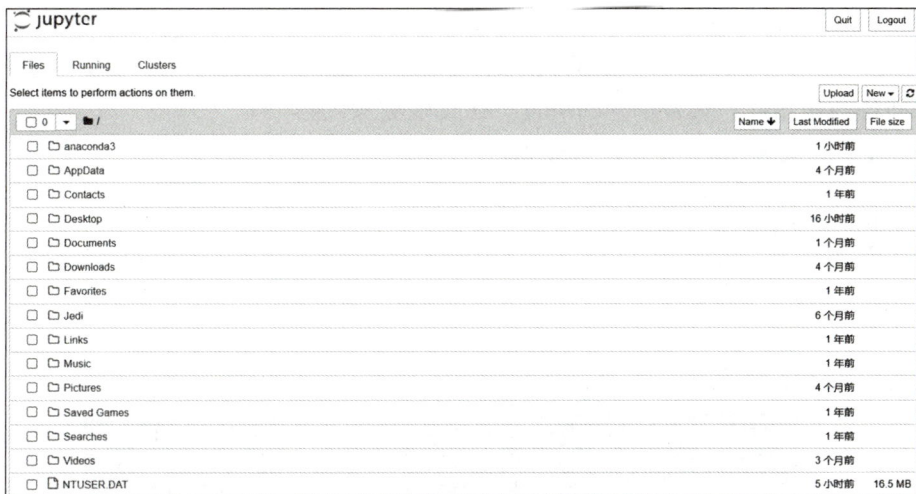

图 1.20 Jupyter notebook

2. Qtconsole

一个可执行 IPython 的仿终端图形界面程序，相比 Python Shell 界面，Qtconsole 可以直接显示代码生成的图形，实现多行代码输入执行，以及内置许多有用的功能和函数，输入英文字母 "ls" 组合，运行结果如图 1.21 所示。

3. Spyder

一个使用 Python 语言、跨平台的、科学运算集成开发环境。我们以后就用 Spyder 这款编辑器来编写代码。它最大的优点就是模仿 MATLAB 的 "工作空间"，Spyder. exe 放在安装目录下的 Scripts 里面。如笔者的是 C：\ Users \ Administrator \ Anaconda3 \ Scripts \ Spyder. exe，直接双击就能运行。我们可以右键发送到桌面快捷方式，以后运行就比较方便了。

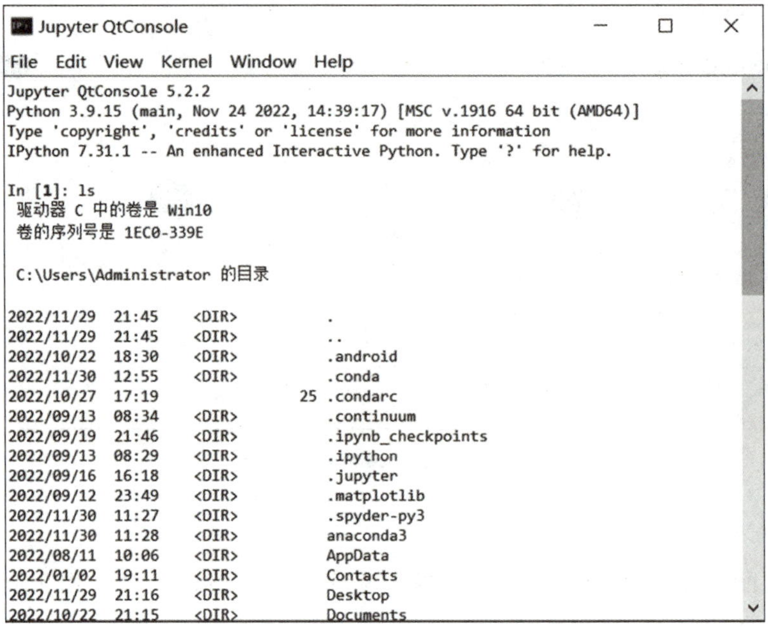

图 1.21   Qtconsole

【**例 1.1**】 编写一个简单程序测试 Spyder 安装是否成功，该程序用来打开一张图片并显示。首先准备一张图片，然后打开 Spyder，在其中输入代码 1.1。

代码 1.1   测试 Spyder 安装是否成功

```
1 from skimage import io          #从 skimage 中导入 io
2 img = io.imread('测试图片.jpg')   #读取测试图片
3 io.imshow(img)                   #显示测试图片
```

运行代码 1.1 得到如图 1.22 所示的结果。

图 1.22   显示测试图片

4. JupyterLab

单击 JupyterLab 下面的 Launch，会在默认浏览器打开 http://localhost:8888/lab 这样一个内容，这里就可以输入 Python 代码。我们可以打开 Anaconda Navigator→Launch jupyterlab，也可以直接在浏览器输入 http://localhost:8888/lab（可以保存为书签）。如果是布置在云端，可以输入服务器域名（IP）。

5. VSCode

Visual Studio Code 是一个轻量级但功能强大的源代码编辑器，可在桌面上运行，适用于 Windows，macOS 和 Linux。它内置了对 JavaScript，TypeScript 和 Node.js 的支持，并为其他语言（如 C++，C#，Java，Python，PHP，Go）和运行时（如.NET 和 Unity）提供了丰富的扩展生态系统。

6. Glueviz

Glue 是一个 Python 库，用于探索相关数据集之间的关系。其主要特点包括以下两点。①链接统计图形。使用 Glue，用户可以创建数据的散点图、直方图和图像（2D 和 3D）。灵活地跨数据链接。Glue 使用不同数据集之间存在的逻辑链接来覆盖不同数据的可视化。②完整的脚本功能。Glue 是用 Python 编写的，并且建立在其标准科学库（即 NumPy，Matplotlib、SciPy）之上，用户可以轻松地集成他们自己的 Python 代码进行数据输入、清理和分析。

7. Orange3

可用于交互式数据可视化，通过巧妙的数据可视化执行简单的数据分析。还可探索统计分布、箱形图和散点图，或深入了解决策树、层次聚类、热图、MDS 和线性投影。即使多维数据也可以在 2D 中变得合理，特别是在智能属性排名和选择方面。使用 Orange 中可用的各种附加组件从外部数据源挖掘数据，执行自然语言处理和文本挖掘，进行网络分析，推断频繁项目集并执行关联规则挖掘。此外，生物信息学家和分子生物学家可以使用 Orange 通过差异表达对基因进行排序并进行富集分析。

8. Rstudio

R 软件自带的有写脚本的工具。

习题1-2

1. Anaconda 是什么软件？
2. Anaconda 的用途是什么？与 Python 有何区别？
3. IPython 是什么软件？
4. 如何用 Anaconda 安装库？比如安装 tensorflow。
5. Spyder 是什么软件？

1.3 掌握 Spyder

1.3.1 Spyder 简介

Spyder 是 Anaconda 自带的 IDE，它是 Python 的一个简单好用的集成开发环境。和其他的 Python 开发环境相比，它最大的优点就是模仿 Matlab 的"工作空间"的功能，可以很方便地观察和修改数组的值。它的打开界面如图 1.23 所示。

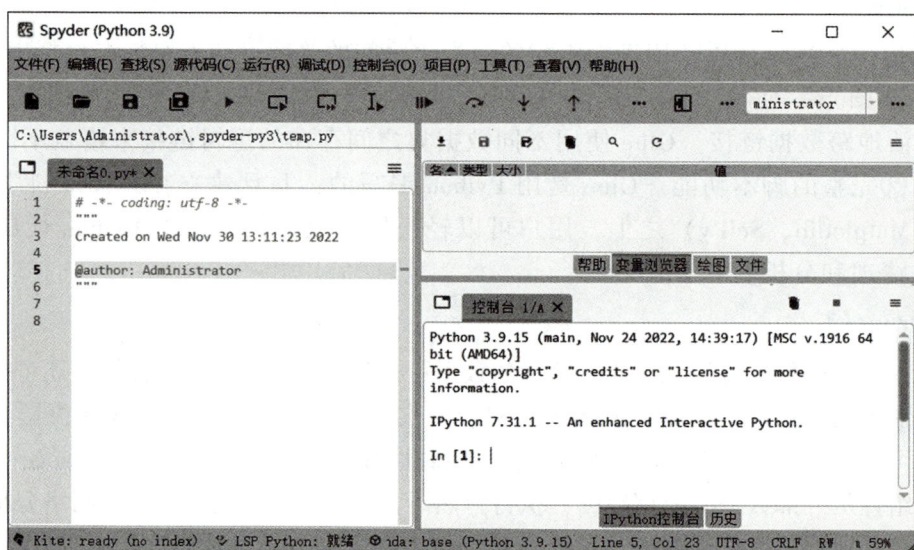

图 1.23 Spyder 界面

注意：Spyder 5.2.2（Anaconda3.9，Python3.9）中的 input（）问题，在 Spyder 5.2.2（Anaconda3.9，Python3.9）中运行 input（），有时会出错，此错误已在新版本（Spyder 5.3.0）中修复。由于它在 Anaconda 中仍然不可用，因此可以使用 conda-forge 包创建新环境。为此，请关闭 Spyder，打开 Anaconda Prompt 并在里面运行以下命令：

```
conda create - n Spyder- cf - c conda- forge Spyder
conda activate Spyder- cf
Spyder
```

1.3.2 如何使用 Spyder

由于 Anaconda 集成了 Spyder 编辑器，不用安装 Spyder，就可以用它来写 Python 代码。

使用 Spyder 编写代码之前可以进行一些简单的设置，如图 1.24 所示。

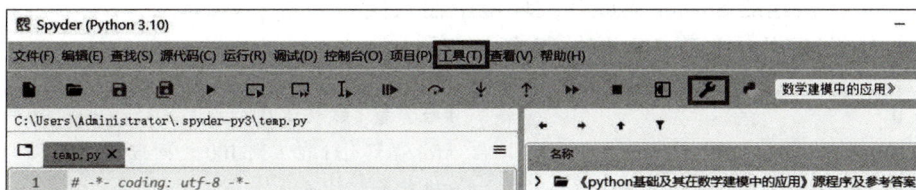

图 1.24　设置 Spyder

图 1.24 中 2 个矩形框，打开任意一个都可以。单击打开，可以对编辑区的字体大小、显示结果的区域字体大小进行调节，如图 1.25 所示。

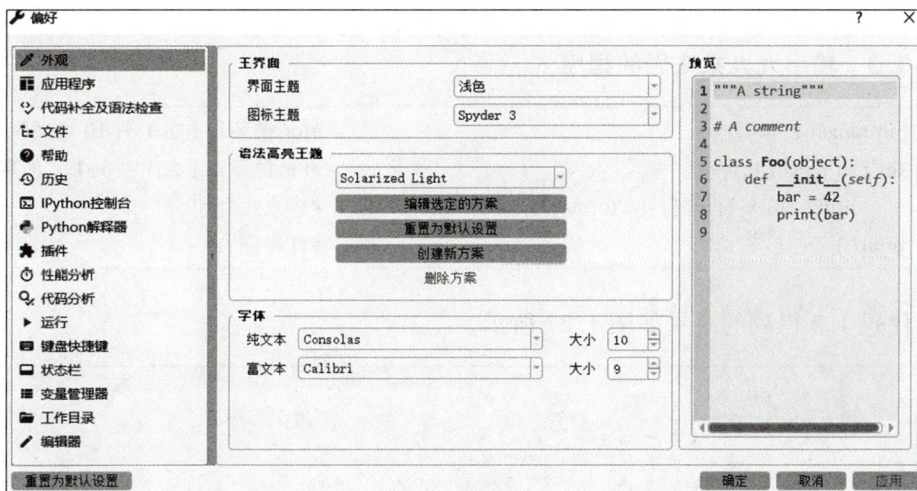

图 1.25　设置 Spyder

打开/新建文件及项目如图 1.26 所示。

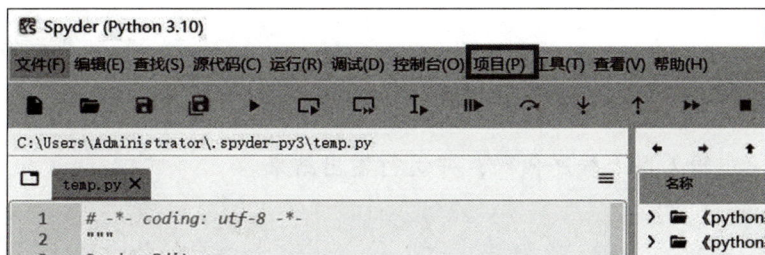

图 1.26　打开/新建文件及项目

单击项目菜单打开，第一个是新建一个项目，可以建立一个新项目。第二个是打开已有项目，这里的项目是指一个大的文件夹。文件夹里面有许多 .py 文件，单击一下文件夹就会被选中打开。根据自己情况，如果想打开一整个项目下面的所有 Python 文件，使用打开项目的方法操作的前提是你以前通过 Spyder 打开过前面新建的项目，否则你打开自己新建的项目或者其他项目文件时，会报错。如果仅仅打开一个 Python 文件，就用 file 方法打开即可。

【例 1.2】 编写程序，计算从 1 加到 100 的值。

在 Anaconda 内建的 Spyder 集成开发环境中输入代码 1.2。

代码 1.2　计算从 1 加到 100 值的程序

```
1 i = 0                                    #给变量 i 赋初值 0
2 for j in range(1,101):                   #for 循环让 j 在 1 到 100 之间取值
3     i = i + j                            #进行数字的连加
4         print('1 + 2 + 3 + ... + 100 = ',i)   #打印结果
```

运行代码 1.2 得到的结果为：1+2+3+…+100＝5 050。

【例 1.3】 编写程序，输出九九乘法表。

在 Anaconda 内建的 Spyder 集成开发环境中输入代码 1.3。

代码 1.3　输出九九乘法表的程序

```
1 for i in range(1,10):                    #for 循环让 i 在 1 到 10 之间取值
2     for j in range(1,i+1):               #for 循环让 j 在 1 到 i+1 之间取值
3         print('{} x {} = {}\t'.format(j,i,i*j),end=' ')   #格式化打印
4     print()                              #打印空白
```

运行代码 1.3 得到的结果如图 1.27 所示。

```
1 x 1 = 1
1 x 2 = 2   2 x 2 = 4
1 x 3 = 3   2 x 3 = 6   3 x 3 = 9
1 x 4 = 4   2 x 4 = 8   3 x 4 = 12   4 x 4 = 16
1 x 5 = 5   2 x 5 = 10  3 x 5 = 15   4 x 5 = 20   5 x 5 = 25
1 x 6 = 6   2 x 6 = 12  3 x 6 = 18   4 x 6 = 24   5 x 6 = 30   6 x 6 = 36
1 x 7 = 7   2 x 7 = 14  3 x 7 = 21   4 x 7 = 28   5 x 7 = 35   6 x 7 = 42   7 x 7 = 49
1 x 8 = 8   2 x 8 = 16  3 x 8 = 24   4 x 8 = 32   5 x 8 = 40   6 x 8 = 48   7 x 8 = 56   8 x 8 = 64
1 x 9 = 9   2 x 9 = 18  3 x 9 = 27   4 x 9 = 36   5 x 9 = 45   6 x 9 = 54   7 x 9 = 63   8 x 9 = 72   9 x 9 = 81
```

图 1.27　输出九九乘法表

习题1-3

1. 在 Spyder 中输入以下程序代码，并运行输出结果。

```
import time
for a in range(100):
    a = a + 1
    print('------这是第%d 次循环！------'%a)
    time.sleep(1)
```

2. 在 Spyder 中输入以下程序代码，并运行输出结果。

```
name = input('请输入你的姓名:')
print('你的姓名:',name)
```

3. 在 Spyder 中输入以下程序代码，并运行输出结果。

```
work = input('请输入你的工作:')
salary = input('请输入你的工资:')
print('{},{},每月工资为{}'.format(name,work,salary))
```

4. 在 Spyder 中输入以下程序代码，并运行输出结果。

```
num = int(input('请输入一个整数:'))
if num%2 == 0:
    print('这是一个偶数')
if num%2 != 0:
    print('这是一个奇数')
```

5. 编程序实现：将字符串保存在一个文本文件中。

本章小结

本章分 3 节介绍了 Python 相关知识。第 1 节介绍了怎样了解 Python，具体包括 Python 简介、Python 标准库、Python 特点、Python 应用。第 2 节介绍了怎样认识 Anaconda，具体包括 Anaconda 下载地址、Anaconda 安装、Anaconda 配置环境变量、Anaconda 管理虚拟环境、Anaconda 体验和 Anaconda Navigtor。第 3 节介绍了怎样掌握 Spyder，具体包括 Spyder 简介、如何使用 Spyder。

总习题 1

1. 编程序实现输入圆的半径，计算圆的面积。
2. 对输入的 10 个数进行排序。
3. 验证下列程序：整数序列求和。接收用户输入的整数 n，计算并输出 1-n 相加的结果。

```
n = int(input("请输入一个整数 n:"))
sum = 0
for i in range(n):
    sum += i + 1
print("1-%d 的求和结果为%d"%(n,sum))
```

4. 有 1、2、3、4 个数字，能组成多少个互不相同且无重复数字的三位数？都是多少？

5. 验证下列程序：整数排序。接收用户输入的 4 个整数，并把这 4 个数由小到大输出。

```
a = [ ]
for i in range(4):
    x = int(input("请输入整数:"))
    a.append(x)
a.sort()
print(a)
```

第 1 章答案

【本章概要】

- Python 基本结构
- Python 数据容器
- Python 文件操作和异常处理

2.1　Python 基本结构

2.1.1　基本运算

Python 中有六种运算符：算术运算符、比较运算符、逻辑运算符、位运算符、赋值运算符和成员运算符。

算术运算符主要有加（+）、减（−）、乘（*）、除（/）、取余（%）、取绝对值 abs（x）、转为整数 int（x）、转为浮点数 float（x）。

比较运算符主要有：小于（<），小于等于（<=），等于（==），大于（>），大于等于（>=），不等于（!=），is（判断两个标识符引用一个对象），is not（不是同一个对象）。这八个比较运算符优先级相同，并且 Python 允许链式比较 x<y<z，它相当于 x<y and y<z。逻辑运算符中，x or y 短路运算符（它只有第一个运算数为 False 才计算第二个运算数的值）；x and y 短路运算符（它只有第一个运算数为 True 才进行第二个运算数的值）。not x：not 的优先级低（not a==b 相当于 not（a==b）），a = not b 是错误的。

赋值运算符主要有简单的赋值（=）、加法赋值运算（+=）、减法赋值运算（−=）、乘法赋值运算（*=）、除法赋值运算（/=）。成员运算符中，in（如果指定元素在序列中，返回 True，否则返回 False），not in（如果指定元素不在序列中，返回 True，否则返回 False）。

【例2.1】 Python 中的基本运算实例。

在 Anaconda 内建的 Spyder 集成开发环境中输入代码2.1。

代码2.1 基本运算

```
 1 print( 1+2 )          #加法
 2 print( 3- 5 )          #减法
 3 print( 3*2)            #乘法
 4 print( 3**2)           #指数
 5 print( 2**4 )          #指数
 6 print( 8/4)            #除法
 7 print( 5/3)            #除法
 8 print( 9% 3)           #取余
 9 print( 7% 3)           #取余
10 print( 9//3)           #求商
11 print( 8//3)           #求商
12 print( 7//3)           #求商
```

运行代码2.1得到所要的结果。

【例2.2】 Python 中的基本运算实例。在 Anaconda 内建的 Spyder 集成开发环境中输入代码2.2。

代码2.2 基本运算

```
 1 a = 38                 #给变量 a 赋值 38
 2 print( a)              #打印 a 的值
 3 b = 10 + 20            #给变量 b 赋值 10+20
 4 print( b)              #打印 b 的值
 5 c = a + b              #将 a+b 赋值给变量 c
 6 print( c)              #打印 c 的值
 7 a=1                    #给变量 a 赋值 1
 8 b=2                    #给变量 b 赋值 2
 9 c=3                    #给变量 c 赋值 3
10 print( a,b,c)          #打印 a,b,c 的值
11 a=1                    #给变量 a 赋值 1
12 b=2                    #给变量 b 赋值 2
13 c=3                    #给变量 c 赋值 3
14 print( a)              #打印 a 的值
15 print( b)              #打印 b 的值
16 print( c)              #打印 c 的值
17 f1 = 1. 2              #给变量 f1 赋值 1. 2
18 f2 = 32. 456           #给变量 f2 赋值 32. 456
19 print( f1,f2)          #打印 f1,f2
20 string1 = "hello"      #给变量 string1 赋值 hello
21 string2 = "world"      #给变量 string2 赋值 world
22 print( string1,string2) #打印 string1,string2
```

```
23 string3 = string1 + string2          #给变量 string3 赋值 string1 + string2
24 print(string3)                        #打印 string3
25 a = 1                                 #给变量 a 赋值 1
26 b = 2                                 #给变量 b 赋值 2
27 c = a + b                             #给变量 c 赋值 a + b
28 print("a+b=",c)                       #打印 a+b=c 的值
29 a = 1                                 #给变量 a 赋值 1
30 b = 2                                 #给变量 b 赋值 2
31 c = a + b                             #给变量 c 赋值 a + b
32 print("a+b=" + str(c))                #打印字符串 a+b=与 c 的值的拼接
```

运行代码 2.2 得到所要的结果。

2.1.2　顺序结构

Python 不用大括号区分代码组，大括号更多是用来分隔数据。Python 程序中的代码组很容易发现，因为它们总是缩进的。另一个线索是冒号（:），这个字符用来引入一个必须向右缩进的新的代码组。

【例 2.3】Python 顺序结构的代码会从头到尾进行执行。Python 代码按照编写的顺序，自上而下逐行运行。Python 中一行结束就标志着一条语句结束。在 Anaconda 内建的 Spyder 集成开发环境中输入代码 2.3。

代码 2.3　顺序结构

```
1 a=70                                   #给变量 a 赋整数值 70
2 b=60                                   #给变量 b 赋整数值 60
3 c=120                                  #给变量 c 赋整数值 120
4 b=a                                    #给变量 b 赋整数值 a
5 c=b                                    #给变量 c 赋整数值 b
6 print(a,b,c)                           #打印 a、b、c 的值
7 b=a+20                                 #给变量 b 赋整数值 a+20
8 c=b+20                                 #给变量 c 赋整数值 b+20
9 print(a,b,c)                           #打印 a、b、c 的值
```

运行代码 2.3 得到所要的结果。

2.1.3　选择结构

Python 代码运行到选择结构时，会判断条件的 True/False，根据条件判断的结果，选择对应的分支继续执行。

【例 2.4】当满足条件时执行一个操作，当不满足该条件时，执行另一个操作。在这种

情况下，我们使用 if/else 语句，即一个 if 语句跟随一个可选的 else 语句，当 if 语句的布尔值为 False 时，则 else 语句块将被执行。

在 Anaconda 内建的 Spyder 集成开发环境中输入代码 2.4。

代码 2.4　if-else 选择结构

```
1 yourmoney = float(input('请输入你有多少钱:'))    #输入浮点数值
2 price = 150                                    #给定物品价格
3 if  yourmoney >= price:                        #if-else 选择结构判断
4     print('你买得起.')                          #符合条件,就打印
5 else:                                          #否则
6     print('你的资金不足够购买.')                 #打印'你的资金不足够购买.'
```

运行代码 2.4 得到所要的结果。

【例 2.5】 当需要检查超过两个条件的情形时，Python 提供了 if-elif-else 结构。关键字"elif"是"else if"的缩写，这样可以避免过深的缩进。Python 只执行 if-elif-else 结构中的一个代码块。Python 会依次检查每个条件测试，当遇到了满足的条件测试后，Python 将执行该条件情况下的代码块，并跳过剩余的条件测试。在 Spyder 中输入代码 2.5。

代码 2.5　if-elif-else 选择结构

```
1 grades = float(input('请输入你的成绩:'))      #输入浮点数值
2 if grades >= 90:                             #if-elif-else 选择结构
    print('你的成绩是 A.')                      #满足条件,打印'你的成绩是 A.'
elif grades >= 80:                             # if-elif-else 选择结构
    print('你的成绩是 B.')                      #满足条件,打印'你的成绩是 B.'
elif grades >= 70:                             # if-elif-else 选择结构
    print('你的成绩是 C.')                      #满足条件,打印'你的成绩是 C.'
elif grades >= 60:                             # if-elif-else 选择结构
    print('你的成绩是 D.')                      #满足条件,打印'你的成绩是 D.'
else:                                          #否则
    print('你的成绩不及格.')                    #打印'你的成绩不及格.'
```

运行代码 2.5 得到所要的结果。

2.1.4　循环结构

循环结构和选择结构有些类似，不同点在于循环结构的条件判断和循环体之间形成了一条回路，当进入循环体的条件成立时，程序会一直在这个回路中循环，直到进入循环体的条件不成立为止。

Python 主要有 for 循环和 while 循环两种形式的循环结构，多个循环可以嵌套使用，并且还经常和选择结构嵌套使用。while 循环一般用于循环次数难以提前确定的情况，当然也可以用于循环次数确定的情况；for 循环一般用于循环次数可以提前确定的情况，尤其适用于

枚举或遍历序列或迭代对象中元素的场合。对于带有 else 子句的循环结构，如果循环因为条件表达式不成立或序列遍历结束而自然结束时，则执行 else 结构中的语句；如果循环是因为执行了 break 语句而导致循环提前结束，则不会执行 else 中的语句。

【例 2.6】Python 列表的循环遍历。在 Anaconda 内建的 Spyder 集成开发环境中输入代码 2.6。

代码 2.6　Python 列表的循环遍历

```
1 a = [1,2,3,4,5,6,7,8,9]              #创建一个列表
2 for number in a:                     #number 在 a 中循环取值
3     print( number,end＝（' '））       #打印 number
```

运行代码 2.6 所生成的结果为：1　2　3　4　5　6　7　8　9。

【例 2.7】Python 字典的循环遍历。在 Anaconda 内建的 Spyder 集成开发环境中输入代码 2.7。

代码 2.7　Python 字典的循环遍历

```
1 person＝{ ' name' :'张三',' age' :22,' math' :95,' Chinese' :90,' English' :88 }   #定义 person 字典
2 for k,v in person. items( ):                                                      #字典 person 循环
3     print(k,' :' ,v,end＝（'.  '））                                               #打印字典内容
```

运行代码 2.7 得到结果：name：张三.　　age：22.　　math：95.　　Chinese：90.　　English：88。

【例 2.8】for 循环和 while 循环。在 Anaconda 内建的 Spyder 集成开发环境中输入代码 2.8。

代码 2.8　for 循环和 while 循环

```
1 s = 0                    #给变量 s 赋值 0
2 for i in range( 1,101):  #for 循环让 i 在数据容器 range( 1,101)中遍历
3     s += i               #连加运算 s = s + i
3 else:                    #for 循环遍历完毕
4     print( s,end＝（',' ))  #打印连加结果 s 的值,后面用逗号隔开,不换行
5 s=i=0                    #给变量 s 和 i 同时赋值 0
6 while i <= 100:          #while 循环
7     s += i               #连加运算 s = s + i
8     i+＝1                 #连加运算 i = i + 1
9 else:                    #fwhile 循环完毕
10     print( s,end＝（'.' ))  #打印连加结果 s 的值,后面加句号
```

运行代码 2.8 得到结果：5050，5050。

习题2-1

1. 一个整数，它加上 100 后是一个完全平方数，再加上 168 又是一个完全平方数，请问该数是多少？

2. 利用条件运算符的嵌套来完成此题：学习成绩≥90 分的同学用 A 表示，60～89 分的

用 B 表示，60 分以下的用 C 表示。

3. 输入一行字符，分别统计出其中英文字母、空格、数字和其他字符的个数。

4. 有四个数字 1、2、3、4，能组成多少个互不相同且无重复数字的三位数？各是多少？

5. 输出九九乘法口诀表。

📖 2.2 Python 数据容器

容器是存放东西的东西，而数据容器就是存放数据的对象，通常有字符串、列表、元祖、字典、集合等。

2.2.1 字符串

字符串就是一系列字符。在 Python 中，用引号括起的都是字符串，其中的引号可以是单引号，也可以是双引号。如果给变量赋值一个字符串，不需要提前声明，Python 能为变量动态赋值。

【例 2.9】 使用反斜杠（\）对引号进行转义。在大多数情况下，可通过使用长字符串和原始字符串（可结合使用这两种字符串）来避免使用反斜杠。

在 Anaconda 内建的 Spyder 集成开发环境中输入代码 2.9。

代码 2.9 单引号字符串以及对引号转义

```
1 print("Let' s go")                          #双引号中放一个单引号
2 print(' Let\' s go' )                        #单引号中使用转义字符\辅助
3 print(' \n' )                               #使用转义字符\,\n 表示换行
4 print(' I\' m Zhang! ' )                     #单引号中使用转义字符\辅助
5 print("Let' s go",end=(' - - - 不换行- - - ' ))#双引号中放一个单引号,后面不换行
6 print(' Let\' s go' )                        #单引号中使用转义字符\辅助
```

运行代码 2.9 得到所要的结果。

【例 2.10】 关于字符串的拼接，Python 能自动将它们拼接起来（合并为一个字符串）。在 Spyder 中输入代码 2.10。

代码 2.10 拼接字符串

```
1 print("We are",' family' )                  #输出两个字符串
2 print("Hello "+"world!" )                   #输出两个字符串的拼接
3 a=' Hello '                                 #给变量 a 赋值字符串 Hello
4 b=' world! '                                #给变量 b 赋值字符串 world!
5 print(a+b)                                  #输出两个字符串的拼接
```

运行代码 2.10 得到所要的结果。

【例 2.11】 关于打印函数命令 print( ) 的使用，Python 打印所有的字符串时，都用引号将其括起。

在 Anaconda 内建的 Spyder 集成开发环境中输入代码 2.11。

代码 2.11　打印函数命令 print( ) 的使用

```
1 print("Hello world!")          #打印字符串 Hello world!
2 print("Hello,world!")          #打印字符串 Hello,world!
3 print("Hello,\nworld!")        #打印 Hello,\nworld!
```

运行代码 2.11 得到所要的结果。

【例 2.12】 使用函数 str( ) 和 repr( ) 将数据转换为字符串。使用 str 能以合理的方式将值转换为用户能够看懂的字符串。使用 repr 时，通常会获得值的合法 Python 表达式表示。在 Anaconda 内建的 Spyder 集成开发环境中输入代码 2.12。

代码 2.12　函数 str( ) 和 repr( ) 的应用

```
1 print(repr("Hello,\nworld!"))     #repr( )函数的应用
2 print(str("Hello,\nworld!"))      #str( )函数的应用
```

运行代码 2.12 得到所要的结果。

处理字符串常用的方法有以下几种：

（1）center( )：通过在两边添加填充字符（默认为空格）让字符串居中。

（2）find( )：在字符串中查找子串。若找到，就返回子串的第一个字符的索引，否则返回-1。

（3）join( )：一个非常重要的字符串方法，其作用与 split 相反，用于合并序列的元素。

（4）upper( )：返回字符串的大写版本。

（5）lower( )：返回字符串的小写版本。

（6）title( )：将每个单词的首字母大写。

（7）captitalize( )：将第一个单词的首字母大写。

（8）strip( )：删除字符串前后的空格。

（9）lstrip( )：删除字符串左边的空格。

（10）rstrip( )：删除字符串右边的空格。

（11）count( )：统计子串出现的次数。

（12）replace( )：方法 replace 将指定子串都替换为另一个字符串，并返回替换后的结果。

（13）split( )：split 是一个非常重要的字符串方法，其作用与 join 相反，用于将字符串拆分为序列。注意，如果没有指定分隔符，将默认在单个或多个连续的空白字符（空格、制表符、换行符等）处进行拆分。

【例 2.13】 字符串的 center( ) 方法和 find( ) 方法。

在 Anaconda 内建的 Spyder 集成开发环境中输入代码 2.13。

代码 2.13　center( ) 方法和 find( ) 方法

```
1 print('I like Python'.center(20))         # center( )方法
2 print('I like Python'.center(80,'*'))     # center( )方法
3 print('I like Python'.find('like'))       # find( )方法
4 print('I like 5 Python'.find('ab'))       # find( )方法
```

运行代码 2.13 得到所要的结果。

【例 2.14】列表的 join( ) 方法。在 Anaconda 内建的 Spyder 集成开发环境中输入代码 2.14。

代码 2.14 join( ) 方法

```
1 sep = ' - '                              #设置连接分隔符
2 seq = [' 1' ,' 2' ,' 3' ,' 4' ,' 5']      #将字符串列表赋值给变量 seq,数字列表不能用 join( )
3 print( sep. join( seq) )                  #输出结果
```

运行代码 2.14 所生成的结果为 1-2-3-4-5。

【例 2.15】字符串的 lower( )、title( )、replace( )、split( ) 和 strip( ) 方法。在 Spyder 集成开发环境中输入代码 2.15。

代码 2.15 lower( )、title( )、replace( )、split( ) 和 strip( ) 的应用

```
1 print(' Trondheim Hammer Dance' . lower( ) )    #lower( )方法
2 print(" that' s all folks". title( ) )          #title( )方法
3 print(' This is a test' . replace(' is' ,' seem' ) )   #replace( )方法
4 print(' 1+2+3+4+5' . split(' +' ) )             #split( )方法
5 print(' Using the default' . split( ) )         #split( )方法
6 print('  internal whitespace is kept ' . strip( ) )   #strip( )方法
```

运行代码 2.15 得到所要的结果。

2.2.2 列表与元组

列表：有序的可变对象集合。Python 中的列表非常类似其他编程语言中数组的概念，可以把列表想象成是一个相关对象的索引集合，列表中的每个槽（元素）从 0 开始编号。Python 中的列表是动态的，它们可以根据需要扩展（和收缩），且使用列表任何对象之前不需要预声明列表的大小。同时列表是异构的，不需要预声明所要储存的对象的类型，可以在一个列表中混合不同类型的对象。列表是可变的，可以在任何时间通过增加、删除或修改对象来修改列表。列表总是用中括号包围，而且列表中包含的对象之间总是用逗号分隔。

【例 2.16】各种对象的列表示例。在 Anaconda 内建的 Spyder 集成开发环境中输入代码 2.16。

代码 2.16 各种列表示例

```
1 empty = [ ]                              #创建空列表
2 float = [30. 0,101. 5,53. 8,64. 5]       #创建浮点数列表
3 words = [' hello' ,' world' ]            #创建单词列表
4 mix = [' x' ,' y' ,200,14. 5]            #创建混合型列表
5 everything = [empty,float,words,mix]      #创建包含列表的列表
6 ends = [[1,2,3],[' a' ,' b' ,' c' ],[' one' ,' two' ,' three' ]]   #创建包含列表的列表
```

```
7 print( empty,end = ( ',' ) )                    #输出列表
8 print( float,end = ( ',' ) )                    #输出列表
9 print( words,end = ( ',' ) )                    #输出列表
10 print( mix )                                   #输出列表
11 print( everything )                            #输出列表
12 print( ends )                                  #输出列表
```

运行代码 2.16 得到所要的结果。

【例 2.17】 Python 对索引位置编号是从 0 开始，可以用中括号记法来访问列表中的对象。Python 允许相对于列表两端来访问列表：正索引值从左向右数，负索引值从右向左数。在 Spyder 集成开发环境中输入代码 2.17。

代码 2.17　列表的索引

```
1 m = ' I like the world! '                #将字符串赋值给变量 m
2 letters = list( m )                       #将 m 转化为列表并赋值给 letters
3 print( letters )                          #打印列表 letters
4 print( letters[0] )                       #打印列表 letters 的第 1 个元素
5 print( letters[5] )                       #打印列表 letters 的第 6 个元素
6 print( letters[- 1] )                     #打印列表 letters 的倒数第 1 个元素
7 print( letters[- 5] )                     #打印列表 letters 的倒数第 5 个元素
```

运行代码 2.17 得到所要的结果。

【例 2.18】 Python 列表可以把开始、结束和步长值放到中括号里，相互之间用冒号（:）分隔：List［start：stop：step］。开始值默认 0，结束值默认列表允许的最大值，步长值默认 1。在 Spyder 集成开发环境中输入代码 2.18。

代码 2.18　列表的切片

```
1 m = ' I like the world! '                #将字符串赋值给变量 m
2 j = list( m )                             #将字符串转换成列表并赋值给变量 j
3 print( j )                                #打印列表 j
4 print( j[3:10:2] )                        #打印列表 j 的切片
5 print( j[::3] )                           #打印列表 j 的切片
6 print( j[10:5:- 1] )                      #打印列表 j 的切片
7 print( j[5:] )                            #打印列表 j 的切片
8 print( j[:9] )                            #打印列表 j 的切片
```

运行代码 2.18 得到所要的结果。

处理列表常用的方法有以下几种。

（1） append( )：用于将一个对象附加到列表末尾。

（2） remove( )：用于删除第一个为指定值的元素。

（3） pop( )：从列表中删除一个元素（末尾为最后一个元素），并返回这个值。

（4） extend( )：让你能够同时将多个值附加到列表末尾，为此可将这些值组成的序列作

为参数提供给方法 extend( )。换而言之，你可使用一个列表来扩展另一个列表。

（5）insert( )：用于将一个对象插入列表。

（6）clear( )：清空列表的内容。

（7）copy( )：复制列表。

【例 2.19】处理列表常用的方法。在 Anaconda 内建的 Spyder 集成开发环境中输入代码 2.19。

代码 2.19　处理列表常用的方法

```
1 nums = [1,2,3]              #给变量 nums 赋值列表
2 nums. append(4)            #将 4 附加到列表末尾
3 print(nums)                #打印列表 nums
4 nums. remove(3)            #remove( )方法,从列表中删除 3
5 print(nums)                #打印列表 nums
6 nums. pop( )               #pop( )方法,删除最后一个元素
7 print(nums)                #打印列表 nums
8 nums. pop(0)               #pop( )方法,删除第一个元素
9 print(nums)                #打印列表 nums
10 nums. extend([3,4])       #extend( )方法
11 print(nums)               #打印列表 nums
12 nums. insert(0,1)         #insert( )方法
13 print(nums)               #打印列表 nums
14 nums. clear( )            #clear( )方法
15 print(nums)               #打印列表 nums
```

运行代码 2.19 得到所要的结果。

【例 2.20】列表的复制。在 Anaconda 内建的 Spyder 集成开发环境中输入代码 2.20。

代码 2.20　列表的复制

```
1 a = [1,2,3]                #给变量 a 赋值一个列表
2 a[2] = 5                   #修改列表 a 的第三个元素为 5
3 print(a,end=(','))         #打印 a,末尾用逗号隔开,不换行
4 a = [1,2,3]                #给变量 a 赋值一个列表
5 b = a. copy( )             #列表 a 复制后赋值给变量 b
6 b[2] = 5                   #列表 b 的第三个元素修改为 5
7 print(a,end=(','))         #打印 a,末尾用逗号隔开,不换行
8 print(b)                   #打印 b
```

运行代码 2.20 所生成的结果为：

[1,2,5],[1,2,3],[1,2,5]。

元组：有序的不可变对象的集合。元组是不可变的，一旦向一个元组赋对象，任何情况下这个元组都不能再改变。元组使用小括号（也称为圆括号）。

【例 2.21】定义元组示例. 在 Anaconda 内建的 Spyder 集成开发环境中输入代码 2.21。

代码 2.21　定义元组示例

```
1 num = ( )                    #定义一个空元组
2 print( num)                  #打印元祖 num
3 nums = ( 1,2,3,4)            #将元组赋值给变量 nums
4 print( nums)                 #打印元祖 nums
#nums[1] = 5                   #元组不能改变,因此不能修改元祖 nums 的元素
```

运行代码 2.21 得到所要的结果。

Python 语言的规则指出：每个元组在小括号之间至少要包含一个逗号，即使这个元组中只包含一个对象也不例外。如（' Python' ,）是元祖，而（' Python' ）是字符串。

2.2.3　字典与集合

字典：无序的键/值对集合。Python 字典可以存储一个键/值对的元素组成的集合。在字典中每个唯一键有一个与之关联的值，字典可以包含多个键/值对。与键关联的值可以是任意对象。字典是无序的且可变的，可以把 Python 的字典看成一个两列多行的数据结构。字典可以根据需要扩展（和收缩）。在字典中增加键/值对时可能有一个顺序，但字典不会保持这个顺序。当然，如果需要，可以用某个特定的顺序显示你的字典数据。字典由键及其相应的值组成，这种键/值对称为项（item）。每个键与其值之间都用冒号（:）分隔，项之间用逗号分隔，而整个字典放在花括号内. 空字典（没有任何项）用两个花括号表示。

【例 2.22】创建字典示例。在 Anaconda 内建的 Spyder 集成开发环境中输入代码 2.22。

代码 2.22　创建字典示例

```
1 dictionary = { }              #创建空字典
2 print( dictionary,end = ( ',' ) )   #打印空字典
3 results = { ' name' :' cao' ,   #创建字典并赋值给变量 results
4            ' Chinese' :95,
5            ' Math' :93,
6            ' English' :90 }
7 print( results)               #打印字典
```

运行代码 2.22 所生成的结果为：

{},{' name' :' cao' ,' Chinese' : 95,' Math' : 93,' English' : 90}。

【例 2.23】访问字典中的数据，或者为一个新键（放在中括号里）赋一个对象来为字典增加新的键/值对。

在 Anaconda 内建的 Spyder 集成开发环境中输入代码 2.23。

代码 2. 23　字典的键/值对

```
1 results = {' name' :' cao' ,' Chinese' :95,' Math' :93 ,' English' :90}    #创建字典赋值给变量 results
2 print( results[' name' ],end=(' ,' ) )                                        #打印字典查询结果
3 print( results[' Chinese' ],end=(' ,' ) )                                     #打印字典查询结果
4 results[' age' ]=22                                                            #给字典添加选项
5 print( results)                                                                #打印添加选项的字典
```

运行代码 2. 23 生成结果为:

```
cao,95,{' name' : ' cao' ,' Chinese' : 95 ,' Math' : 93 ,' English' : 90 ,' age' : 22}
```

集合: 无序的唯一对象集合。集合可以用来保存相关对象,同时确定其中的任何对象不会重复,即集合不允许有重复的对象。集合运算包含并集、交集和差集等运算。集合可以根据需要扩展(和收缩)。集合是无序的,不能对集合中对象的顺序做任何假设。集合中对象相互之间用逗号分隔,包围在大括号里。要注意空集合和空字典建立的区别。使用 set( ) 建立空集合,使用 ｛｝建立空字典。

【例 2. 24】 集合的初始化操作。在 Anaconda 内建的 Spyder 集成开发环境中输入代码 2. 24。

代码 2. 24　集合的初始化操作

```
1 vowels = {' a' ,' e' ,' e' ,' i' ,' o' ,' u' ,' u' }    #将一些对象用大括号括起来赋值给变量 vowels
2 print( vowels,end=(' ,' ) )                             #打印集合 vowels,自动去重,后面用逗号隔开
3 vowels2=set(' aeeiouu' )                                #将字符串' aeeiouu' 转化为集合并赋值给变量 vowels2
4 print( vowels2)                                          #打印集合 vowels2,自动去重
```

运行代码 2. 24 所生成的结果为:

```
{' i' ,' e' ,' o' ,' a' ,' u' },{' i' ,' o' ,' u' ,' e' ,' a' }
```

【例 2. 25】 集合运算:Python 中使用 union( ) 方法求并集,intersection( ) 方法求交集,difference( ) 方法求差集。

在 Anaconda 内建的 Spyder 集成开发环境中输入代码 2. 25。

代码 2. 25　集合的运算

```
1 vowels = set(' aeiou' )                              #建立集合并赋值给变量 vowels
2 word = ' hello'                                      #将字符串赋值给变量 word
3 u = vowels. union( set( word) )                      #使用 union( )方法求并集并赋值给 u
4 print( u)                                            #打印 u
5 print( vowels)                                       #打印 vowels
6 vowels1 = set(' aeiou' )                             #建立集合并赋值给变量 vowels1
7 word1 = ' hello'                                     #将字符串赋值给变量 word1
8 i = vowels1. intersection( set( word1) )             #使用 intersection ( )方法求交集并赋值给 i
9 print( i,end=(' ,' ) )                               #打印 i
```

10 vowels2 = set(' aeiou')	#建立集合并赋值给变量 vowels2
11 word2 = ' hello'	#将字符串赋值给变量 word2
12 d1 = vowels1. difference(set(word2))	#使用 difference( )方法求差集并赋值给 d1
13 print(d1,end＝(','))	#打印 d1
14 d2 = set(word2). difference(vowels2)	#使用 difference( )方法求差集并赋值给 d2
15 print(d2)	#打印 d2

运行代码 2. 25 得到所要的结果。

➡ 习题2-2

1. 请分三次输入三个整数，并将它们组成一个列表，同时将这三个数由小到大排序输出。

2. 将一个列表的数据复制到另一个列表中。

3. 请将程序暂停一秒再输出。

4. 用从 1 到 100 的整数构成一个列表。

5. 构造一个个人信息组成的字典。

🗒 2. 3　Python 文件操作和异常处理

2. 3. 1　文件操作

1. open( ) 函数

先用 Python 内置的 open( ) 函数打开一个文件，创建一个 file 对象，相关的方法才可以调用它进行读写。语法：

file object = open(file_name [, access_mode] [, buffering])

file_name：是一个包含了你要访问的文件名的字符串值。

access_mode：决定了打开文件的模式，有只读、写入、追加等。这个参数是非强制的，默认文件访问模式为只读（r）。

buffering：如果 buffering 的值被设为 0，就不会有寄存；如果 buffering 的值取 1，访问文件时会寄存行；如果将 buffering 的值设为大于 1 的整数，表明了这就是寄存区的缓冲大小；如果取负值，寄存区的缓冲大小则为系统默认。

不同模式打开文件：r 表示以只读方式打开文件。文件的指针将会放在文件的开头。这是默认模式。w 表示打开一个文件只用于写入。如果该文件已存在，则将其覆盖；如果该文件不存在，创建新文件。a 表示打开一个文件用于追加。如果该文件已存在，文件指针将会放在文件的结尾。也就是说，新的内容将会被写入已有内容之后；如果该文件不存在，创建新文件进行写入。x 表示打开一个新文件来写数据。如果文件已经存在则失败。默认地，文件以文本模式打开，可以为模式增加"b"来指定二进制模式（如，'wb' 表示"写二进制数据"）。若包含"+"，则会打开文件来完成读写（例如，'x+b' 表示"读写一个新的二进制文件"）。

2. File 对象的属性

一个文件被打开后，会得到一个 file 对象，你可以得到有关该文件的各种信息。以下是和 file 对象相关的所有属性：

file. closed：返回 True，如果文件已被关闭；否则，返回 false。file. mode：返回被打开文件的访问模式。file. name：返回文件的名称。

3. close( ) 函数

File 对象的 close( ) 方法刷新缓冲区里任何还没写入的信息，并关闭该文件，这之后便不能再进行写入。当一个文件对象的引用被重新指定给另一个文件时，Python 会关闭之前的文件。用 close( ) 方法关闭文件是很好的习惯。

【例 2.26】打开和关闭文件示例。在 Anaconda 内建的 Spyder 集成开发环境中输入代码 2.26。

代码 2.26　打开和关闭文件

```
1 fo = open('foo. txt','wb')          #打开文件,写入二进制
2 print('文件名:',fo. name)           #打印输出文件名
3 print('是否已关闭:',fo. closed)      #打印文件是否关闭
4 print('访问模式:',fo. mode)         #打印输出访问模式
5 fo. close( )                         #关闭文件
```

运行代码 2.26 得到所要的结果。

【例 2.27】write( ) 方法可将任何字符串写入一个打开的文件。需要注意的是，Python 字符串可以是二进制数据，而不仅仅是文字。write( ) 方法不会在字符串的结尾添加换行符（'\n'）。格式为：fileObject. write（string）。在这里，被传递的参数 string 是要写入已打开文件的内容。示例如下，在 Anaconda 内建的 Spyder 集成开发环境中输入代码 2.27。

代码 2.27　文件的 write( ) 方法

```
1 f = open('somefile. txt','w')       #以写入方式打开一个文件
2 f. write('Hello,')                   #文件中写入 Hello,
3 f. write('World! ')                  #文件中写入 World!
4 f. close( )                          #关闭文件
```

运行代码 2.27 得到所要的结果。

【例 2.28】利用 read( ) 方法，从一个打开的文件中读取一个字符串。需要重点注意的是，Python 字符串可以是二进制数据。基本格式为：fileObject. read([count])。在这里，被传递的参数是要从已打开文件中读取的字节计数。该方法从文件的开头开始读入，如果没有传入 count，它会尝试尽可能多地读取更多的内容，很可能是直到文件的末尾。示例如下，

在 Anaconda 内建的 Spyder 集成开发环境中输入代码 2.28。

代码 2.28　文件的 read( ) 方法

```
1 f = open(' somefile. txt' ,' r' )        #以读的方式打开文件 somefile. txt
2 print( f. read( 4 ) )                     #文件的 read( )方法
3 print( f. read( ) )                       #文件的 read( )方法
```

运行代码 2.28 得到所要的结果。

2.3.2　异常处理

Python 使用称为异常的特殊对象来管理程序执行期间发生的错误。每当发生让 Python 不知所措的错误时，它都会创建一个异常对象。如果你编写了处理该异常的代码，程序将继续运行；如果你未对异常进行处理，程序将停止，并显示一个 traceback，其中包含有关异常的报告。异常是使用 try-except 代码块处理的。try-except 代码块让 Python 执行指定的操作，同时告诉 Python 发生异常时怎么办。使用了 try-except 代码块时，即便出现异常，程序也将继续运行：显示你编写的友好的错误消息，而不是令用户迷惑的 traceback。

【例 2.29】发生错误时，如果程序还有工作没有完成，妥善地处理错误就尤其重要。这种情况经常出现在要求用户提供输入的程序中；如果程序能够妥善地处理无效输入，就能再提示用户提供有效输入，而不至于崩溃。示例如下：在 Anaconda 内建的 Spyder 集成开发环境中输入代码 2.29。

代码 2.29　发生错误程序崩溃

```
1  print( "Give me two numbers,and I' ll divide them. " )   #打印'给出两个数,我要做除法'
2  print( "Enter ' q'  to quit. " )                          #打印,输入 q,按"Enter"键退出程序
3  while True:                                                #while 循环
4      first_number =I nput( "\nFirst number:")              #输入第一个数
5      if first_number == ' q' :                              #如果输入的第一个数是 q
6          break                                              #退出程序
7      second_number = input( "Second number:")              #如果输入的第一个数不是 q,输入第二个数
8      if second_number == ' q' :                             #如果输入的第二个数是 q
9          break                                              #退出程序
10     answer = int( first_number)/int( second_number)       #如果输入的第二个数不是 q,做除法
11     print( answer)                                         #打印除法结果
```

运行代码 2.29 得到所要的结果。

【例 2.30】将可能引发错误的代码放在 try-except 代码块中，可提高程序抵御错误的能力。错误是执行除法运算的代码行导致的，因此需要将它放到 try-except 代码块中。这个示例还包含一个 else 代码块；依赖于 try 代码块成功执行的代码都应放到 else 代码块中。示例如下：在 Anaconda 内建的 Spyder 集成开发环境中输入代码 2.30。

代码 2.30 利用 try-except 避免程序崩溃

```
1 print("给我两个整数,我要做除法.")              #打印"给我两个整数,我要做除法."
2 print("输入字母 q,按"Enter"键退出程序")         #打印"输入字母 q,按"Enter"键退出程序"
3 while True:                                   #while True 循环语句
4     first_number = input("First number:")    #输入第一个数
5     if first_number == ' q' :                #如果第一个数等于 q
6         break                                #退出程序
7     second_number = input("Second number:")  #输入第二个数
8     try:                                     #try- except 代码块,试一试。
9         answer=int( first_number)/int( second_number)  #做除法
10    except ZeroDivisionError:                #出现 0 做除数的情况
11        print("0 不能做除数! 请重新输入!")     #打印"0 不能做除数! 请重新输入!"
12    else:                                    #否则
13        print( answer)                       #打印 answer 的值
```

运行代码 2.30 得到所要的结果。

try-except-else 代码块的工作原理如下：Python 尝试执行 try 代码块中的代码；只有可能引发异常的代码才需要放在 try 语句中。有时候，有一些仅在 try 代码块成功执行时才需要运行的代码；这些代码应放在 else 代码块中。except 代码块告诉 Python，如果它尝试运行 try 代码块中的代码时引发了指定的异常，该怎么办。通过预测可能发生错误的代码，可编写健壮的程序，它们即便面临无效数据或缺少资源，也能继续运行，从而能够抵御无意的用户错误和恶意的攻击。

【例 2.31】 要在 except 子句中访问异常对象本身，可使用两个而不是一个参数。（请注意，即便是在你捕获多个异常时，也只向 except 提供了一个参数（一个元组）。）需要让程序继续运行并记录错误（可能只是向用户显示）时，这很有用。示例如下：在 Anaconda 内建的 Spyder 集成开发环境中输入代码 2.31。

代码 2.31 捕获异常对象

```
1 try:                                            #试一试
2     x=int( input(' Enter the first number:' ))  #输入第一个数整数
3     y=int( input(' Enter the second number:' )) #输入第二个整数
4     print(x/y)                                  #打印 x 除以 y
5 except ( ZeroDivisionError,ValueError) as e:    #捕获 ZeroDivisionError 和 ValueError 异常
6     print( e)                                   #打印 e 的值
```

运行代码 2.31 得到所要的结果。

即使程序处理了好几种异常，还是可能有一些漏网之鱼。在这些情况下，与其使用并非要捕获这些异常的 try/except 语句将它们隐藏起来，还不如让程序马上崩溃，因为这样你就知道什么地方出了问题。

【例 2.32】 如果要使用一段代码捕获所有的异常，只需要在 except 语句中不指定任何异

常类即可。示例如下：在 Anaconda 内建的 Spyder 集成开发环境中输入代码 2.32。

代码 2.32　捕捉所有异常

```
1 try:                                        #试一试
2       x＝int( input( ' Enter the first number:' ) )    #输入第一个整数赋值给 x
3       y＝int( input( ' Enter the second number:' ) )   #输入第二个整数赋值给 y
4       print( x/y)                           #做除法
5 except:                                     #捕获所有异常
6       print( "Something wrong happened. . . ")  #打印出错信息
```

运行代码 2.32 得到所要的结果。

【例 2.33】在大多数情况下，更好的选择是使用 except Exception as e 并对异常对象进行检查。这样做将让不是从 Exception 派生而来的为数不多的异常成为漏网之鱼。如果使用 except Exception as e，就可在这个程序中打印更有用的错误消息。示例如下：在 Anaconda 内建的 Spyder 集成开发环境中输入代码 2.33。

代码 2.33　打印错误消息

```
1 while True:                                 #while True 循环
2       try:                                  #试一试
3           x＝int( input( ' Enter the first number:' ) )    #输入第一个整数赋值给 x
4           y＝int( input( ' Enter the second number:' ) )   #输入第二个整数赋值给 y
5           value＝x/y                         #做除法
6           print( ' x/y is' ,value)          #打印计算结果
7       except Exception as e:                #检测异常
8           print( "Invalid input:",e)        #打印错误信息
9           print( "Please try again")        #打印再试一试
10      else:                                 #否则
11          break                             #退出程序
```

运行代码 2.33 得到所要的结果。

习题2-3

1. 编程序将文件"春晓.txt"分别按照整体读取，按行读取，按二进制代码读取。

2. 编程序实现：从键盘输入字符串，将小写字母全部转换成大写字母，然后输出到一个磁盘文件"test.txt"中保存。

3. 编程序实现：有两个磁盘文件 A 和 B，各存放一行字母，要求把这两个文件中的信息合并（按字母顺序排列），输出到一个新文件 C 中。

4. 编程序实现：将一个字符串保存在一个文本文件之中。

5. 编程序实现：删除一个文件。

本章小结

本章分 3 节介绍了 Python 基础知识。第 1 节介绍了 Python 基本结构，具体包括基本运算、顺序结构、选择结构、循环结构。第 2 节介绍了 Python 数据容器，具体包括字符串、列表与元组、字典与集合。第 3 节介绍了文件操作和异常处理，具体包括文件操作、异常处理。

总习题 2

1. 求 1+2！+3！+…+20！的和。

2. 一个 5 位数，判断它是不是回文数。即 12321 是回文数，个位与万位相同，十位与千位相同。

3. 对输入的 10 个数进行排序。

4. 有一个已经排好序的数组 l=[0,10,20,30,40,50]。现输入一个数，要求按原来的规律将它插入数组中。

5. 有 1、2、3、4 个数字，能组成多少个互不相同且无重复数字的三位数？都是多少？

第 2 章答案

第 3 章　Python 程序设计

【本章概要】

- Python 函数
- Python 模块与包
- Python 程序设计实例

3.1　Python 函数

Python 函数就是一段用于完成某个具体任务并可以在程序中反复使用的代码。变量、流程控制语句是程序中最基础的组件，函数也是编程语言必不可少的基础之一。

3.1.1　Python 定义函数

定义函数的语法格式如下：

```
def 函数名(参数列表):
    函数体
    return 表达式
```

【例 3.1】 定义一个 hello 函数示例。在 Anaconda 内建的 Spyder 集成开发环境中输入代码 3.1。

代码 3.1　定义 hello 函数示例

1 def hello( ):	#定义函数 hello( )
2　　　print('Hello world! ')	#打印 Hello world!
3 hello( )	#调用函数 hello( )

运行代码 3.1 所生成的结果为：Hello world!。

【例 3.2】 定义带一个参数的函数示例。Anaconda 内建的 Spyder 集成开发环境中输入代码 3.2。

代码 3.2 定义带一个参数的函数示例

```
1 def f(x):              #定义函数 f(x)
2     return print(x*x)  #返回打印出 x 乘 x 的值
3 f(25)                  #调用函数 f(x)计算 x = 25 的值
```

运行代码 3.2 所生成的结果为：625。

【例 3.3】 定义带两个参数的函数示例。在 Anaconda 内建的 Spyder 集成开发环境中输入代码 3.3。

代码 3.3 定义带两个参数的函数示例

```
1 def add(x,y):          #定义函数 add(x,y)
2     return print(x + y) #回到打印 x+y 的值
3 add(1,2)               #调用函数 add(x,y)计算 x = 1,y = 2 的值
```

运行代码 3.3 所生成的结果为：3。

【例 3.4】 定义一个函数，实现输入 3 个数，求出这三个数中最大数。在 Anaconda 内建的 Spyder 集成开发环境中输入代码 3.4。

代码 3.4 求三个数中最大数

```
1 def max_value(x,y,z):              #定义函数 max_value(x,y,z)
2     max_ = x                       #将 x 赋值给变量 max_,因为 max 是关键字,加下画
                                       线区别一下
3     if max_ < y:                   #条件语句进行判断比较
4         max_ = y                   #条件成立,将 y 赋值给 max_
5     if max_ < z:                   #上一个条件不成立,再次进行条件语句判断
6         max_ = z                   #条件成立,将 z 赋值给 max_
7     return max_                    #返回 max_的值
8 num1 = int(input('请输入第一个数:')) #请输入第一个数
9 num2 = int(input('请输入第二个数:')) #请输入第二个数
10 num3 = int(input('请输入第三个数:')) #请输入第三个数
11 result = max_value(num1,num2,num3) #调用函数求最大的数
12 print('三个数中最大的数是:',result) #打印计算结果
```

运行代码 3.4 得到所要的结果。

3.1.2 Python 函数嵌套

Python 在一个函数中又定义了另外一个函数，即 Python 内部函数，从而形成函数的嵌

套。有点类似于数学中的复合函数。内部函数不能被外部直接使用。

【例 3.5】 函数嵌套示例。注意内部函数只能在函数内部调用。在 Spyder 集成开发环境中输入代码 3.5。

代码 3.5 函数嵌套示例

```
1 def func1( ):              #定义函数 func1( )
2     print(' This is func1' )   #打印 This is func1
3     def func2( ):          #定义嵌套函数 func2( )
4         print(' This is func2' )  #打印 This is func2
5     func2( )               #调用嵌套函数 func2( )
6 func1( )                    #调用函数 func1( )
```

运行代码 3.5 得到所要的结果。

3.1.3 lambda 函数

lambda 函数也叫作表达式函数，定义 lambda 函数的基本格式为：

lambda 参数表:表达式

冒号前的参数表为函数参数，若有多个参数必须使用逗号分隔开，冒号后面的表达式为函数语句，其结果为函数的返回值。对于 lambda 函数，应该注意下面几点：

（1）lambda 函数是单行函数，如果需要定义多行函数，则应该使用 def。

（2）lambda 函数可以包含多个参数，它们之间使用逗号分隔开。

（3）lambda 函数只有一个返回值。

（4）lambda 函数中的表达式不能含有命令，且仅仅有一个表达式。

【例 3.6】 lambda 函数应用示例。在 Anaconda 内建的 Spyder 集成开发环境中输入代码 3.6。

代码 3.6 lambda 函数应

```
1 def sum(x,y):                   #定义函数 sum(x,y)
2     print(x+y)                  #打印 x+y
3     return x+y                  #返回 x+y 的值
4 sum(1,2)                        #调用函数
5 p = lambda u,v:u + v             #定义匿名函数 lambda u,v:u + v
6 print(p(3,4))                   #打印函数值
7 a = lambda t:t*t                 #定义匿名函数 lambda t:t*t
8 print(a(5))                     #打印函数值
9 b = lambda m,n,q:(m + 8)*n - q   #定义匿名函数 lambda m,n,q:(m + 8)*n - q
10 print(b(6,7,8))                #打印函数值
```

运行代码 3.6 所生成的结果为 3，7，25，90。

3.1.4 递归函数

函数调用自身的编程技巧称为递归。递归函数可以在函数内部直接或者间接地调用自己，即函数的嵌套调用的是函数本身，需要注意的是，函数不能无限递归，一般需要设置终止条件。

【例3.7】编程序实现阶乘的计算。在 Anaconda 内建的 Spyder 集成开发环境中输入代码3.7。

代码3.7　实现阶乘的计算

```
1 def fac(n):                              #定义函数 fac(n)
2     if n == 0:                           #条件语句判断 n 等于 1 时
3         result = 1                       #结果等于 1
4     else:                                #否则
5         result = n*fac(n-1)              #结果等于 n*fac(n-1)
6     return result                        #返回 result 的值
7 n = int(input('请输入一个正整数:'))       #请输入一个正整数:
8 result = fac(n)                          #调用函数 fac(n)
9 print('%d 的阶乘为%d' % (n,result))      #打印阶乘的结果
```

运行代码3.7提示请输入一个正整数，输入5，输出结果为：5 的阶乘为120。

3.1.5 函数列表

函数列表即是函数组成的列表。函数是一种对象，可以将其作为列表的元素使用，然后通过列表索引来调用函数。

【例3.8】函数列表应用示意。在 Anaconda 内建的 Spyder 集成开发环境中输入代码3.8。

代码3.8　函数列表应用示意

```
1 x = [lambda a,b:a+b,lambda a,b:a*b]      #使用 lambda 函数建立函数列表
2 print(x[0](1,3))                         #调用列表 x 中第一个函数,并求值
3 print(x[1](2,8))                         #调用列表 x 中第二个函数,并求值
4 def add(a,b):                            #定义函数 add(a,b)
5     return a + b                         #返回 a + b 的值
6 def times(c,d):                          #定义函数 times(c,d)
7     return c *d                          #返回 c *d
8 y = [add,times]                          #将函数做成列表
9 print(y[0](1,2))                         #调用列表 y 中第一个函数,并求值
10 print(y[1](3,4))                        #调用列表 y 中第二个函数,并求值
```

运行代码3.8所生成的结果为 4，16，3，12。

3.1.6　内置函数

Python 中有许多内置函数，总计 68 个内置函数，这些函数在解释器中可以直接运行，如表 3.1 所示。

表 3.1　Python 内置函数

sum( )	max( )	min( )	abs( )	divmod( )
pow( )	round( )	bool( )	int( )	float( )
complex( )	list( )	tuple( )	dict( )	set( )
frozenset( )	range( )	bin( )	oct( )	hex( )
iter( )	slice( )	bytearray( )	bytes( )	ord( )
chr( )	str( )	super( )	object( )	enumerate( )
memoryview( )	all( )	any( )	filter( )	map( )
next( )	reversed( )	sorted( )	zip( )	help( )
dir( )	id( )	type( )	hash( )	len( )
ascii( )	format( )	vars( )	globals( )	locals( )
print( )	input( )	open( )	compile( )	eval( )
exec( )	repr( )	property( )	classmethod( )	staticmethod( )
callable( )	delattr( )	setattr( )	getattr( )	hasattr( )
issubclass( )	isinstance( )	_ _ import_ _( )		

其中包含：

（1）数学运算（7 个）：abs( ) 求绝对值，divmod( ) 求商和余数，max( ) 求最大值，min( ) 求最小值，pow( ) 求幂运算，round( ) 求四舍五入，sum( ) 求和。

（2）类型转换（24 个）：bool( ) 布尔转换，int( ) 整型转换，float( ) 浮点型转换，complex( ) 复数，str( ) 字符串转换，bytearray( ) 字节数组，bytes( ) 不可变字节数组，memoryview( ) 内存查看，ord( ) 字符转 ASC，chr( ) ASC 转字符，bin( ) 转换成二进制，oct( ) 转换成八进制，hex( ) 转换成十六进制，tuple( ) 创建元组，list( ) 创建列表，dict( ) 创建字典，set( ) 创建集合，frozenset( ) 创建不可变集合，enumerate( ) 创建枚举对象，range( ) 创建 range 对象，iter( ) 创建可迭代对象，slice( ) 创建切片对象，super( ) 继承，object( ) 创建对象。

（3）序列操作（8 个）：all( ) all 运算，any( ) any 运算，filter( ) 过滤可迭代对象，map( ) 对可迭代对象中每个元素运算，next( ) 迭代对象中的下一个，reversed( ) 反序，sorted( ) 排列，zip( ) 列表转字典。

（4）对象操作（9 个）：help( ) 帮助文件，dir( ) 属性列表，id( ) 唯一标识符，hash( ) 哈希值，type( ) 对象类型，len( ) 对象长度，ascii( ) 可打印字符串，format( ) 格式化显示，

vars( ) 局部变量和值。

（5）作用域变量操作（2个）：globals( ) 全局变量和值，locals( ) 局部变量和值。

（6）交互操作（2个）：print( ) 打印输出，input( ) 用户输入。

（7）文件操作（1个）：open( ) 打开文件。

（8）编译执行（4个）：compile( ) 编译代码，eval( ) 执行动态表达式，exec( ) 执行动态语句，repr( ) 字符串表现形式。

（9）装饰器（3个）：property( ) 属性装饰器，classmethod( ) 类装饰器，staticmethod( ) 静态方法装饰器。

（10）反射操作（8个）：__import__( ) 动态导入模块（注意 import 左右各有两个下画线），isinstance( ) 判断实例，issubclass( ) 判断子类，hasattr( ) 判断属性，getattr( ) 获取属性，setattr( ) 设置属性，delattr( ) 删除属性，callable( ) 对象是否可调用。

【例 3.9】数学运算函数应用示例。在 Anaconda 内建的 Spyder 集成开发环境中输入代码 3.9。

代码 3.9　数学运算函数应用示例

```
1 a = abs( - 10)                          #求数值-10的绝对值
2 print(' a = ',a,end = (',' ))           #打印输出10
3 b = divmod(10 ,3)                        #求两个整数的商和余数
4 c = divmod(10.1,3)                       #求小数除以整数的商和余数
5 d = divmod( - 10,4)                      #求负数除以整数的商和余数
6 print(' b = ',b,',',' c = ',c,',',' d = ',d,end = (',' ))  #输出(3,1),(3.0,1.0999999999999996),( - 3,2)
7 e = max(1,2,3)                           #传入3个数,求最大值,输出3
8 f = max(' 1234' )                        #传入1个可迭代对象,取其最大元素值;输出4
9 g = max( - 1,0)                          #求最大值,输出0
10 h = max( - 1,0,key = abs)               #传入求绝对值函数,则取绝对值较大者,输出- 1
11 print(' e = ',e,',',' f = ',f,',',' g = ',g,',',' h = ',h,end = (',' ))   #输出3,4,0,- 1
12 i = min(1,2,3)                          #传入3个数,求最小值,输出1
13 j = min(' 1234' )                       #传入1个可迭代对象,取其最小元素值,输出1
14 k = min( - 1, - 2)                      #求最小值,输出- 2
15 l = min( - 1,- 2,key = abs)             #传入了求绝对值函数,则取绝对值较小者,输出- 1
16 print(' i = ',i,',',' j = ',j,',',' k = ',k,',',' l = ',l,end = (',' ))   #输出1,1,- 2,- 1
17 m = pow(2,3)                            #求两个数的幂运算 2^3 = 8
18 print(' m = ',m,end = (',' ))           #打印运算结果,后面以逗号结束,不换行
19 n = round(1.131415926,1)               #对数值进行四舍五入,输出1.1
20 p = round(1.131415926,5)               #对数值进行四舍五入,输出1.13142
21 print(' n = ',n,',',' p = ',p,end = (',' )) #打印结果,后面以逗号结束,不换行
22 q = sum((1,2,3,4))                      #传入可迭代对象,求数值的和. 输出10
23 r = sum((1.5,2.5,3.5,4.5))             #传入的元素类型必须是数值型,输出12.0
24 s = sum((1,2,3,4),- 10)                #输出 0 。
25 print(' q = ',q,',',' r = ',r,',',' s = ',s,end = ('.' ))          #打印结果,后面以点号结束
```

运行代码 3.9 得到所要的结果。

习题3-1

1. 应用 sorted( ) 函数处理列表 [5,6,7,12,4,3]，得到排序的新列表。
2. 定义一个序列，使用 map( ) 函数计算序列中各元素的 3 次方，并将计算结果输出。
3. 定义一个 lambda 函数，从键盘熟人 3 个整数，输出其中最大值。
4. 在程序中定义一个函数，输出杨辉三角。

3.2　Python 模块与包

Python 模块（Module）就是一个 Python 文件，文件名就是模块名。将多个功能相关联的模块（Python 文件）放在一个文件夹中，并在该文件夹中配上一个_init_. py（注意 init 左右各有两个下画线）文件，这个文件夹的所有文件就组成了一个包，文件夹的名称就是 Python 包的名称。可以理解为 Python 包就是一个包含_init_. py 文件的文件夹。

3.2.1　Python 类、模块与包的区别

类（Class）是一个文件的一段代码；模块（Module）是一个文件；包（Package）是多个文件，也可以说是多个模块组成的文件夹，调用包需要加_init_. py 文件，此文件可以是空，也可以有代码；包内为首的一个文件便是 _init_. py，然后是一些模块文件和子目录；如果子目录中也有_init_. py，那么它就是这个包的子包。判断子包的标准，就是看子文件夹里面是否有_init_. py 文件。函数（Function）、类、模块和包的关系如图 3.1 所示。

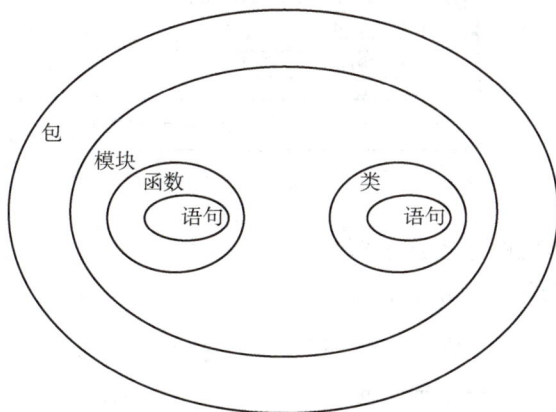

图 3.1　函数、类、模块和包的关系

3.2.2　Python 包的创建

创建一个文件夹，文件夹的名称就是 Python 包的名称，然后在文件夹中建立一个名为"_init_. py"的 Python 文件。_init_. py 文件可以为空，也可以加入包的初始化代码。然后再放入其他 Python 文件（模块），这样就创建了一个 Python 包，类似的方法可以在包里面创建子包。

【例 3.10】Python 包的创建示例。

（1）创建一个文件夹，文件夹名称取为 pypackage。

（2）在文件夹 pypackage 中新建文件夹 mypackage。

（3）在文件夹 mypackage 中新建文件夹 pydata。

（4）在 Spyder 中建立 3 个空的 Python 程序，并将它们分别保存在 pypackage，pypackage \ mypackage 和 pypackage \ mypackage \ pydata 文件夹中，命名均为_init_. py。

（5）然后在 Spyder 中创建一个 Python 程序，并将其保存在 pypackage \ mypackage \ pydata 文件夹中，文件命名为 mypro. py，其中程序为代码 3.10 所示。

代码 3.10　模块 mypro. py 程序示例

```
1 def show( ):                                          #定义函数
2     print('这是模块 pypackage\mypackage\pydata\mypro. py 中 show( )函数中的输出') #打印
3 print(' pypackage\mypackage\pydata\mypro. py 执行完毕')      #打印程序运行提示
```

上面建立的 Python 包的目录结构如图 3.2 所示。

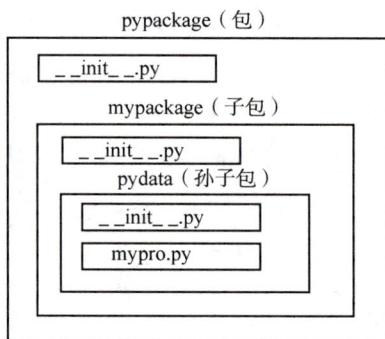

图 3.2　Python 包的目录结构

【例 3.11】Python 常见的包创建示例。

下面给出两个常见的包创建示意，如图 3.3 所示。

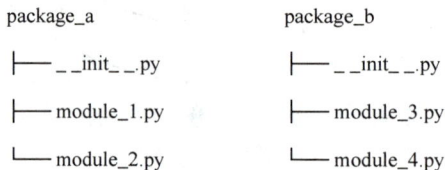

图 3.3　两个常见的包创建示意

创建主程序 main. py，如果 main. py 想要引用 package_a 中的模块 modulea_1，可以使用：

from package_a import module_1
import package_a. module_1

在 Anaconda 内建的 Spyder 集成开发环境中输入代码 3.11。

代码 3.11　主程序 main. py 示例

```
1 from package_a import module_1        #从包 package_a 中导入 module_1
2 #import package_a. module_1
3 from package_a import module_2        #从包 package_a 中导入 module_2
4 #import package_a. module_2
5 from package_b import module_3        #从包 package_b 中导入 module_3
6 #import package_b. module_3
7 from package_b import module_4        #从包 package_b 中导入 module_4
8 #import package_b. module_4
9 module_1. test1( )                    #从 module_1 中调用函数 test1( )
10 module_2. test2( )                   #从 module_2 中调用函数 test2( )
11 module_3. test3( )                   #从 module_3 中调用函数 test3( )
12 module_4. test4( )                   #从 module_4 中调用函数 test4( )
```

【例 3.12】Python 包创建实例。

创建文件夹，取名 mymax_min。在该文件夹下创建三个 Python 文件分别为：_init_. py，mymax. py 和 mymin. py。_init_. py 这个文件必须以_init_命名，包管理器会自动寻找这个文件，其中代码为：

```
_author_ = ' lihanlong'
_all_ = ["mymax","mymin"]
```

求最大值模块 mymax. py，其中代码为：

```
_author_ = ' lihanlong'
def max( a,b):
    if a >= b:
        return a
    else:
        return b
```

求最小值模块 mymin. py，其中代码为：

```
_author_ = ' lihanlong'
def min( a,b):
    if a <= b:
        return a
    else:
        return b
```

为了测试这个包，在 mysum_min 文件夹同目录下创建文件名为例 3.12 的 Python 文件，其中程序如代码 3.12 所示。

代码 3.12　测试包主程序实例

```
1 from mymax_min import  mymax      #从包 mymax_min 里导入模块 mymax
2 from mymax_min import  mymin      #从包 mymax_min 里导入模块 mymin
3 print(mymax. max(23,26))          #调用模块 mymax 中的函数 max()
4 print(mymin. min(23,26))          #调用模块 mymin 中的函数 min()
```

3.2.3　Python 包的导入

Python 包就相当于一个文件夹，导入包的本质就是导入包中模块（即文件）的变量、函数和类。

1. 导入模块

要使用模块中的变量、函数和类，需要先导入模块，可以使用 import 或者 from 语句导入模块。基本格式如下：

import 模块名称
import 模块名称 as 新名称
from 模块名称 import 导入的对象名称
from 模块名称 import 导入的对象名称 as 新名称
from 模块名称 import *

使用 import 语句导入整个模块后，使用"模块名称. 对象名称"格式来引用模块中的对象。使用 from 语句导入模块中指定对象，导入的对象可以直接使用。使用 from 模块名称 import*，可以导入模块顶层的所有全局变量和函数。

2. 模块的重新载入

使用 import 语句和 from 语句导入某个模块时，会导入模块中的全部语句，再次导入该模块时并不会重新执行模块，因此不能将模块的所有变量恢复到初始状态。为了解决这种情况，Python 在模块 imp 中提供了 reload() 函数，使用此函数可以重新载入模块，从而使模块中的变量全部恢复为初始状态值。reload() 函数用模块名称作为参数，所有只能重载 import 语句导入的模块，如果要重载的模块还没有导入，执行 reload() 函数会出错。

【例 3.13】reload() 函数应用示例。

首先创建测试模块 test_module. py，在其中输入以下代码：

```
a = 100
b = 200
print('这是测试模块中的输出.')
def show():
    print('这是模块中 show()函数的输出！')
```

下面制作调用模块 test_module.py 的主程序，将它与模块 test_module.py 放在一个文件夹中。

在 Anaconda 内建的 Spyder 集成开发环境中输入代码 3.13。

代码 3.13 reload( ) 函数应用示例

```
1 import test_module                    #导入模块 test_module
2 print(test_module.a)                  #打印 test_module.a 值为 100
3 print(test_module.b)                  #打印 test_module.b 值为 200
4 test_module.a = 300                   #给 test_module.a 赋值 300
5 test_module.b = 400                   #给 test_module.b 赋值 400
6 import test_module                    #再次导入模块 test_module,但是没有恢复到初始状态
7 print(test_module.a)                  #打印 test_module.a 值为 300
8 print(test_module.b)                  #打印 test_module.b 值为 400
9 from imp import reload                #从模块 imp 中导入 reload
10 reload(test_module)                  #加载已经导入的模块 test_module 恢复到初始状态
11 print(test_module.a)                 #打印 test_module.a 值为 100
12 print(test_module.b)                 #打印 test_module.b 值为 200
```

运行代码 3.13 得到所要的结果。

在导入模块时，不能在 import 语句或者 from 语句中指定模块文件的目录，可使用标准模块 sys 的 path 属性来查看模块的目录，常用 2 句代码：import sys，sys.path。

Python 包的导入方法与导入模块的方法类似，都是使用 import 语句。其语法格式如下：

from 包名称 import 模块名称
from 包名称 import 模块名称 as 新名称
from 包名称 import *

星号 "*" 表示导入包中的所有模块，导入包中模块时，应该指明包的路径，在路径中使用点号分隔目录。

3.2.4 Python 包的安装

Python 包、库与模块的区别有以下几点：

模块：就是 .py 文件，里面定义了一些函数和变量，需要的时候可以导入这些模块。

包：在模块之上的概念，包就是一个文件夹，为了方便管理而将文件放在一个文件夹中。包目录下第一个文件便是_init_.py，然后是一些模块文件和子目录，假如子目录中也有_init_.py，那么它就是这个包的子包了。常见的包结构为：

```
package_a
├── _init_.py
├── module_a1.py
└── module_a2.py
```

库：具有相关功能模块的集合称为库，其实也可以把它理解为包，只不过包强调文件夹

中第一个文件便是_init_. py。Python 的一大特色，就是具有强大的标准库、第三方库以及自定义模块。标准库就是下载安装的 Python 里自带的模块。要注意的是，里面有一些模块是看不到的，比如像 sys 模块。第三方库就是由其他的第三方机构，发布的具有特定功能的模块。自定义模块即用户自己可以自行编写模块，然后使用。

这几个概念实际上都是模块，只不过是个体和集合的区别。Anaconda3 下安装 Python 包的方法：使用 conda 命令安装。例如安装 requests 包，应电脑联网，同时打开 Anaconda Prompt，输入命令 conda install requests，之后按"Enter"键，再等待安装即可。再例如安装 bs4 包，应电脑联网，同时打开 Anaconda Prompt，输入命令 conda install bs4，之后按"Enter"键，再等待安装即可。

3.2.5 Python 时间日期模块

时间库 time 是 Python 中处理时间的标准库，其中包含时间获取函数、时间格式化函数和程序计时函数。

1. 时间获取函数

（1）函数 time( ) 用于获取当前时间。
（2）函数 ctime( ) 能以易读的方式获取当前时间。
（3）函数 localtime( ) 可以将一个时间戳转换为本地的时间元祖。

【例 3.14】时间库 time 应用示例。在 Anaconda 内建的 Spyder 集成开发环境中输入代码 3.14。

代码 3.14　时间库 time 应用示例

```
1 import time                          #导入时间库
2 ticks = time.time( )                 #获取当前时间戳
3 print('当前时间戳:',ticks)            #打印当前时间戳
4 dqtime = time.ctime( )               #以易读的方式获取当前时间
5 print('当前时间:',dqtime)            #打印当前时间
6 bdtime = time.localtime( )           #将时间戳转换为本地时间元祖
7 print(bdtime)                         #本地时间元祖
```

运行代码 3.14 得到所要的结果。

2. 时间格式化函数

函数 strftime( ) 可以返回一个格式化的日期与时间。

【例 3.15】时间格式化函数 time. strftime( ) 应用示例。在 Anaconda 内建的 Spyder 集成开发环境中输入代码 3.15。

代码 3.15　时间格式化函数 time. strftime( ) 应用示例

```
1 import time                                  #导入时间库
2 a = time. strftime("% Y- % m- % d % H:% M:% S") #时间格式转化成年月日时分钟秒
3 b = time. strftime("% Y")                     #时间格式转化成年
4 c = time. strftime("% y")                     #时间格式转化成两位数年
5 d = time. strftime("% m")                     #时间格式转化成月
6 e = time. strftime("% d")                     #时间格式转化成日
```

```
7 f = time. strftime("% H")                    #时间格式转化成 24 小时制小时数
8 g = time. strftime("% M")                    #时间格式转化分钟数
9 h = time. strftime("% S")                    #时间格式转化成秒数
10 i = time. strftime("% I")                    #时间格式转化成 12 小时制小时数
11 j = time. strftime("% A")                    #时间格式转化成本地完整星期名称
12 print( a)                                     #打印转换结果
13 print( b,end = ( ',' ) )                      #打印转换结果
14 print( c,end = ( ',' ) )                      #打印转换结果
15 print( d,end = ( ',' ) )                      #打印转换结果
16 print( e,end = ( ',' ) )                      #打印转换结果
17 print( f,end = ( ',' ) )                      #打印转换结果
18 print( g,end = ( ',' ) )                      #打印转换结果
19 print( h,end = ( ',' ) )                      #打印转换结果
20 print( i,end = ( ',' ) )                      #打印转换结果
21 print( j)                                     #打印转换结果
```

运行代码 3.15 得到所要的结果。

3. 程序计时函数

（1）函数 sleep( ) 用于推迟调用线程的运行。

（2）函数 perf_counter( ) 可以返回一个 CPU 级别的精确时间计数值，单位为秒。

【例 3.16】程序计时函数应用示例。在 Anaconda 内建的 Spyder 集成开发环境中输入代码 3.16。

代码 3.16　程序计时函数应用示例

```
1 import time                                    #导入时间库
2 left_time = 10                                 #设置剩余时间为 10 秒
3 while left_time > 0:                           #while 循环,当剩余时间大于 0 时
4     print(' 倒计时( s):',left_time)            #打印倒计时:left_time
5     time. sleep( 1)                            #程序推迟 1 秒执行
6     left_time = left_time - 1                  #让剩余时间减去 1 秒
7 scale = 50                                      #设置时间范围
8 start = time. perf_counter( )                  #开始计时
9 for i in range( scale+1):                      #for 循环,让 i 在 range( scale+1)中遍历
10     a = ' #' *i                               #给变量 a 赋值 i 个符号"#"
11     b = ' . ' *( scale- i)                    #给变量 b 赋值( scale-i)个符号"."
12     c = ( i/scale)*100                        #给变量 c 赋值( i/scale)*100
13     dur = time. perf_counter( ) - start       #计算进度条执行时间
14     print(' \r{:^3. 0f}% [{}->{}]{:. 2f}s'. format( c,a,b,dur),end=( '' ))   #打印进度条
15     time. sleep( 0. 1)                        #程序推迟 0.1 秒执行
```

运行代码 3.16 得到所要的结果。

习题3-2

1. 如果当前时间是 2022 年 7 月 2 日 15 点 58 分 3 秒，则下面代码的输出结果是什么？

```
import time
print( time. strftime( "% Y = % m- % d@ % H> % M> % S") )
```

2. 运行下列程序，写出输出的结果。

```
num_1 = 12
def sum( num_2) :
    global num_1
    num_1 = 90
    return num_1 + num_2
print( sum( 10) )
```

3. 创建 max 函数，返回从键盘输入的 5 个整数中的最大数。

3.3　Python 程序设计实例

　　Python 是面向对象的程序设计语言。面向对象程序设计思想就是指使用对象进行程序设计，实现代码和设计的重复使用，使软件的开发更加高效和方便。

3.3.1　Python 类

　　Python 使用 class 语句来定义类。类通常包含一系列赋值语句和函数定义的方法，其格式如下：

```
class 类名：
        赋值语句
        赋值语句
        …………
        def 方法名 1( self,方法参数列表) :
            方法体
        def 方法名 2( self,方法参数列表) :
            方法体
```

　　其中，class 作为类命名的关键字；"类名"作为有效标识符，其必须符合标识符的命名规则，通常由一个或者多个单词组成，每个单词除了第一个字母大写外，其余字母均小写。

类的方法定义比函数定义多了一个参数 self，这在定义实例方法时是必需的。即在类中定义实例方法时，第一个参数必须是 self，它代表的含义是实例。在对象内只有通过 self 才能调用其他实例变量或者方法。

【例 3.17】class 类定义示例。在 Anaconda 内建的 Spyder 集成开发环境中输入代码 3.17。

代码 3.17　class 类定义示例

```
1 class Testclass:                           #定义 Testclass 类
2     data = 10                              #定义变量 data 并赋值 10
3     def setpdata( self,value):             #定义函数 setpdata( )
4         self. pdata = value                #通过"self. 变量名"定义实例属性
5     def showpdata( self):                  #定义函数 showpdata( )
6         print(' self. pdata = ',self. pdata)  #打印 self. pdata
7 print(' 完成类的定义' )                      #打印"完成类的定义"
```

运行代码 3.17 得到的结果为：完成类的定义。

【例 3.18】class 类定义实例：创建一个描述猫的类（Cat），其属性包含名字（name）与年龄（age），并编写相关函数描述该类的具体操作。在 Anaconda 内建的 Spyder 集成开发环境中输入代码 3.18。

代码 3.18　class 类定义实例

```
1 class Cat:                                 #定义 Cat 类
2     name = "                               #定义成员变量 name
3     age = 0                                #定义成员变量 age
4     def catch( self):                      #自定义成员函数 catch( )
5         print("猫在捉老鼠!")                 #打印"猫在捉老鼠!"
6     def eat( self):                        #自定义成员函数 eat( )
7         print("猫在吃大餐!")                 #打印"猫在吃大餐!"
8 print(' 创建完成! ' )                        #打印"创建完成!"
```

运行代码 3.18 得到的结果为：创建完成。

3.3.2　Python 类和对象的使用

类是某些事物共同特性的抽象描述，而对象是现实中该类事物的个体，要使用类定义的功能，必须实例化，创建类的对象。创建类的对象语法格式为：对象名 = 类名（参数列表）。其中参数列表可以为空。创建对象后，可以使用点"."运算来给对象的属性添加新值，调用对象中的方法，获得输出结果。其基本格式为：对象名. 属性值 = 新值. 对象名. 方法名。

【例 3.19】类的使用实例：针对【例 3.17】编写的类 Testclass 进行使用的具体操作。在 Anaconda 内建的 Spyder 集成开发环境中输入代码 3.19。

代码 3.19 类的使用实例

```
1 class Testclass:                          #定义 Testclass 类
2     data = 10                             #定义变量 data 并赋值 10
3     def setpdata(self,value):             #定义函数 setpdata()
4         self.pdata = value                #通过"self.变量名"定义实例属性
5     def showpdata(self):                  #定义函数 showpdata()
6         print('self.pdata = ',self.pdata) #打印 elf.pdata
7 print(type(Testclass()))                  #打印 Testclass()的类型
8 print(Testclass.data)                     #打印类对象的数据
9 a = Testclass()                           #调用类对象创建第 1 个实例对象
10 print(type(a))                           #打印 a 的类型,交互环境中默认模块名称为"_main_"
11 b = a.setpdata('123')                    #调用类中的方法创建实例对象的数据属性 pdata
12 c = a.showpdata()                        #调用类中的方法显示实例对象的数据属性 pdata 的值
13 d = Testclass()                          #调用类对象创建第 2 个实例对象
14 e = a.setpdata('456')                    #调用类中的方法创建实例对象的数据属性 pdata
15 f = a.showpdata()                        #调用类中的方法显示实例对象的数据属性 pdata 的值
```

运行代码 3.19 得到所要的结果。

【例 3.20】创建一个教师类（Teacher），其属性包括教师姓名（teachername）、手机号码（mobile）和家庭住址（address）；并在类中创建一个名为 describe_teacher() 的方法，它的作用是用来输出教师的信息；新建两个不同类的对象，分别为属性赋值，并分别调用 describe_teacher() 的方法显示两个对象的属性值。

在 Anaconda 内建的 Spyder 集成开发环境中输入代码 3.20。

代码 3.20 创建一个教师类的使用实例

```
1 class Teacher:                            #创建一个 Teacher 类,其中包含 3 个属性
2     teachername = ""                      #姓名属性
3     mobile = ""                           #手机号码属性
4     address = ""                          #地址属性
5     def describe_teacher(self):           #定义 describe_teacher()方法
6         print("姓名:%s;手机号码:%s;住址%s"%(self.teachername,self.mobile,self.address))
7 teacher1 = Teacher()                      #创建对象 teacher1,并为其 3 个属性赋值
8 teacher1.teachername = '李汉龙'           #为属性 teachername 赋值
9 teacher1.mobile = '13998890545'           #为属性 mobile 赋值
10 teacher1.address = '中国贵阳'            #为属性 address 赋值
11 teacher1.describe_teacher()              #调用 describe_teacher()方法输出结果
12 teacher2 = Teacher()                     #创建对象 teacher2,并为其 3 个属性赋值
13 teacher2.teachername = '李乐乐'          #为属性 teachername 赋值
14 teacher2.mobile = '13940337561'          #为属性 mobile 赋值
15 teacher2.address = '中国沈阳'            #为属性 address 赋值
16 teacher2.describe_teacher()              #调用 describe_teacher()方法输出结果
```

运行代码 3.20 得到所要的结果。

3.3.3　Python 类的 self 参数绑定

Python 类的实例方法与 Python 普通函数有一个明显的区别：实例方法的第 1 个参数永远都是 self，并且在调用这个方法时不必为这个参数赋值。实例方法的这个特殊的参数是指对象本身，当某个对象调用方法时，Python 解释器会自动把这个对象作为第 1 个参数值传递给 self，程序中只要传递后面的参数值就可以了。实例方法声明的格式为：

def 方法名(self,形参列表)：
　　方法体

在程序中，通过"self. 变量名"格式定义的属性称为实例属性，又称为成员变量。类的每个对象都包含该类的成员变量的一个单独副本。成员变量在类的内部通过 self 访问，在类的外部通过类的对象进行访问。

【例 3.21】创建一个三角形（Triangle）类，其属性包含边长 side1，side2，side3，方法 setSide（self，side1，side2，side3）设置三角形三边长度，方法 showArea() 计算三角形的面积，创建类的对象，输出三角形的面积。

在 Anaconda 内建的 Spyder 集成开发环境中输入代码 3.21。

代码 3.21　创建一个三角形（Triangle）类使用实例

```
1 import math                          #导入 math 库
2 class Triangle:                      #创建 Triangle 类
3     def setSide(self,side1,side2,side3):    #设置 setSide() 方法
4         self. side1 = side1          #通过 self 访问变量 side1
5         self. side2 = side2          #通过 self 访问变量 side2
6         self. side3 = side3          #通过 self 访问变量 side3
7     def showArea(self):              #定义 showArea() 方法
8         p = ( self. side1 + self. side2 +  self. side3 )/2  #取三角形半周长
9         area = math. sqrt(p*(p- self. side1)*(p- self. side2)*(p- self. side3))   #面积公式
10        print("三角形的面积为%. 2f"% area)#输出面积
11 triangle = Triangle()               #实例化类的对象
12 triangle. setSide(3,4,5)            #调用 setSide() 方法输入边长
13 triangle. showArea()                #调用 showArea() 方法输出结果
```

运行代码 3.21 得到的结果为：三角形的面积为 6.00。

3.3.4　Python 类的属性

Python 总是通过变量来引用各种对象，所以在 Python 中，类中的变量和函数都称为类的属性，分别称为数据属性和方法属性。

【例 3.22】创建一个学生（Student）类，其实例属性包含姓名（name）和性别（sex），类属性包含学生人数（count），定义方法 addStudent（name，sex）用于增加学生信息，每增加一位学生，类属性值就增加 1。在 Anaconda 内建的 Spyder 集成开发环境中输入代码 3.22。

代码 3.22　创建一个学生（Student）类使用实例

```
1 class Student:                         #使用类关键字 class 创建一个 Student 类
2     count = 0                          #定义类属性
3     def addstudent（self,name,sex）:    #定义方法 addstudent（）
4         self. name = name              #用 self 为实例属性 name 赋初值
5         self. sex = sex                #用 self 为实例属性 sex 赋初值
6         Student. count += 1            #让类属性 count 的值增加 1
7 student1 = Student（）                  #实例化类的对象 student1
8 s1 = student1. addstudent（'张三','男'）  #调用 addstudent（）方法输入学生姓名与性别
9 student2 = Student（）                  #实例化类的对象 student2
10 s2 = student2. addstudent（'李媞','女'） #调用 addstudent（）方法输入学生姓名与性别
11 student3 = Student（）                 #实例化类的对象 student3
12 s3 = student3. addstudent（'王五','男'） #调用 addstudent（）方法输入学生姓名与性别
13 print（' student1 姓名:%s;性别:%s;人数:%d' %（student1. name,student1. sex,Student. count））
14 print（' student2 姓名:%s;性别:%s;人数:%d' %（student2. name,student2. sex,Student. count））
15 print（' student3 姓名:%s;性别:%s;人数:%d' %（student3. name,student3. sex,Student. count））
```

运行代码 3.22 得到所要的结果。

3.3.5　Python 类的方法

Python 创建的类中有两个特定的方法，分别是_init_与_del_，前者称为构造方法，后者称为析构方法。注意这两个方法名称前后都有两个下画线。在前面编写的代码中，定义类时并没有显示定义这两个方法，则系统自动为类设置默认构造方法和析构方法。

1. 默认构造方法

Python 中，每个类至少有一个构造方法，如果程序中没有显示定义任何构造方法，系统将会提供一个隐含的默认构造方法。所谓默认构造方法，是指方法名为_init_的方法。当创建类的对象时，系统会自动调用构造方法，从而完成对象的初始化操作。

【例 3.23】默认构造方法示例。在 Anaconda 内建的 Spyder 集成开发环境中输入代码 3.23。

代码 3.23　默认构造方法示例

```
1 class Test:                            #使用类关键字 class 创建一个 Test 类
2     def _init_（self,value）:           #默认构造方法
3         self. data = value             #通过"self. 变量名"定义实例属性
4         print（' 实例对象初始化完毕！',end=（''））#打印
5 a = Test（200）                         #实例化类的对象
6 print（a. data）                        #打印
```

运行代码 3.23 得到的结果为"实例对象初始化完毕！200"。

【例 3.24】创建一个航班（Flight）类，类中属性包括起飞城市（startcity）、目的地城市（endcity），起飞时间（flytime），定义方法 showflight() 用于显示航班信息；在默认构造方法中，分别将起飞城市和目的地城市以及起飞时间设置为"北京""上海""2022-7-6 12：30"；使用默认构造方法实例化对象，并显示航班信息。在 Anaconda 内建的 Spyder 集成开发环境中输入代码 3.24。

代码 3.24　默认构造方法创建航班类示例

```
1 class Flight:                   #使用类关键字 class 创建一个 Flight 类
2   def _init_(self):             #描述 Flight 类的默认构造方法
3       self. startcity = '北京'    #用 self 为实例属性 startcity 赋初值
4       self. endcity = '上海'      #用 self 为实例属性 endcity 赋初值
5       self. flytime = '2022-7-6 12:30'  #用 self 为实例属性 flytime 赋初值
6   def showflight(self):          #定义类的 showflight() 方法
7       print('起飞城市:%s;目的地:%s;时间:%s' % (self. startcity,self. endcity,self. flytime))
8 flight = Flight()               #实例化类的对象
9 flight. showflight()            #从对象 flight 中调用方法 showflight()
```

运行代码 3.24 得到的结果为"起飞城市：北京；目的地：上海；时间：2022-7-6 12：30"。

默认构造方法除了参数 self 外，没有其他参数，不方便使用。为了提供程序的可使用性，在构造方法中，还可以根据需要添加一个或多个参数，通常称为有参构造方法。在定义类时，如果没有为类定义构造方法，Python 编译器在编译时会提供一个隐式的默认构造方法。一个 Python 类只能有一个用于构造对象的_init_方法。

【例 3.25】对例 3.24 进行修改，定义一个含有起飞城市、目的地城市和起飞时间 3 个参数的构造方法；实例化类的对象，调用构造方法初始化类的数据成员，并显示航班信息。在 Anaconda 内建的 Spyder 集成开发环境中输入代码 3.25。

代码 3.25　默认构造方法创建航班类示例

```
1 class Flight:                              #使用类关键字 class 创建一个 Flight 类
2    def _init_(self,startcity,endcity,flytime):  #描述 Flight 类添加了参数的构造方法
3        self. startcity = startcity            #通过"self. 变量名"定义实例属性
4        self. endcity = endcity                #通过"self. 变量名"定义实例属性
5        self. flytime = flytime                #通过"self. 变量名"定义实例属性
6    def showflight(self):                     #定义类的 showflight() 方法
7        print('起飞城市:%s;目的地:%s;时间:%s' % (self. startcity,self. endcity,self. flytime))
8 flight1 = Flight('北京','上海','2022-7-6 12:30')  #实例化类的对象
9 flight1. showflight()                       #从对象 flight1 中调用方法 showflight()
10 flight2 = Flight('上海','北京','2022-7-7 8:30')  #实例化类的对象
11 flight2. showflight()                      #从对象 flight2 中调用方法 showflight()
```

运行代码 3.25 得到所要的结果。

2. 析构方法

析构方法（_del_）与构造方法的功能正好相反，可以通过 del 指令销毁已经创建的类

的实例，类的实例被系统销毁前会自动调用析构方法。

【例 3.26】 对例 3.25 进行修改，添加析构方法，输出销毁对象的相关信息，再次运行程序，输出结果。

在 Anaconda 内建的 Spyder 集成开发环境中输入代码 3.26。

代码 3.26　添加析构方法创建航班类示例

```
1 class Flight:                                #使用类关键字 class 创建一个 Flight 类
2     def _init_(self,startcity,endcity,flytime):  #描述 Flight 类添加了参数的构造方法
3         self. startcity = startcity          #通过"self. 变量名"定义实例属性
4         self. endcity = endcity              #通过"self. 变量名"定义实例属性
5         self. flytime = flytime              #通过"self. 变量名"定义实例属性
6     def _del_(self):                         #定义类的析构方法
7         print('调用析构方法,销毁对象! ')        #打印
8     def showflight(self):                    #定义类的 showflight( )方法
9         print('起飞城市:% s;目的地:% s;时间:% s' % ( self. startcity,self. endcity,self. flytime))
10 flight1 = Flight(' 北京','上海','2022- 7- 6 12:30')  #实例化类的对象(类的实例)
11 flight1. showflight( )                       #从对象 flight1 中调用方法 showflight( )
12 flight2 = Flight(' 上海','北京','2022- 7- 7 8:30')  #实例化类的对象(类的实例)
13 flight2. showflight( )                       #从对象 flight2 中调用方法 showflight( )
```

运行代码 3.26 得到所要的结果。

3. 类方法与静态方法

Python 允许声明属于类的方法，即类方法。类方法不针对特定的对象进行操作，在类方法中访问对象的属性会导致错误。类方法通过修饰符@ classmethod 来定义，且第一个参数必须是类本身，通常为 cls. 。类方法的声明格式为：

```
class 类名:
    @ classmethod
    def 类方法名(cls):
        方法体
```

需要注意的是，虽然类方法的第 1 个参数为 cls，但在调用时不需要也不能给该参数传递值。Python 会自动把类的对象传递给该参数，通过 cls 访问类的属性。要调用类方法，可以通过类名调用，也可以通过对象名调用，两种方法没有区别。

【例 3.27】 创建一个班级信息类（ClassInfo），该类中包含班级人数 number 类属性，两个类方法 addnum（cls，number）与 getnum（cls）分别用于添加班级人数和显示班级人数。

在 Anaconda 内建的 Spyder 集成开发环境中输入代码 3.27。

代码 3.27　创建一个班级信息类示例

```
1 class ClassInfo:                             #创建一个班级信息类
2     number = 0                               #给 number 类属性赋值 0
3     @ classmethod                            #使用修饰符@ classmethod 定义类方法
4     def addnum( cls,number):                 #定义类方法
5         cls. number = cls. number + number   #班级人数增加
```

6	@ classmethod	#使用修饰符@ classmethod 定义类方法
7	def getnum(cls):	#定义类方法
8	print(' 班级人数为 :% d' % cls. number)	#打印显示班级人数
9	ClassInfo. number = 5	#通过类名调用 number 类属性并赋值 5
10	ClassInfo. addnum(30)	#通过类名调用 addnum( )类方法并赋值 30
11	ClassInfo. getnum( )	#通过类名调用 getnum( )类方法显示班级人数

运行代码 3.27 得到的结果为 "班级人数为：35"。

Python 静态方法是不需要通过对象而直接通过类就可以调用的方法，它主要用来存放逻辑性代码，与类本身没有交互，不会涉及类中的其他方法和属性的操作。通常使用修饰符@ staticmathod 来标识静态方法，其语法格式为：

```
class 类名：
    @ staticmethod
    def 静态方法名( )：
        方法体
```

注意：静态方法参数列表没有任何参数。由于静态方法中没有 self 参数，因此无法访问对象属性；静态方法中也没有 cls 参数，因此也无法访问类的属性。要使用静态方法，既可以通过类名调用，也可以通过对象名调用，两者之间没有区别。

【例 3.28】创建一个 Person 类，该类中包含类属性国家 country，有一个静态方法 getcountry( )。编写程序实现调用静态方法并输出其国家信息。在 Anaconda 内建的 Spyder 集成开发环境中输入代码 3.28。

代码 3.28　创建一个 Person 类示例

1	class Person:	#创建类 Person
2	country = ' China'	#给 country 类属性赋值 China
3	@ staticmethod	#使用修饰符@ staticmethod 定义类方法
4	def getcountry( ):	#定义类方法
5	print(' 所属国家为 :',Person. country)	#打印信息
6	Person. getcountry( )	#通过类名 Person 调用类方法 getcountry( )

运行代码 3.28 得到的结果为 "所属国家为：China"。

3.3.6　Python 类的继承

Python 是面向对象的编程语言。面向对象编程带来的好处之一就是代码可以重复使用，实现这种代码重复使用的方法之一就是继承机制。继承描述的是两个或者多个类之间的父子关系。新类不必从头编写。新类从现有的类继承，就自动拥有了现有类的所有功能。新类只需要编写现有类缺少的新功能。

1. 继承

在 Python 中，继承具有以下特点。首先，在类的继承机制中，父类的初始化方法_init_

不会被自动调用。如果希望子类调用父类的_init_方法，就需要在子类的_init_方法中显式调用它。其次，在调用父类方法时，需要添加父类的类名前缀，且带上 self 参数变量。若在类体外调用该类中定义的方法，就不需要 self 参数。另外，在 Python 中，子类不能访问父类的私有成员。

继承分为单继承和多继承。单继承是指子类只继承一个父类，但一个父类可能有多个子类。其语法格式为：

```
class 子类名(父类名):
    类体
```

多继承是指子类可以同时继承多个父类，如果父类中存在同名的属性或者方法，Python 将按照从左到右的顺序在父类中搜索方法。

【例3.29】 单继承应用示例：定义学校人员基本信息类 SchoolMember，包含姓名 name、部门 department、性别 sex 属性。定义教师信息类 TeacherInfo，其除了包含学校人员基本信息外，还包含职称信息 jobtitle。定义学生信息类 StudentInfo，其除了包含学校人员基本信息外，还包含专业信息 major。最后输出教师和学生全部信息。

在 Anaconda 内建的 Spyder 集成开发环境中输入代码 3.29。

代码3.29 单继承应用示例

```
1 class SchoolMember:                                      #定义父类 SchoolMember
2     def _init_(self,name,department,sex):                #定义父类的构造方法
3         self.name = name                                 #通过"self.变量名"定义实例属性
4         self.department = department                     #通过"self.变量名"定义实例属性
5         self.sex = sex                                   #通过"self.变量名"定义实例属性
6     def showinfo(self):                                  #定义父类的方法 showinfo()
7         print('姓名:%s;部门:%s;性别:%s' % (self.name,self.department,self.sex))
8 class TeacherInfo(SchoolMember):                          #定义子类 TeacherInfo(SchoolMember)
9     def _init_(self,name,department,sex,jobtitle):        #定义子类的构造方法
10        SchoolMember._init_(self,name,department,sex)     #将父类的构造方法继承过来
11        self.jobtitle = jobtitle                         #通过"self.变量名"定义实例属性
12    def showjobtitle(self):                              #定义子类的方法 showjobtitle(self)
13        print('教师职称:%s' % self.jobtitle)              #打印
14 class StudentInfo(SchoolMember):                         #定义子类 StudentInfo(SchoolMember)
15     def _init_(self,name,department,sex,major):          #定义子类的构造方法
16        SchoolMember._init_(self,name,department,sex)     #将父类的构造方法继承过来
17        self.major = major                               #通过"self.变量名"定义实例属性
18    def showmajor(self):                                 #定义子类的方法 showmajor(self)
19        print('学生专业:%s' % self.major)                 #打印
20 teacher = TeacherInfo('张老师','理学院','男','副教授')     #实例化子类的对象(子类的实例)
21 teacher.showjobtitle()                                  #从对象 teacher 中调用方法 showjobtitle()
22 teacher.showinfo()                                      #从对象 teacher 中调用继承下来的方法 showinfo()
23 student = StudentInfo('李同学','理学院','男','软件工程')   #实例化子类的对象(子类的实例)
24 student.showmajor()                                     #从对象 student 中调用方法 showmajor()
25 student.showinfo()                                      #从对象 student 中调用继承下来的方法 showinfo()
```

运行代码 3.29 得到所要的结果。

【例 3.30】多继承应用示例：定义父类 Father 并打印输出工资；定义父类 Mother 并打印输出爱好；定义子类 Son，通过继承父类 Father 和 Mother 的特性，初始化两个父类构造方法，打印输出学习时间；实例化子类对象，调用父类和子类的方法输出。在 Anaconda 内建的 Spyder 集成开发环境中输入代码 3.30。

代码 3.30　多继承应用示例

```
1 class Father:                              #定义父类 Father
2     def __init__(self,salary):             #定义父类的构造方法
3         self.salary = salary               #通过"self.变量名"定义实例属性
4     def showsalary(self):                  #定义父类的方法 showsalary()
5         print('每月工资:%s' % (self.salary,)) #打印
6 class Mother:                              #定义第2个父类 Mother
7     def __init__(self,hobby):              #定义第2个父类的构造方法
8         self.hobby = hobby                 #通过"self.变量名"定义实例属性
9     def showhobby(self):                   #定义第2个父类的方法 showhobby()
10        print('业余爱好:%s' % self.hobby)    #打印
11 class Son(Father,Mother):                 #定义子类分别继承 Father,Mother 的特征
12    def __init__(self,salary,hobby,studytime): #定义子类构造方法,增加参数 studytime
13        Father.__init__(self,salary)       #将父类的构造方法继承过来
14        Mother.__init__(self,hobby)        #将第2个父类的构造方法继承过来
15        self.studytime = studytime         #通过"self.变量名"定义实例属性
16    def showstudytime(self):               #定义子类的方法 showstudytime()
17        print('每天学习时间:%s' % self.studytime) #打印每天学习时间
18 son = Son('8000','跳舞',4)                #实例化子类的对象(子类的实例)
19 son.showsalary()                          #从对象 son 中调用继承的方法 showsalary()
20 son.showstudytime()                       #从对象 son 中调方法 showstudytime()
21 son.showhobby()                           #从对象 son 中调用继承的方法 showhobby()
```

运行代码 3.30 得到所要的结果。

2. 方法重写

方法重写是指在子类中有一个和父类名称相同的方法，此时子类的方法会覆盖父类中的同名方法。

【例 3.31】由继承关系实现方法重写示例：定义父类 SchoolMember，在该类中实例化属性 username，depart 和 sex，显示用户信息；定义子类 Teacher，显示教师授课信息，并调用父类的同名方法；定义子类 Student，显示学生专业信息，调用父类同名方法；实例化子类对象，输出显示对象信息。

在 Anaconda 内建的 Spyder 集成开发环境中输入代码 3.31。

代码 3.31　由继承关系实现方法重写示例

```
1 class SchoolMember:                        #定义父类 SchoolMember
2     def __init__(self,username,depart,sex): #定义父类的构造方法
3         self.username = username           #通过"self.变量名"定义实例属性
```

```
4          self. depart = depart                    #通过"self. 变量名"定义实例属性
5          self. sex = sex                          #通过"self. 变量名"定义实例属性
6      def showinfo(self):                          #定义父类的方法 showinfo
7          print(' 姓名:% s;部门:% s;性别:% s' % ( self. username,self. depart,self. sex))
8 class Teacher(SchoolMember):                       #定义子类 Teacher
9      def _init_( self,username,depart,sex,course):  #定义子类的构造方法
10         SchoolMember. _init_( self,username,depart,sex)  #继承父类的构造方法
11         self. course = course                     #通过"self. 变量名"定义实例属性
12     def showinfo(self):                           #定义子类的方法 showinfo(重写)
13         print(' 教授课程:% s' % self. course)       #打印
14         super(). showinfo()                        #函数 super()用于子类调用父类的方法
15 class StudentInfo(SchoolMember):                   #定义子类 StudentInfo
16     def _init_(self,username,depart,sex,major):    #定义子类的构造方法
17         SchoolMember. _init_( self,username,depart,sex)  #继承父类的构造方法
18         self. major = major                       #通过"self. 变量名"定义实例属性
19     def showinfo(self):                           #定义子类的方法 showinfo(重写)
20         print(' 学生专业:% s' % self. major)        #打印
21         super(). showinfo()                        #函数 super()用于子类调用父类的方法
22 teacher = Teacher(' 王老师',' 理学院',' 男',' Python 程序设计')  #实例化子类的对象
23 teacher. showinfo()                               #从对象 teacher 中调用方法 showinfo()
24 student = StudentInfo(' 李同学',' 理学院',' 女',' Python 人工智能基础')  #实例化对象
25 student. showinfo()                               #从对象 teacher 中调用方法 showinfo()
```

运行代码 3.31 得到所要的结果。

3. 多态机制

多态性是面向对象程序设计的特征之一。同一个变量在不同时刻引用多个不同对象,调用不同方法时,就可能呈现多态性。在 Python 中,多态性是指将父对象设置为一个或多个它的子对象的引用,用同一种方法调用父类的方法。Python 是动态语言,可以调用实例方法,它不检查类型,只要方法存在、参数正确就可以调用。多态特征在 Python 内建运算符和函数中的体现示例如下。

【例 3.32】Python 内建运算符和函数中的体现示例。在 Anaconda 内建的 Spyder 集成开发环境中输入代码 3.32。

代码 3.32　Python 内建运算符和函数中的体现示例

```
1 a = 3 + 5               #将 3 与 5 相加,结果赋值给变量 a
2 print(a)                #打印 a
3 b = ' 3' + ' 5'         #将字符串 3 与字符串 5 相加,结果赋值给变量 b
4 print(b)                #打印 b
```

这里运算符 "+" 对数字和字符串的计算结果是不一样的。若运算符 "+" 左右对象是数值,就进行算术 "+" 运算;若运算符 "+" 左右对象是字符串,就将两个字符串进行连接。这种现象称为运算符重载。

习题3-3

1. 编写一个简易计算器程序，主要实现以下功能：

（1）输入两个数，能求出它们的和。（2）输入两个数，能求出它们的差。

（3）输入两个数，能求出它们的积。（4）输入两个数，能求出它们的商。

2. 下面代码运行后输出的结果是多少？

```
class Test:
    x = 0
a = Test( )
b = Test( )
a. x = 20
Test. x = 30
print( b. x)
```

3. 创建一个类，在类中定义用于存放整数列表的数据属性 data，data 的初始值为空列表；为类定义一个方法 sum。

📖本章小结

本章分 3 节介绍了 Spyder（Python3.9）程序设计。第 1 节介绍了 Python 函数，具体包含 Python 定义函数、Python 函数嵌套、lambda 函数、递归函数、函数列表、内置函数。第 2 节介绍了 Python 模块与包，具体包含 Python 类、模块、包的区别，Python 包的创建，Python 包的导入，Python 包的安装，Python 时间日期模块。第 3 节介绍了 Python 程序设计实例，具体包含 Python 类、Python 类和对象的使用、Python 类的 self 参数绑定、Python 类的属性、Python 类的方法、Python 类的继承。

📖总习题 3

1. 定义一个函数，实现输入 3 个数，求出这 3 个数中最小数。

2. 创建一个描述狗的类（Dog），其属性包含名字（name）与年龄（age），并编写相关函数描述该类的具体操作。

3. 创建一个学生（Student）类，其属性包含姓名（name）和性别（sex），类属性包含学生人数（count），定义方法 addStudent（name，sex）用于增加学生信息并将信息保存在文本文件之中。

4. 阅读下面的代码，给出输出结果。

```
class Bird(object):
    def talk(self):
        print("鸟不会说话!")
class People(Bird):
    def walk(self):
        print('他正在散步!')
c = People()
c.talk()
c.walk()
```

第3章答案

第 4 章　Python 网络爬虫

【本章概要】

- Python 网络爬虫基础知识
- requests 库
- bs4 库
- Python 网络爬虫实例

4.1　Python 网络爬虫基础知识

网络爬虫主要分 4 个步骤：明确目标、抓取数据、分析数据、存储数据。

4.1.1　Python 循环语句 for 与条件语句 if

1. for 循环语句

循环语句 for 可以遍历任何序列的项目，如一个列表或者一个字符串。语法格式如下：

```
for iterating_var in sequence:        #迭代变量在序列 sequence 中取值
        statements(s)                 #内容阐述
```

【例 4.1】使用 for 循环输出列表中的元素。在 Anaconda 内建的 Spyder 集成开发环境中输入代码 4.1。

代码 4.1　用 for 循环输出列表中的元素

```
1 list=[' https://hao. 360. com/ ',' https://www. baidu. com/ ',' https://www. sjzu. edu. cn/ ']
                                      #给出列表
2 for k in list:                      #for 循环让 k 在列表 list 中遍历取值,这里的值是字符串
3     print(k)                        #打印 k,即打印输出列表中的元素
```

运行代码4.1所生成的结果为：https：//hao.360.com/，https：//www.baidu.com/，https：//www.sjzu.edu.cn/。

【例4.2】range( ) 函数的使用方法示例。在 Anaconda 内建的 Spyder 集成开发环境中输入代码4.2。

代码4.2 range( ) 函数的使用方法示例

```
1 print(list(range(1,5,2)))           #打印列表中的范围,步长为2
2 print(list(range(5,-1,-2)))         #打印列表中的范围,步长为-2
3 print(list(range(1,5)))             #打印列表中的范围,步长为1
4 print(list(range(5)))               #打印列表中的范围,步长为1,从0开始
5 print([i for i in range(15)])       #打印从0到14的列表
```

运行代码4.2可以得到所要的结果。

2. if 条件语句

条件语句的语法格式分为单分支选择结构、双分支选择结构和多分支选择结构。

（1）单分支选择结构。

```
if   表达式:
     语句块
```

若表达式值为真，则执行语句块；若表达式值为假，则直接执行后续语句。

（2）双分支选择结构。

```
if   表达式:
     语句块1
else:
     语句块2
```

若表达式值为真，则执行语句块1，否则直接执行语句块2，然后再执行后续语句。

（3）多分支选择结构。

```
if   表达式1:
     语句块1
elif   表达式2:
     语句块2
     …………
elif   表达式m:
     语句块m
else:
     语句块n
```

【例4.3】输入两个整数 a，b，先输出较大的数，再输出较小的数。在 Spyder 集成开发环境中输入代码4.3。

代码4.3 输入两个整数 a，b，先输出较大的数，再输出较小的数

```
1 a,b=eval(input('输入a,b:'))          #输入a,b,eval()执行字符串表达式,返回表达式的值
2 if a<b:                              #若a<b,交换a和b,否则不交换
3     a,b=b,a                          #交换a和b
4 print("{},{}".format(a,b))          #按照格式打印a和b
```

运行代码4.3所生成的结果为"输入a，b:"，输入5，8后，按 Enter 键得到：输入a，b:5,8， 8,5。

4.1.2 Python 字符串处理

1. 字符串的索引

为了实现字符串索引，需要对字符串进行编号，最左边字符编号为0，最右边的字符比字符串的长度小1。也可以使用负整数从右向左进行编号，最右边的字符（即倒数第一个字符）的编号为-1。字符串变量名后面接用中括号括起来的编号即可实现字符串的索引。

【例4.4】字符串索引示例。在 Anaconda 内建的 Spyder 集成开发环境中输入代码4.4。

代码4.4 字符串索引示例

```
1 s = "HelloPythonandStuding"                    #给定字符串
2 print( s[2]+s[-3],' ',s[8]+s[11]+s[10]+s[2]+s[4]+s[-2]+s[-1])    #打印索引字符拼接
3 print( s[0]+s[11]+s[12],' ',s[-6]+s[-3]+s[-2]+s[-1])    #打印索引字符拼接
4 print( s[-7]+s[-5]+s[-3],' ',s[6]+s[-3]+s[-2]+s[-1])    #打印索引字符拼接
```

运行代码4.4所生成的结果为：li hanlong，Han ting，Sui ying。

2. 字符串的分片

字符串的分片就是从给定的字符串中分离出部分字符，使用格式为：i: j: k。其中，i是索引起始位置，j是索引结束位置，但不包含j位置上的字符，k为索引编号每次增加的步长。

【例4.5】字符串的分片示例。在 Anaconda 内建的 Spyder 集成开发环境中输入代码4.5。

代码4.5 字符串的分片示例

```
1 s = "123456789helloworld,helloPython!" #给出字符串
2 print( s[0:10:2])        #打印索引为0到10字符串,步长为2,不包含10索引上的字符
3 print( s[0:23])        #打印索引为0到23字符串,步长为1,不包含23索引上的字符
4 print( s[5:15:3])        #打印索引为5到15字符串,步长为3,不包含15索引上的字符
6 print( s[1:10:1])        #打印索引为1到10字符串,步长为1,不包含10索引上的字符
7 print( s[0:2:1])        #打印索引为0到2字符串,步长为1,不包含2索引上的字符
8 print( s[-1:-20:-1])        #打印索引为-1到-20字符串,步长为-1,不包含-20索引上的字符
```

运行代码4.5所生成的结果为：13579，123456789helloworld，hel，69lw，23456789h，12，! nohtyPolleh，dlrowo。

3. 字符串的拼接

Python 利用运算符"+"对字符串进行拼接。如果是对字符串自身重复拼接，也可以使用运算符"*"，格式为s*n或者n*s，其中s是字符串，n是一个正整数，代表重复的次数。

【例4.6】字符串的拼接示例。在 Anaconda 内建的 Spyder 集成开发环境中输入代码4.6。

代码 4.6　字符串的拼接示例

```
1 s1 = ' www. sjzu. edu. cn/'          #给定字符串 s1
2 s2 = ' www. so. com/'                #给定字符串 s2
3 s3 = ' https://'                     #给定字符串 s3
4 print(s3+s1)                         #打印 s3,s1 两个字符串拼接
5 print(s1*4)                          #打印 s1 自身重复拼接 4 次
6 print(s3*2)                          #打印 s3 自身重复拼接 2 次
7 s2 *= 6                              #将 s2 自身重复拼接 6 次
8 print(s2)                            #打印自身重复拼接 6 次后的 s2
```

运行代码 4.6 得到所要的结果。

4. 字符串的应用

【例 4.7】从键盘输入一个字符串，然后每次去掉最后面的字符输出。在 Spyder 集成开发环境中输入代码 4.7。

代码 4.7　从键盘输入一个字符串，然后每次去掉最后面的字符输出

```
1 s=input('请输入一个字符串:')         #设置提示输入一个字符串
2 for i in range(-1,-len(s),-1):       #for 循环让 i 在-1 与 s 的长度之间遍历取值,步长为-1
3     print(s[:i])                     #每次都会去掉最后一个字符打印出来
```

运行代码 4.7，输入 12345，然后按"Enter"键，所生成的结果为：1234,123,12,1。

【例 4.8】从键盘输入几个数字，用逗号分隔，然后求这些数字之和。在 Spyder 集成开发环境中输入代码 4.8。

代码 4.8　从键盘输入几个数字，用逗号分隔，然后求这些数字之和

```
1 s = input('请在英文状态下输入几个数字(用逗号隔开):')   #设置提示输入几个数字
2 data = s. split(',')                #将 s 转换成一个列表,用逗号隔开
3 print(data)                         #打印 data
4 sum = 0                             #设置求和初值
5 for x in data:                      #for 循环让 x 在 data 中遍历
6     sum += float(x)                 #让 sum 连加变换为浮点数的 x 求和
7 print('sum= ',sum)                  #打印求和
```

运行代码 4.8，输入三个数 1.5，2.76，3.84，然后按"Enter"键，所生成的结果为：['1.5','2.76','3.84'],sum= 8.1。

4.1.3　Python I/O 编程

I/O 在计算机中指的是 Input/Output，也就是输入与输出。凡是用到数据交换的地方，一定会涉及 I/O 编程。

1. 文件读写

文件读写是常见的 I/O 操作。Python 内置了读写文件的函数，方便文件的 I/O 操作，文件读写之前需要先打开文件，确定文件读写模式。函数 open( ) 用来打开文件，其调用格式为：

open(name[. mode[. buffering]])

模式 mode 和缓冲区 buffering 参数都是可选的。默认模式是读模式，默认缓冲区是无。在 Anaconda 内建的 Spyder 集成开发环境中输入代码 f = open（r' readme. txt'），运行可以用读的方式打开与 openfile. py 同目录下的 readme. txt 文本文件，如果 readme. txt 文件不存在，则会出现错误提示。

函数 open( ) 中的 buffering 参数控制着文件的缓冲。如果参数是 0，I/O 操作就是无缓冲的，直接将数据写在硬盘上，如果参数是 1，I/O 操作就是有缓冲的，数据先写到内存里，只有使用 flush 函数或者 close 函数才会将数据更新到硬盘；如果参数为大于 1 的数字，则代表缓冲区的大小（单位是字节），−1（或者是任何负数）代表使用默认缓冲区的大小。

文件读取主要分为按字节读取和按行进行读取，常用方法有 read( )、readlines( )、close( )。在 Anaconda 内建的 Spyder 集成开发环境中输入代码 f = open（' readme. txt'），运行后，如果成功打开文本文件，接下来调用 read( ) 方法则可以一次性将文件内容全部读到内存之中，最后返回的是 str 类型的对象。最后一步调用 close( ) 关闭文件，文件用完后必须关闭，否则文件对象会占用操作系统资源，影响系统的 I/O 操作。由于文件操作可能会出现 I/O 异常，导致后面的 close( ) 方法没法调用，所以为了保证程序的安全性，通常使用 try...finally 来实现。

【例 4.9】用 try...finally 来实现读文本文件。在 Anaconda 内建的 Spyder 集成开发环境中输入代码 4.9。

代码 4.9　用 try...finally 来实现读文本文件

```
1 try:                            #尝试
2     f = open(' readme. txt' ,' r' )   #打开并阅读文本文件 readme
3     print( f. read( ) )           #打印阅读结果
4 finally:                        #最后
5     if f:                       #如果运行了 f
6         f. close( )             #关闭 f
```

运行程序输出保存在 readme. txt 中的数据。还可使用 with 语句来替代 try...finally 代码块和 close( ) 方法，如下所示：

with open(' readme. txt' ,' r') as fileReader:
　　　print（fileReader. read( )）

调用 read( ) 一次将文件内容读到内存，但如果文件过大，将会出现内存不足。一般对于大文件，可以反复调用 read（size）方法，一次最多读取 size 个字节。如果文件是文本文件，可以调用 readline( ) 每次读取一行内容，调用 readlines( ) 一次读取所有内容并按行返回列表。将上面的代码采用 readline( ) 的方式实现如下：

```
with open（'readme.txt','r'）as fileReader:
    for line in fileReader.readline（）:
        print（line.strip（））
```

文件的写入和读文件唯一区别是在调用 open（）方法时，传入标识符' w' 或者' wb' 表示写入文本文件或者二进制文件。

【例4.10】写入文本文件示例。在 Anaconda 内建的 Spyder 集成开发环境中输入代码 4.10。

代码 4.10　写入文本文件

1 f=open（'readmeone.txt','w'）	#以写模式打开文本文件 readmeone.txt
2 f.write（'helloPython! '）	#在打开的文本文件 f 中写入文本 helloPython!
3 f.close（）	#关闭 f

运行程序在文本文件 readmeone 中写入 helloPython！。如果不存在文件 readmeone 就会创建一个 readmeone 文件再写入数据。也可以使用 with 语句。还可以使用 with 语句来替代。格式为：

```
with open（r'readme.txt','w'）as fileWriter:
    fileWriter.write（'abcde'）
```

写入模式' w' 会替换掉原先文本文件里所有内容，如果需要保留原先文本文件内容，可以将写入模式修改为添加模式' a' 即可。另外，Python 打开 txt 文件默认的是 ascii 编码，是无法处理中文字符的，如果需要保存中文，要统一转换为 utf-8 编码，这里使用 codecs 这个包。

【例4.11】将中文写入文本文件示例。在 Anaconda 内建的 Spyder 集成开发环境中输入代码 4.11。

代码 4.11　将中文写入文本文件示例

1 import codecs	#导入库 codes
2 res = codecs.open（'test.txt','w',encoding='utf-8'）	#指定 txt 编码为 utf-8
3 s1 = '你好'	#给 s1 赋值' 你好
4 s2 = 'hello'	#给 s2 赋值
5 res.write（s1 + '\t' + s2）	#写入 s1+s2, \t 代表制表符

运行程序在文本文件 test.txt 中写入文本' 你好 hello'。

2. 利用 os 模块操作文件和目录

利用 os 模块操作文件和目录的命令比较多，我们通过例题示意常用命令。

【例4.12】os 模块操作文件和目录示例。在 Anaconda 内建的 Spyder 集成开发环境中输入代码 4.12。

代码 4.12　os 模块操作文件和目录

1 import os	#导入 os 模块
2 os.path.abspath（'.'）	#查看当前目录的绝对路径

```
3 print( os. path. abspath('.'))        #打印查看当前目录的绝对路径
4 os. mkdir('testdir')                   #创建一个目录,当目录存在时无法创建
5 os. rmdir('testdir')                   #删掉一个目录
6 os. rename('cmm. txt','test. py')      #对文件重命名
7 os. remove('test. py')                 #删掉文件
8 os. makedirs('testdirs')               #创建一个目录
9 os. makedirs('testdirs\data')          #创建两个目录嵌套,当目录存在时无法创建
```

运行程序可以得到相应的结果。

Python 中创建目录有两种方法 os. mkdir(path) 和 os. makedirs(path)。其中 os. mkdir(path) 的功能是一级一级地创建目录, 前提是前面的目录已存在, 如果不存在会报异常, 比较麻烦, 但是存在即有它的道理。

```
import os
os. mkdir('d:\hello')        #正常
os. mkdir('d:\hello\hi')     #正常
```

如果 d:\hello 目录不存在, 则 os. mkdir('d:\hello\hi') 执行失败。然后是 os. makedirs(path), 单从写法上就能猜出它与 os. mkdir(path) 的区别。os. makedirs(path) 可以一次创建多级目录, 哪怕中间目录不存在也能正常创建。

```
import os
os. makedirs('d:\hello')        #正常
os. makedirs('d:\hello\hi')     #正常
```

如果 d:\hello 目录不存在, 则 os. makedirs('d:\hello\hi') 仍然正常。创建目录的两种方法各有优缺点, 根据自己需要选择使用。

习题4-1

1. 使用 for 循环编程实现从 1 加到 100 等于 5 050。
2. 使用 if 条件语句编程实现: 输入成绩并保存到变量 score 中, 如果 score 大于或等于 90, 则输出 "优秀"。
3. 编程实现: 创建一个文件夹, 文件夹中建立一个文本文件, 并在文件中保存一段文字。

4. 2　requests 库

Python 中 requests 库是第三方库, 需要安装才能使用。requests 库是一个开源库, 在 Anaconda 环境下, 将电脑联网, 可以在命令行运行: conda install requests 进行安装。

4.2.1 requests 实现请求与响应

以 get 请求为例，给出最简单的模型形式。

【例 4.13】 通过 requests 库中 get 实现请求与响应。

代码 4.13 所示向百度网站发出的一个请求与响应，注意研究 requests 的作用。

代码 4.13 requests 库中 get 实现请求与响应

```
1 import requests              #导入 requests 库
2 url = 'http://www. Baidu. com'    #给定网站地址
3 response=requests. get(url)       #以 get 的方式向网站发送请求,得到的回应记为 response
4 print(response. content)         #打印回应 response 的二进制内容
```

运行代码 4.13，得到所需要的结果。

【例 4.14】 通过 requests 库中 post 实现请求与响应。

代码 4.14 所示为向×××网站发出的一个请求与响应，注意研究 requests 的作用。

代码 4.14 requests 库中 post 实现请求与响应

```
1 import requests              #导入 requests 库
2 postdata={ 'key':'value' }      #以键:值的形式发送数据
3 response=requests. post('http://www. xxxxxx. com/login',data=postdata) #向网站,以 post 方式发送数据
请求,得到回应
4 print(response. content)         #打印回应 response 的二进制内容
```

需要说明的是，HTTP 中的其他请求方式也可以用 requests 来实现，示例如下：

response=requests. put('http://www. ×××××. com/put',data={ 'key':'value' })

response=requests. delete('http://www. ×××××. com/delete')

response=requests. head('http://www. ×××××. com/get')

response=requests. options('http://www. ×××××. com/get')

接着介绍复杂一点的方式，如果网址是这样的形式：

http://×××××. com/s/m/n? Keywords=×××&pageindex=1

这时当然可以使用上面的请求方式，其实我们还有以下方法：

import requests

payload={'keywords':'×××', 'pageindex':1}

r=requests. get('http://×××××. com/s/m/n ', params=payload)

print(r. url)

打印结果即是原来的网址 http://×××××. com/s/m/n? Keywords=×××&pageindex=1。使用 get 方法带参数请求时，是'params = 参数字典'，而不是'data = ','data = '是 post 方法的参数。

【例 4.15】 使用 requests 进行复杂的 get 方式实现请求与响应示例。

代码 4.15 所示为向百度博客网站发出的一个请求与响应，注意研究 requests 的作用。

代码 4.15　使用 requests 进行复杂的 get 方式实现请求与响应

```
1 import requests                                          #导入 requests 库
2 headers = {' user- agent' :' Mozilla/5. 0 （Windows NT 10. 0; WOW64） AppleWebKit/537. 36 （KHTML,
like Gecko） Chrome/78. 0. 3904. 108 Safari/537. 36' }     #加入请求头,模拟浏览器,否则被反爬
3 payload = {' id' : ' 2d016776b439bab9e9267ef7' }         #发送数据以键:值的形式发送
4 response = requests. get （' https://baike. baidu. com/tashuo/browse/content ' ,params = payload ,headers =
headers） #发送请求
5 print( response. url)                                    #打印回应 response 的 url 地址
```

运行代码 4.15，得到所要的结果。

4.2.2　requests 响应与编码

关于响应与编码问题，可以通过下面的例子加以说明。

【例 4.16】 requests 响应与编码问题。

代码 4.16 所示为向百度网站发出的一个请求与响应，注意研究编码的实现。

代码 4.16　requests 响应与编码

```
1 import requests                                    #导入 requests 库
2 response = requests. get(' http://www. baidu. com' )  #以 get 方式发送请求,回应给 response
3 print(' content- - >' ,response. content)            #打印响应的字节形式,即二进制数据
4 print(' text- - >' ,response. text)                  #打印响应的文本形式,可能出现乱码
5 print(' encoding- - >' ,response. encoding)          #打印响应 HTTP 头猜测的网页编码形式
6 response. encoding =' utf- 8'                        #将响应编码设置成 UTF- 8
7print(' newtext- - >' ,response. text)               #打印响应新文本,内容就不会出现乱码
```

在 Anaconda 内建的 Spyder 集成开发环境中输入代码 4.16，运行输出结果。' text-->' 之后的内容出现乱码。' encoding-->' 之后是 ISO-8859-1 （实际上的编码格式是 UTF-8），由于 requests 猜测编码错误，导致解析文本出现乱码。requests 提供了解决方案，可以自己设置编码格式，response. encoding =' utf-8'，设置成 UTF-8 之后，' newtext-->' 之后的内容就不会出现乱码了。但这样操作起来感觉麻烦，于是有了一个简便方法。那就是使用字符串/文件编码检测模块 chardet。安装方法为：在 Anaconda 环境下的命令行运行：conda install chardet。安装完毕后，可以使用 chardet. detect( ) 返回字典，其中 confidence 是检测精确度，encoding 是编码形式。重新改写程序代码如下：

```
import requests
import chardet
response = requests. get(' http://www. baidu. com' )
print( chardet. detect( response. content) )
response. encoding = chardet. detect( response. content)[' encoding' ]
print( response. text)
```

运行程序输出结果。通过 chardet. detect()监测，返回字典{'encoding'：'utf-8'，'confidence'：0.99,'language'：''}，通过 chardet. detect(response. content)['encoding']取出字典的编码值 utf-8，赋值给 response. encoding，最后打印出文本。除了这种方式以外，还有一种读取二进制数据内容的流模式，示例如下：

```
import requests
response = requests. get(' http://www. baidu. com' ,stream = True)
print( response. raw. read( 10) )
```

设置 stream = True 流模式为真，使响应以字节流方式进行读取，response. raw. read （10）指定读取字节数为 10 个字节。

4. 2. 3　requests 请求头 headers 的处理

头域 user-agent 常常用来进行反爬，因此，在 requests 的 get 函数中将头域作为参数添加到 headers 之中即可。

【例 4.17】 添加参数 headers 解决被反爬的问题。

代码 4.17 所示为向百度网站发出的一个请求与响应，注意研究代码的实现。

代码 4.17　添加参数 headers 解决被反爬的问题

```
1 import requests                                              #导入 requests
2 user_agent = ' Mozilla/5. 0 （Windows NT 10. 0; WOW64） AppleWebKit/537. 36 （KHTML, like Gecko）
Chrome/78. 0. 3904. 108 Safari/537. 36'                        #加入浏览器即操作系统信息,模仿浏览器
3 headers = {' User- Agent' :user_agent}                       #设置头域字典形式,键值列表
4 response = requests. get(' http://www. baidu. com' ,headers = headers)   #将头域加到 get 请求之中
5 print( response. content)                                    #打印响应的二进制数据
```

4. 2. 4　requests 响应码和响应头的处理

获取响应码是使用 requests 中的 status_code 字段，获取响应头是使用 requests 中的 headers 字段。示例如下。

【例 4.18】 响应码和响应头的处理问题。在 Anaconda 内建的 Spyder 集成开发环境中输入代码 4.18，运行输出结果。

代码 4.18　响应码和响应头的处理问题

```
1 import requests                                              #导入 requests
2 response = requests. get(' http://www. baidu. com' )          #用 get 方法发送请求,响应赋值给 response
3 if response. status_code = = requests. codes. ok:            #条件语句,如果响应码等于要求码 ok
4     print( response. status_code)                            #打印响应码
5     print( response. headers)                                #打印响应头
6     print( response. headers. get(' content- type' ) )        #获取其中的某个字段' content- type'
7     print( response. headers[' content- type' ])             #不推荐使用这种方式获取字段' content- type'
```

```
8 else:                                          #否则
9     response. raise_for_status( )              #产生一个状态码异常
```

运行代码4.18得到所需要的结果。

4.2.5　requests 对 Cookie 的处理

Cookie 是临时文件的意思，它保存你浏览网页的痕迹，使得你再次上同一页面的时候提高网速，同时判断你是否登录过这个网站，有些时候可以帮你自动登录。Cookie 中记载的资料相当有限，Cookie 是安全的，网站不可能经由 Cookie 获得你的 email 地址或是其他私人资料，更没有办法透过 Cookie 来存取你的计算机。但是 Cookie 有可能用来进行反爬，因此，网络爬虫编程可能需要对 Cookie 进行处理。

【例4.19】处理 Cookie 问题示意。在 Anaconda 内建的 Spyder 集成开发环境中输入代码4.19，运行输出结果。

代码4.19　处理 Cookie 问题示意

```
1 import requests                                          #导入 requests
2 user_agent = ' Mozilla/5. 0（Windows NT 10. 0; WOW64）AppleWebKit/537. 36（KHTML, like Gecko）
Chrome/78. 0. 3904. 108 Safari/537. 36'                    #加入浏览器即操作系统信息,模仿浏览器
3 headers = {' User- Agent' :user_agent}                   #设置头域字典形式，键值列表
4 response = requests. get(' http://www. baidu. com' ,headers = headers)   #将头域添加到请求之中
5 print(' Cookie = ' ,response. Cookies)                   #打印 Cookie
6 print(' --------------------------------------------- ' )  #打印一条分隔线
7 for key,value in response. Cookies. items( ):            #让 key,value 遍历取值
8     print( key + ' = ' + value)                          #打印
9 print(' --------------------------------------------- ' )  #打印一条分隔线
10 for Cookie in response. Cookies. keys( ):                #让 Cookie 遍历取值
11     print( Cookie + ' :' + response. Cookies. get( Cookie))   #打印
```

运行代码4.19得到所需要的结果。

如果想要自定义 Cookie 的值发送出去，可以使用以下方式，示例如下：

```
import requests
user_agent = ' Mozilla/5. 0（Windows NT 10. 0; WOW64）AppleWebKit/537. 36（KHTML, like Gecko）
Chrome/78. 0. 3904. 108 Safari/537. 36'
headers = {' User- Agent' :user_agent}
Cookies = dict( name = ' qiye' ,age = ' 10' )
response = requests. get(' http://www. baidu. com' ,headers = headers,Cookies = Cookies)
print( response. text)
```

另外，还有一种高级方法，能够自动处理 Cookie。有时候，我们并不关心 Cookie 的值，只是希望每次访问时，程序能够自动把 Cookie 的值带上，就像浏览器一样。requests 提供了

一个session（会议）的概念，使用它可以实现相关的功能，使用方法示例如下。

【例4.20】 使用session对Cookie进行处理。

代码4.20给出了session对Cookie进行处理的格式。

代码4.20　使用session对Cookie进行处理

```
1 import requests                                        #导入requests
2 loginUrl = ' http://www.××××××.com/login'              #输入网址
3 s = requests.Session()                                 #设置请求
4 response = s.get(loginUrl,allow_redirects=True)        #获取回应
5 datas = {'name':'qiye','passwd':'qiye'}                #设置数据
6 response = s.post(loginUrl,data=datas,allow_redirects=True)#以post发送请求,获取回应
7 print(response.text)                                   #打印回应文本
```

4.2.6　requests 重定向与历史信息

什么是重定向？它的请求流程及原理又是什么？请求流程如下：

首先浏览器向服务器发送请求 url1:http:××××××；服务器收到请求后，因为某种原因不会允许访问 url1，于是返回状态码 status_code:301；浏览器根据 status_code=301 状态码判断此次请求需要重定向，于是重新向服务器发送请求 url2:http:××××××。

处理重定向只需要设置一下 allow_redirects 字段即可，如：

response=requests.get(' http://www.baidu.com',allow_redirects=True)。

将 allow_redirects 设置为 True，则是允许重定向；设置为 False，则禁止重定向。如允许重定向，可以通过 response.history 字段查看历史信息。

【例4.21】 重定向与历史信息处理。

在 Anaconda 内建的 Spyder 集成开发环境中输入代码4.21，运行输出结果。

代码4.21　重定向与历史信息处理示意

```
1 import requests                                   #导入requests
2 response=requests.get(' http://github.com')       #向网站以get方式发送请求
3 print(response.url)                               #打印回应的url
4 print(response.status_code)                       #打印状态码
5 print(response.history)                           #历史信息
```

运行代码4.21得到所需要的结果。

4.2.7　requests 超时设置

当我们访问一个网页时，若该网页长时间未响应，那么系统就会判断该网页超时了。但是，有时候我们需要根据自己的需要来设置超时的时间值。比如，以5秒作为判断一个网页

是否超时的标准，这就需要通过参数 timeout 来进行设置。示例如下：

```
requests. get('http://github. com',timeout=5)
```

4.2.8　requests 代理 Proxy 设置

Proxy 是什么？Proxy 这个单词翻译过来就是代理。使用代理 Proxy，可以为任意请求方法通过设置参数来配置单个请求。示例如下：

```
import requests
proxies={"http":"http://0. 10. 1. 10:3128","https":"http://10. 10. 1. 10:1080"}
requests. get(http://example. org,proxies=proxies)
```

习题4-2

1. 阅读并运行下列程序，给程序加上#注释说明。

```
import requests
url="https://www. baidu. com"
response=requests. get(url)
print(response. status_code)
print(response. encoding)
print(response. apparent_encoding)
print(response. text)
print(response. content)
print(response. content. decode("utf- 8",'ignore'))
print(response. Cookies)
```

2. 利用 headers 设置请求头。为什么要设置请求头？

4.3　bs4 库

bs4 全名 BeautifulSoup，是编写 Python 爬虫常用库之一，支持 Python 标准库的 HTML 解析器，另外还支持一些第三方的解析器，lxml 就是其中的一个。由于 lxml 解析速度比标准库中的 HTML 解析器速度快，常常选择安装 lxml 作为新的解析库。在 Anaconda 环境下，可以通过命令行运行 conda install bs4 来安装 BeautifulSoup 库。同理，可以通过命令行运行 conda install lxml 来安装 lxml 解析库。另外一个可供选择的解析器是 html5lib 解析器，它的解析方式与浏览器相同，安装方式也是通过命令行运行 conda install html5lib 来安装。

4.3.1　bs4 快速开始

要使用 BeautifulSoup，首先导入 bs4 库，导入命令：from bs4 import BeautifulSoup。然后创建包含 HTML 代码的字符串，用于练习解析。

【例 4.22】建包含 HTML 代码的字符串示例。在 Anaconda 内建的 Spyder 集成开发环境中输入代码 4.22，运行输出结果。

代码 4.22　建包含 HTML 代码的字符串

```
1 html_str = """
   <html><head><title>The Dormouse's story</title></head>
   <body>
   <p class="title"><b> The Dormouse's story</b></p>
   <p class="story" >Once upon a time ,there were little sisters; and their names were
   <a href="http://example.com/elsie"  class="sister"  id="link1"> <! - - Elsie- - ></a>,
   <a href="http://example.com/ lacie "  class=" sister "  id="link2"> <! - - Lacie- - ></a>and
   <a href="http://example.com/tillie"  class="sister"  id="link3">Tillie</a>;
   And they lived at the bottom of a well. </p>
   <p class="story">...</p> """              #html 字符串
2 print( html_str)                            #打印字符串
```

HTML 的基本结构如下：

（1）<html>内容</html>：HTML 开始标记。这一对<html>和</html>标记分别位于网页的最前端和最后端。

（2）<head>内容</head>：HTML 文件头标记。用来包含文件的基本信息，比如网页的标题、关键字。在<head></head>内可以放标题<title></title>，元信息<meta></meta>，样式<style></style>等标记。在<head></head>标记内的内容不会在浏览器中显示。

（3）<title>内容</title>：HTML 文件标题标记。网页的"主题"，显示在浏览器窗口左上方。网页的标题不能太长，<title></title>标记中不能包含其他标记。

（4）<body>内容</body>：HTML 文档的主体标记。<body></body>是网页的主体部分，在此标记之间可以包含如段<p></p>、标题号<h2></h2>、强制换行
</br>、水平分割线<hr> </hr>、列表项目标记<li>、无序列表标记<ul>、有序列表标记<ol>、分区显示标记<div>，等等。

（5）图像标记：<img>标记称为图像标记，用来在网页中显示图像，找到它的位置，就可以知道图像所在位置，从而给网络爬虫编程提供重要的信息帮助。注意<img>标记为单标记，不需要使用</img>闭合。

（6）超链接标记：<a>标记称为超链接标记，网络爬虫开发过程中经常要抽取超链接。编辑网页时，<a>标记的使用方法为：<a href="链接地址" target="打开方式" name="页面锚点名称">链接文字或者图片</a>。

接下来创建 BeautifulSoup 对象，格式为：soup = BeautifulSoup(html_str,'lxml')

【例 4.23】创建 BeautifulSoup 对象示例。

在 Anaconda 内建的 Spyder 集成开发环境中输入代码4.23，运行输出结果。

代码 4.23　创建 BeautifulSoup 对象示例

```
1 from bs4 import BeautifulSoup                    #从 bs4 导入 BeautifulSoup
2 html_str="""<html><head><title>The Dormouse's story</title></head>
    <body>
    <p class="title"><b> The Dormouse's story</b></p>
    <p class="story" >Once upon a time ,there were little sisters; and their names were
    <a href="http://example.com/elsie"   class="sister"   id="link1"><! - - Elsie- - ></a>,
    <a href="http://example.com/ lacie "   class=" sister "id="link2"><! - - Lacie- - ></a>and
    <a href="http://example.com/tillie"   class="sister"   id="link3">Tillie</a>;
    And they lived at the bottom of a well. </p>
    <p class="story">...</p> """        #字符串放在三引号里,因为里面还有双引号
3 soup = BeautifulSoup( html_str,' lxml' )          #开始解析字符串 html_str,选择' lxml' 解析器
4 print( soup. prettify( ) )                         #打印完美化后的汤
```

运行代码 4.23 可以得到输出结果。从输出结果可以发现，经过 BeautifulSoup 解析美化后的 HTML 文档，变得比原来的 HTML 义档更规范了，这将为我们编制网络爬虫、提取有用信息带来方便。

4.3.2　bs4 对象的种类

BeautifulSoup 将复杂 HTML 文档经过解析后转换成一个树形结构。树形结构有许多节点，每个节点都是 Python 对象，所有对象归纳为 4 种：Tag（标签）、NavigableString（导航字符串）、BeautifulSoup（美丽的汤）和 Comment（评论）。

1. Tag（标签）

Tag（标签）对象与 XML 或者 HTML 原生文档中的 Tag（标签）相同。比如<title>The Dormouse's story</title>或者<a class="sister" href="http://example.com/elsie" id="link1">Elsie </a>，title 和 a 标记及其里面的内容称为 Tag（标签）对象。怎样从 html_str 字符串中提取 Tag 呢？

【例 4.24】从 html_str 字符串中提取 Tag。在 Anaconda 内建的 Spyder 集成开发环境中输入代码 4.24。

代码 4.24　从 html_str 字符串中提取 Tag

```
1 from bs4 import BeautifulSoup                    #从 bs4 导入 BeautifulSoup
2 html_str="""<html><head><title>The Dormouse's story</title></head>    #输入字符串
    <body>
    <p class="title"><b> The Dormouse's story</b></p>
    <p class="story" >Once upon a time ,there were little sisters; and their names were
    <a href="http://example.com/elsie"   class="sister"   id="link1"><! - - - Elsie- - - ></a>,
    <a href="http://example.com/ lacie "   class=" sister "   id="link2"><! - - - Lacie- - - ></a>and
```

```
                <a href="http://example.com/tillie"  class="sister"  id="link3">Tillie</a>;
                And they lived at the bottom of a well. </p>
                <p class="story">...</p> """          #字符串放在三引号里,因为里面还有双引号
     3 soup = BeautifulSoup(html_str,'lxml')          #开始对字符串 html_str 做汤,选择'lxml'解析器
     4 print( soup. title)                            #打印汤的 title 提取标题
     5 print( soup. a)                                #打印汤的 a 超链接
     6 print( soup. p)                                #打印汤的 p 提取段落
```

运行输出结果为:

```
<title>The Dormouse' s story</title>
<a class="sister" href="http://example. com/elsie" id="link1"><! - - - Elsie- - - ></a>
<p class="title"><b> The Dormouse' s story</b></p>
```

通过输出结果可以发现,通过 soup(汤)提取 Tag 的时候,只找到所有内容中第一个符合要求的标记,如果需要查找所有标记,比如说所有的 a 标记的提取,应该怎么处理呢?

实际上,Tag 标记中有两个重要的属性:name 和 attributes。每个 Tag 都有自己的名字,可以通过 name 来获取 Tag。输入 print(soup. name)与 print(soup. title. name),可以输出结果。Tag 不仅可以获取 name,还可以修改 name,修改之后会影响所有通过当前 Beautiful-Soup 对象生成的 HTML 文档,示例如下。

输入:

soup. title. name=' mytitle'

print(soup. title)

print(soup. mytitle)

运行程序可以输出相应结果。

另外,<p class="title"><b> The Dormouse' s story</b></p>中有一个 Tag 属性 class,值为"title",Tag 属性的操作方法与字典相同。输入 print(soup. p[' class'])或者 print(soup. p. get(' class')),输出结果都是[' title']。

输入:

soup. p[' class']="myclass"

print(soup. p)

输出结果:

<p class="myclass"><b> The Dormouse' s story</b></p>。

2. NavigableString(导航字符串)

通过标记的内容,要得到标记内部的文字可以使用"string"输入 print(soup. p. string)和 print(type(soup. p. string)),输出 The Dormouse's story 和<class ' bs4. element. NavigableString' >。

3. BeautifulSoup(美丽的汤)

BeautifulSoup 对象表示的是一个文档的全部内容,并不是真正的 HTML 或者 XML 的标

记，它没有 name 与 attribute 属性，但是为了将 BeautifulSoup 对象标准化为 Tag 对象，仍然可以获取它的 name 与 attribute 属性，输入：

```
print(type(soup. p. name))
print(soup. name)
print(soup. attrs)
```

输出结果：

```
<class ' str' >
[document]
{ }
```

4. Comment（评论）

Tag、NavigableString、BeautifulSoup 几乎涵盖了 HTML 和 XML 中的所有内容，但是不包含文档注释部分，处理文档注释部分就要用到 Comment（评论）。

输入：

```
print(soup. a. string)
print(type(soup. a. string))
```

输出：

```
Elsie
<class ' bs4. element. Comment' >
```

a 标记里面内容<! --Elsie-->，实际上是注释，但是，利用 . string 来输出它的内容，会发现已经把注释符号去掉了。打印输出它的类型，发现它是一个 Comment 类型，如果我们不清楚 string 这个标记的情况下，可能造成数据提取混乱，它容易与字符串类型混淆。因此，在提取字符串时，先对类型做一个判断：

```
if type(soup. a. string)= =' bs4. element. Comment' :
        print(soup. a. string)
```

4.3.3　bs4 遍历文档树

在使用爬虫程序对爬取的文档进行处理时，经常要做的一个操作就是遍历文档树。文档以树形结构进行组织，所以遍历文档的操作又叫遍历文档树。BeautifulSoup 会将 HTML 转化为文档树进行搜索，既然是树形结构，就得先熟悉节点的概念。

1. 子节点

Tag（标签）中的 contents（内容）和 children（孩子）是两个非常重要的子节点。Tag 的 contents 属性可以将 Tag 子节点以列表的方式输出。

输入：

```
print(soup. head. contents)
```

输出结果：

[<title>The Dormouse's story</title>]

这个输出是一个列表，既然是一个列表，就可以获取列表的大小，然后通过列表索引获取里面的值。

输入：

```
print(len(soup.head.contents))
print(soup.head.contents[0].string)
```

输出结果：

1

The Dormouse's story

但是要注意，字符串没有 contents 属性，因为字符串没有子节点 Tag 的 children（孩子）属性，返回的是一个生成器。可以对 Tag 的子节点进行循环。

输入：

```
for child in soup.head.children:
    print(child)
```

输出结果：

<title>The Dormouse's story</title>。

Tag（标签）中的 contents（内容）和 children（孩子）属性仅仅包含 Tag 的直接字节点。<head>标记只有一个子节点<title>。但是<title>标记也包含一个子节点：字符串" The Dormouse's story"，这种情况下字符串" The Dormouse's story" 也属于<head>标记的子孙节点。descendants 属性可以对所有 tag 的子孙节点进行递归循环。

输入：

```
for child in soup.head.descendants:
    print(child)
```

输出结果：

<title>The Dormouse's story</title>

The Dormouse's story

下面介绍获取节点的内容，这涉及 string（字符串）、strings（字符串集）、stripped_strings（剥夺了字符串）三个属性。string（字符串）的特点是当一个标记里面没有标记时，string 就会返回标记里面的内容。如果标记里面只有唯一的一个标记了，那么 string 也会返回最里面的内容。若 tag 包含了多个子节点，tag 就无法确定 string 方法应该调用哪个子节点的内容，string 的输出结果是 None。

输入：

```
print(soup.head.string)
print(soup.title.string)
print(soup.html.string)
```

输出结果：

The Dormouse's story

The Dormouse's story

None

strings（字符串集）属性主要应用于 tag 中包含多个字符串的情况，可以进行循环遍历。
输入：

```
for string in soup. strings:
        print( repr( string) )
```

运行程序可以输出相应的结果。

stripped_strings 属性可以去掉输出字符串中包含的空格或者空行，示例如下：
输入：

```
for string in soup. stripped_strings:
            print( repr( string) )
```

运行程序可以输出相应的结果。

2. 父节点

每个 Tag 或字符串都有父节点：被包含在某个 Tag 中。通过 . parent（父）属性来获取某个元素的父节点。在 html_str 中，<head>标记是<title>标记的父节点：
输入：

```
print( soup. title)
print( soup. title. parent)
```

输出结果：

```
<title>The Dormouse's story</title>
<head><title>The Dormouse's story</title></head>
```

通过元素的 . parents 属性可以递归得到元素的所有父节点，下面使用 . parents 方法遍历<a>标记到根节点的所有节点：
输入：

```
print( soup. a)
for parent in soup. a. parents:
        if parent is None:
                print( parent)
        else:
                print( parent. name)
```

输出结果：

```
<a class ="sister" href ="http://example. com/elsie" id ="link1"><! - - Elsie- - ></a>
p
body
html
[document]
```

3. 兄弟节点

从 soup. prettify() 的输出结果中，可以看到<a>有许多兄弟节点。兄弟节点可以理解为和本节点处在同一级的节点，next_sibling 属性可以获取该节点的下一个兄弟节点，previous_sibling 则与之相反，如果节点不存在，则返回 None。

输入：

```
print( soup. p. next_sibling)
print( soup. p. prev_sibling)
print( soup. p. next_sibling. next_sibling)
```

输出结果：

```
None
<p class = "story">Once upon a time ,there were little sisters; and their names were
<a class = "sister" href = "http://example. com/elsie" id = "link1"><! - - Elsie- - ></a>,
<a class = "sister" href = "http://example. com/ lacie " id = "link2"><! - - Lacie- - ></a>and
<a class = "sister" href = "http://example. com/tillie" id = "link3">Tillie</a>;
And they lived at the bottom of a well. </p>
```

第一个输出结果为空白，因为空白或者换行也可以被视作一个节点，所以得到的结果可能是空白或者换行。通过 . next_siblings 和 previous_siblings 属性可以对当前节点的兄弟节点迭代输出。

输入：

```
for sibling in soup. a. next_siblings:
    print( repr( sibling) )
```

输出结果：

```
' ,\n'
<a class = "sister" href = "http://example. com/ lacie " id = "link2"><! - - Lacie- - ></a>
' and\n'
<a class = "sister" href = "http://example. com/tillie" id = "link3">Tillie</a>
' ;\nAnd they lived at the bottom of a well. '
```

4. 前后节点

使用 . next_element 和 . previous_element 属性，可以实现前后节点的获取，与 next_sibling 和 previous_sibling 不同，它们不是针对兄弟节点，而是针对所有节点，不分层次。例如<head><title>The Dormouse's story</title></head>中的下一个节点就是 title。

输入：

```
print( soup. head)
print( soup. head. next_element)
```

输出结果：

```
<head><title>The Dormouse's story</title></head>
<title>The Dormouse's story</title>
```

如果要遍历所有的前节点或者后节点，可以通过迭代器 next_elements 和 previous_elements，就好像文档正在被解析一样。

输入：

```
for element in soup. a. next_elements:
    print( repr( element) )
```

运行程序可以输出相应的结果。

4.3.4 bs4 搜索文档树

BeautifulSoup 定义了许多搜索方法，从实用出发，这里主要介绍 find_all( ) 方法，其他方法的参数和用法类似。find_all( ) 方法用于搜索当前 Tag（标签或者标记）的所有 Tag 子节点，并判断是否符合过滤器的条件，格式如下：

find_all(name ,attrs ,recursive ,string ,**kwargs)

其中 name 参数可以查找所有名字为 name 的标记，字符串对象会被自动忽略掉，name 参数的值可以是字符串、正则表达式、列表、True 和方法。

1. name 参数的用法

使用字符串作为过滤器，在搜索方法中传入一个字符串参数，BeautifulSoup 会查找与字符串完整匹配的内容，例如，查找文档中所有的<b>标记，返回值为列表。

输入：

```
print( soup. find_all(' b' ) )
```

输出结果：

```
[<b> The Dormouse' s story</b>]
```

如果传入正则表达式作为参数，BeautifulSoup 会通过正则表达式的 match( ) 来匹配内容。例如，要找到所有 b 开头的标记，这就表示<body>与<b>标记都应该被找到。

输入：

```
import re
for tag in soup. find_all( re. compile( "^b") ) :
    print( tag. name )
```

输出结果：

```
body
b
```

如果传入列表作为参数，BeautifulSoup 会将与列表中任一元素匹配的内容返回。下面查找文档中所有的<a>标记和<b>标记。

输入：

```
print( soup. find_all( ["a","b"]) )
```

输出结果：

[<b> The Dormouse's story</b>,<a class="sister" href="http://example. com/elsie" id="link1"><! - -Elsie- -></a>,<a class="sister" href="http://example. com/ lacie" id="link2"><! - -Lacie- -></a>,<a class="sister" href="http://example. com/tillie" id="link3">Tillie</a>]

如果传入 True 作为参数，True 可以匹配任何值。下面查找所有 Tag，但是不会返回字符串节点。

输入：

```
for tag in soup. find_all( True):
        print( tag. name)
```

运行程序可以输出相应的结果。

如果没有合适的过滤器，也可以定义一个方法，使该方法只接受一个元素参数 Tag 节点。

输入：

```
def hasclass_id( tag):
        return tag. has_attr(' class' ) and tag. has_attr(' id' )
        print( soup. find_all( hasclass_id) )
```

输出结果：

[<a class="sister" href="http://example. com/elsie" id="link1"><! - -Elsie- -></a>,<a class="sister" href="http://example. com/ lacie " id="link2"><! - -Lacie- -></a>,<a class="sister" href="http://example. com/tillie" id="link3">Tillie</a>]

2. kwargs 参数的用法

kwargs 参数在 Python 中表示 keyword 参数，搜索时会把该参数当作指定名字 Tag 的属性来搜索。搜索指定名字的属性时可以使用的参数的值包括字符串、正则表达式、列表，True。如果包含 id 参数，BeautifulSoup 会搜索每个 tag 的" id" 属性。

输入：

```
print( soup. find_all( id=' link2' ) )
```

输出：

[<a class="sister" href="http://example. com/ lacie " id="link2"><! - -Lacie- -></a>]

如果传入 href 参数，BeautifulSoup 会搜索每个 tag 的" href" 属性。

输入：

```
import re
print( soup. find_all( href=re. compile( "elsie") ) )
```

输出：

[<a class="sister" href="http://example. com/elsie" id="link1"><! - -Elsie- -></a>]

再输入：

```
print( soup. find_all( id=True) )
```

输出结果：

[<a class="sister" href="http://example. com/elsie" id="link1"><! - - Elsie- - ></a>,<a class="sister"
href="http://example. com/ lacie " id="link2"><! - - Lacie- - ></a>,
<a class="sister" href="http://example. com/tillie" id="link3">Tillie</a>]

如果使用 class 作为过滤器，但是 class 是 Python 的关键字，需要在 class 后面加个下画线。
输入：

```
print( soup. find_all( "a",class_="sister") )
```

输出结果：

[<a class="sister" href="http://example. com/elsie" id="link1"><! - - Elsie- - ></a>,
<a class="sister" href="http://example. com/ lacie " id="link2"><! - - Lacie- - ></a>,<a class="sister"
href="http://example. com/tillie" id="link3">Tillie</a>]

如果使用多个指定名字的参数，可以同时过滤 tag 的多个属性。
输入：

```
import re
print( soup. find_all( href=re. compile( "elsie"),id=' link1' ) )
```

输出结果：

[<a class="sister" href="http://example. com/elsie" id="link1"><! - - Elsie- - ></a>]

有些 tag 属性在搜索时不能使用，比如 HTML5 中的 data-*属性。

3. string 参数的用法

通过 string 参数可以搜搜文档中的字符串内容。与 name 参数的可选值一样，string 参数接受字符串、正则表达式、列表、True。
输入：

```
print( soup. find_all( string="Elsie") )
print( soup. find_all( string=["Tillie","Elsie","Lacie"]) )
print( soup. find_all( string=re. compile( "Dormouse") ) )
```

输出结果：

[' Elsie']
[' Elsie' ,' Lacie' ,' Tillie']
[' The Dormouse's story' ,' The Dormouse's story']

4. limit 参数的用法

find_all( ) 方法返回全部的搜索结构，如果文档树很大，那么搜索会很慢。如果我们不需要全部结果，可以使用 limit 参数限制返回结果的数量。当搜索到的结果数量达到 limit 的限制时，就停止搜索返回结果。

输入：

print(soup. find_all("a",limit=2))

输出结果：

[<a class="sister" href="http://example. com/elsie" id="link1"><! - - Elsie- - ></a>,

<a class="sister" href="http://example. com/ lacie " id="link2"><! - - Lacie- - ></a>]

文档树中有 3 个 tag 符合搜索条件，但结果只返回了 2 个，因为我们限制了返回数量。

5. recursive（递归）参数的用法

调用 tag 的 find_all()方法时，BeautifulSoup 会检索当前 tag 的所有子孙节点，如果只想搜索 tag 的直接子节点，可以使用参数 recursive=False。一段简单的文档：

```
<html>
 <head>
  <title>
   The Dormouse' s story
  </title>
 </head>
...
```

是否可以使用 recursive 参数来搜索结果？

输入：

print(soup. html. find_all("title"))

print(soup. html. find_all("title",recursive=False))

输出结果：

[<title>
   The Dormouse' s story
  </title>]

[ ]

这是文档片段，<title>标签在<html>标签下，不是直接子节点，<head>标签才是直接子节点。在允许查询所有后代节点时 BeautifulSoup 能够查找到<title>标签。但是使用 recursive=False 参数之后，只能查找直接子节点，这样就查不到<title>标签。Beautiful Soup 提供多种树搜索方法。这些方法都使用类似的参数定义。如这些方法：find_all()：name，attrs，limit。

但是只有 find_all() 和 find() 支持 recursive 参数。像调用 find_all() 一样调用 tag，find_all() 几乎是 BeautifulSoup 中最常用的搜索方法，所以我们定义了它的简写方法。

▶ 习题4-3

1. 利用 requests 向网址 https://hao. 360. com/发送请求，通过 BeautifulSoup 解析网页，打印状态码及美化的 HTML 文档。

2. BeautifulSoup 将复杂 HTML 文档解析后转换成一个树形结构，树形结构有许多节点，每个节点都是 Python 对象，所有对象可以归纳为哪几种？

4.4 Python 网络爬虫实例

通过以上的学习，我们掌握了 Python 网络爬虫的一些基础知识，下面我们将通过具体的网站来进一步说明 Python 网络爬虫程序的编写。网络爬虫编写主要分 4 个步骤：选定网站、抓取数据、分析数据、存储数据。

4.4.1 选定网站并抓取数据

为了方便起见，我们选定学校网站 https://www.sjzu.edu.cn/作为研究对象，希望能从学校网站爬取一些文本。

【例 4.25】 选定网站 https://www.sjzu.edu.cn/，抓取网站数据。在 Spyder 集成开发环境中输入代码 4.25。

代码 4.25 选定网站，抓取网站数据

```
1 import requests                                          #导入 requests 请求库
2 from bs4 import BeautifulSoup                            #从 bs4 中导入解析工具
3 url = ' https://www.sjzu.edu.cn/'                        #给定网站
4 headers = {' User- Agent' :' Mozilla/5.0（Windows NT 10.0; WOW64）AppleWebKit/537.36（KHTML,
like Gecko）Chrome/86.0.4240.198 Safari/537.36' }          #设置请求头,防止反爬
5 response = requests.get(url,headers=headers)             #向网站发送带有请求头信息的请求
6 print(response.status_code)                              #打印回应状态码,值为 200 连接成功
7 response.encoding = response.apparent_encoding           #设置字符编码,防止出现乱码
8 soup = BeautifulSoup(response.text,' html.parser')       #选择解析器 html.parser,开始解析网页
9 print(soup.prettify())                                   #打印
```

运行代码 4.25 得到所要的结果。

4.4.2 分析数据

通过分析代码 4.25 运行的结果，我们要提取文本，提取连接文本的超级链接和文本标题

【例 4.26】 分析数据，提取连接文本的超级链接和文本标题。在 Spyder 集成开发环境中输入代码 4.26。

代码 4.26 分析数据，提取连接文本的超级链接和文本标题。

```
1 import requests
2 from bs4 import BeautifulSoup
3 url = ' https://www.sjzu.edu.cn/'
```

```
4 headers = {' User- Agent' :' Mozilla/5. 0 （Windows NT 10. 0; WOW64）AppleWebKit/537. 36 （KHTML,
like Gecko）Chrome/86. 0. 4240. 198 Safari/537. 36' }
5 response = requests. get（url,headers=headers）
6 #print（response. status_code）
7 response. encoding = response. apparent_encoding
8 soup = BeautifulSoup（response. text,' html. parser' ）
9 #print（soup. prettify（））
10 soups = soup. find_all（' a' ）[65:85]              #在对象 soup 中找出所有 a 标签
11 #print（soups）                                    #打印看结果,随后加#号注释掉
12 #print（len（soups））                              #打印列表 soups 的长度,随后注释掉
13 for i in soups:                                   #for 循环让 i 在 soups 中遍历
14     name = i. string                             #提取超级链接中的标题文本
15     address = i. get（' href' ）                   #用 get 方式从 i 中提取 href
16     wash = address. split（' /' ）[0]             #构造清洗器 wash
17     if wash == ' info' :                         #条件语句判断去除不需要的信息
18         text_url = ' https://www. sjzu. edu. cn/'  + str（address）    #进行文本地址拼接
19         print（name,text_url）                    #打印标题及文本地址
```

运行代码 4. 26 得到所要的结果。

4. 4. 3 存储数据

使用代码 with open（）as f 将爬取的数据以文本文件的形式保存下来。

【例 4. 27】以文本文件的形式保存数据。在 Anaconda 内建的 Spyder 集成开发环境中输入代码 4. 27。

代码 4. 27 以文本文件的形式保存数据

```
1 import requests
2 from bs4 import BeautifulSoup
3 url = ' https://www. sjzu. edu. cn/'
4 headers = {' User- Agent' :' Mozilla/5. 0 （Windows NT 10. 0; WOW64）AppleWebKit/537. 36 （KHTML,
like Gecko）Chrome/86. 0. 4240. 198 Safari/537. 36' }
5 response = requests. get（url,headers=headers）
6 response. encoding = response. apparent_encoding
7 soup = BeautifulSoup（response. text,' html. parser' ）
8 soups = soup. find_all（' a' ）[65:85] #65:85
9 for i in soups:
10     name = i. string
11     address = i. get（' href' ）
12     wash = address. split（' /' ）[0]
13     if wash == ' info' :
14         text_url = ' https://www. sjzu. edu. cn/'  + str（address）
```

15	#print(name,text_url)
16	text = str(name) + text_url + ' \n'　　　　　#字符串拼接
17	with open(' info. txt' ,' a' ,encoding = (' utf- 8')) as f:#以添加的形式保存数据
19	f. write(text)　　　　　　　　　　　　#写入 text
19 print(' 保存完毕')	#打印保存提示

运行代码 4. 27 可以得到一个 info. txt 文件，其中保存了爬取的文本数据。

最后我们再看一个具体的爬虫程序。选定国家开放大学网址 http://one. ouchn. cn/，研究一下，爬取一些文本数据。

【例 4. 28】根据国家开放大学网址 http://one. ouchn. cn/编制网络爬虫程序，爬取一些文本数据并保存数据在 Anaconda 内建的 Spyder 集成开发环境中输入代码 4. 28。

代码 4. 28　根据网址 http：//one. ouchn. cn/编制网络爬虫程序

```
1 import requests                                        #导入 requests 库
from bs4 import BeautifulSoup                            #从 bs4 库导入 BeautifulSoup
url = "http://one. ouchn. cn/xwdt/index. htm"            #选定 http://one. ouchn. cn/的新闻动态页
headers = {' User- Agent' :' Mozilla/5. 0 ( Windows NT 10. 0; WOW64) AppleWebKit/537. 36 ( KHTML,
like Gecko) Chrome/86. 0. 4240. 198 Safari/537. 36' }    #设置请求头
response = requests. get( url,headers = headers)         #向网址发送请求,得到回应
#print( response. status_code)                           #打印回应状态码,用完后加#号注释掉
response. encoding = response. apparent_encoding         #设置回应编码,避免出现乱码
soup = BeautifulSoup( response. text,' html. parser' )   #选用解析器' html. parser' 解析网站回应
#print( soup)                                            #打印解析结果,用后加#注释掉
soups = soup. find_all( ' a' )[21:34]                     #在解析结果中寻找超级链接 a,并从 21 到 34 进
行截片
#print( soups)                                           #打印寻找的结果,用完加#注释掉
#print( len( soups) )                                     #打印寻找结果的长度,用完加#注释掉
for i in soups:                                          #for 循环让变量 i 在 soups 中遍历取值
    text_info = i. text                                  #提取 i 中的文本,赋值给变量 text_info
    #print( text_info)                                   #打印提取的文本,用完加#注释掉
    with open( ' 新闻动态 . txt' ,' a' ,encoding = ( ' utf- 8' ) ) as f: #用添加的方式打开' 新闻动态 . txt' 文件
        f. write( text_info)                             #写入文本信息
print( ' ---- 下载完毕-----' )                             #打印保存提示信息
```

运行代码 4. 28 可以得到一个"新闻动态 . txt"文本文件，其中保存了爬取的文本数据。

习题4-4

1. 阅读并运行下列程序，加#注释说明。

```
for i in range( 1,51):
    print( ' ---- 第% s 次下载完毕-----' % i)
```

2. 阅读并运行下列程序，加#注释说明。

```
import requests
url = ' https://www. sjzu. edu. cn/img/2020inxxjjpic4. jpg'
response = requests. get(url)
with open(' 图书馆 . jpg' ,' wb' ) as f:
    f. write( response. content)
print(' ---- 图片下载完毕---- ')
```

本章小结

本章分 4 节介绍了 Spyder（Python3. 9）Python 网络爬虫。第 1 节介绍了 Python 网络爬虫基础知识，具体包含 Python 循环语句 for 与条件语句 if，Python 字符串处理，Python I/O 编程。第 2 节介绍了 requests 库，具体包含 requests 实现请求与响应、requests 响应与编码、requests 请求头 headers 的处理、requests 响应码和响应头的处理、requests 对 Cookie 的处理、requests 重定向与历史信息、requests 超时设置、requests 代理 Proxy 设置。第 3 节介绍了 bs4 库，具体包含 bs4 快速开始、bs4 对象的种类、bs4 遍历文档树和 bs4 搜索文档树。第 4 节介绍了 Python 网络爬虫实例，选定网站并抓取数据、分析数据、存储数据。

总习题 4

1. 阅读并运行下列程序，在每句命令后面加#注释说明：

```
import requests
url = "http://96. ierge. cn/15/238/476747. mp3"
response = requests. get(url)
print( response. status_code)
print( response. content)
with open(' 守候 . mp3' ,' wb' ) as f:
    f. write( response. content)
print(' 下载完毕')
```

2. 阅读并运行下列程序，在每句命令后面加#注释说明：

```
import requests
mp3s = {' http://mp3. jiuku. 9ku. com/mp3/630/629153. mp3' ,
' http://mp3. jiuku. 9ku. com/upload/128/2018/02/07/464446. mp3' ,
' http://mp3. jiuku. 9ku. com/hot/2012/03- 30/465846. mp3' ,
```

```
' http://mp3. jiuku. 9ku. com/mp3/291/290430. mp3'
}
for mp3 in mp3s:
    mp3 = mp3
    down = mp3. split( ' / ' ) [- 1]
    a = requests. get( mp3,timeout=60)
    f = open( ' % s' % down,' wb' )
    f. write( a. content)
    f. close
    print(' ---- % s 音乐下载完毕-------- ' % down)
print(' 全部下载完毕' )
```

第 4 章答案

第 5 章   Python 高等数学

【本章概要】

- Python 求解极限
- Python 求解导数与微分
- Python 求解积分
- Python 求解级数

5.1   Python 求解极限

5.1.1   Python 求解数列的极限

【例 5.1】 求数列极限 $\lim\limits_{n\to\infty}\dfrac{n-1}{n+1}$。

在 Anaconda 内建的 Spyder 集成开发环境中输入代码 5.1。

代码 5.1   求数列 $\lim\limits_{n\to\infty}\dfrac{n-1}{n+1}$ 极限的程序

```
1 import numpy as np                    #导入 numpy 记作 np
2 import matplotlib.pyplot as plt       #导入 matplotlib.pyplot 记作 plt
3 import sympy as sp                     #导入 sympy 记作 sp
4 n = sp.Symbol('n')                     #定义符号 n
5 xn = (n-1)/(n+1)                       #输入数列
6 l = sp.limit(xn,n,'oo')               #用 l 表示极限,输入:数列,变量,变化趋势
7 print('%s 极限的值:%s' % (str(xn),str(l)))#打印
```

```
8 n = np. arange(1,100,1)                    #设置 n 取样点,1≤n<100,间距为 1
9 xn = (n-1)/(n+1)                           #输入数列
10 plt. figure(figsize=(10,4))               #设置作图环境
11 plt. title(xn = (n-1)/(n+1)')             #显示标题文本
12 plt. scatter(n,xn)                        #绘制数列的散点图
13 plt. axis('on')                           #显示坐标轴
14 plt. show()                               #显示出所绘制的图像
```

运行代码 5.1 可以得到所要结果。

5.1.2　Python 求解函数的极限

【例 5.2】 求极限 $\lim\limits_{x \to 1}\dfrac{1-x^2}{1-x}$。

在 Anaconda 内建的 Spyder 集成开发环境中输入代码 5.2。

代码 5.2　求 $\lim\limits_{x \to 1}\dfrac{1-x^2}{1-x}$ 的极限的程序

```
1 import matplotlib. pyplot as plt           #导入 matplotlib. pyplot 记作 plt
2 import numpy as np                         #导入 numpy 记作 np
3 import sympy as sp                         #导入 sympy 记作 sp
4 x = sp. Symbol('x')                        #定义变量 x
5 y = (1 - x**2)/(1 - x)                     #输入函数
6 l = sp. limit(y,x,1)                       #用 l 表示极限,输入:函数,自变量,自变量取
7 print('%s 极限是:%s' % (str(y),str(l)))    #打印
8 ax = plt. gca()                            #获得当前的 Axes 对象 ax
9 ax. spines['right']. set_color('none')     #去掉右边框
10 ax. spines['top']. set_color('none')      #去掉上边框
11 ax. spines['bottom']. set_position(('data',0))   #将坐标置于坐标 0 处
12 ax. spines['left']. set_position(('data',0))     #将坐标置于坐标 0 处
13 x = np. arange(-6,6,0.01)                 #设置 x 取样点
14 y = (1- x**2) / (1- x)                    #输入函数
15 plt. title('y =(1- x**2)/(1- x)')         #给图形添加标题
16 plt. plot([0,1],[2,2],linestyle='--',color='b')  #绘制过[0,2],[1,2]两点的蓝色虚线
17 plt. plot([1,1],[0,2]),linestyle='--',color='b') #绘制过[1,0],[1,2]两点的蓝色虚线
18 plt. text(1,2,'(1,2)')                    #绘制点的坐标
19 plt. scatter(1,2,s=120,color='g',alpha=0.4)      #在(1,2)绘制 120 像素透明度为 0.4 的绿色点
20 plt. plot(x,y)                            #绘制函数图像
21 plt. show()                               #显示出所绘制的图像
```

运行代码 5.2 可以得到所要结果。

【例5.3】 求极限$\lim\limits_{x\to 0}\sin\left(\dfrac{1}{x}\right)$。

在 Anaconda 内建的 Spyder 集成开发环境中输入代码5.3。

代码5.3　求$\lim\limits_{x\to 0}\sin\left(\dfrac{1}{x}\right)$的程序

```
1 import matplotlib. pyplot as plt        #导入 matplotlib. pyplot 记作 plt
2 import numpy as np                      #导入 numpy 记作 np
3 import sympy as sp                      #导入 sympy 记作 sp
4 x = sp. Symbol('x')                     #定义变量 x
5 y = sp. sin(1/x)                        #输入函数
6 l = sp. limit(y,x,0)                    #用 l 表示极限,输入:函数,自变量,自变量取值,
7 print('%s 极限是:%s' % (str(y),str(l)))  #打印
8 ax = plt. gca()                         #获得当前的 Axes 对象 ax
9 ax. spines['right']. set_color('none')  #去掉右边框
10 ax. spines['top']. set_color('none')   #去掉上边框
11 ax. spines['bottom']. set_position(('data',0))  #将坐标置于坐标0处
12 ax. spines['left']. set_position(('data',0))    #将坐标置于坐标0处
13 x = np. arange(-1,1,0.01)              #设置 x 取样点
14 y = np. sin(1/x)                       #输入函数
15 plt. title('y=sin(1/x)')               #给图形添加标题
16 plt. axis('equal')                     #x,y 轴刻度等长
17 plt. plot(x,y)                         #绘制函数图像
18 plt. show()                            #显示出所绘制的图像
```

运行代码5.3可以得到所要结果。

【例5.4】 求极限$\lim\limits_{x\to\infty}\dfrac{x^2+5x+1}{3x^2+4x+2}$。

在 Anaconda 内建的 Spyder 集成开发环境中输入代码5.4。

代码5.4　求$\lim\limits_{x\to\infty}\dfrac{x^2+5x+1}{3x^2+4x+2}$的极限的程序

```
1 import matplotlib. pyplot as plt        #导入 matplotlib. pyplot 记作 plt
2 import numpy as np                      #导入 numpy 记作 np
3 import sympy as sp                      #导入 sympy 记作 sp
4 x = sp. Symbol('x')                     #定义变量 x
5 y = (x**2+5*x+1) /(3*x**2+4*x+2)        #输入函数
6 l = sp. limit(y,x,'oo')                 #用 l 表示极限
7 print('%s 极限的值:%s' % (str(y),str(l)))  #打印
8 plt. subplot(121)  #绘子图,1 代表行,2 代表列,共有 2 个图,1 代表绘制第一个子图
9 x = np. arange(0,10,0.01)              #设置 x 取样点
10 y = (x**2+5*x+1) /(3*x**2+4*x+2)       #输入函数
11 plt. title('y = (x**2+5*x+1) /(3*x**2+4*x+2)')   #给图形添加标题
```

```
12 plt. plot( x,y,' r' )                        #绘制函数图像
13 plt. subplot( 122)                           #绘制第二个子图
14 x = np. arange( 0,300,0. 01)                 #设置 x 取样点
15 y = ( x**2+5*x+1) /( 3*x**2+4*x+2)           #输入函数
16 plt. plot( x,y,' r' )                        #绘制函数图像
17 plt. show( )                                 #显示出所绘制的图像
```

运行代码 5.4 可以得到所要结果。

【**例 5.5**】 求极限 $\lim\limits_{x\to\infty}\left(1+\dfrac{1}{x}\right)^{\frac{x}{2}}$。

在 Anaconda 内建的 Spyder 集成开发环境中输入代码 5.5。

代码 5.5　求 $\lim\limits_{x\to\infty}\left(1+\dfrac{1}{x}\right)^{\frac{x}{2}}$ 的程序

```
1 import matplotlib. pyplot as plt              #导入 matplotlib. pyplot 记作 plt
2 import numpy as np                            #导入 numpy 记作 np
3 import sympy as sp                            #导入 sympy 记作 sp
4 x = sp. Symbol(' x' )                         #定义变量 x
5 y = ( 1 +1/x)**( x/2)                         #输入函数
6 l = sp. limit( y,x,' oo' )                    #用 l 表示极限
7 print(' % s 极限的值:% s' % ( str( y),str(1)))  #打印
8 x = np. arange( 1,100,0. 0001)                #设置 x 取样点
9 y = ( 1 +1/x)**( x/2)                         #输入函数
10 plt. figure( figsize = ( 10,4) )             #设置作图环境
11 plt. title(' y=( 1 +1/x)**( x/2)' )          #显示标题文本
12 plt. plot( x,y)                              #绘制函数图像
13 plt. axis(' on' )                            #显示坐标轴
14 plt. show( )                                 #显示出所绘制的图像
```

运行代码 5.5 可以得到所要结果。

【**例 5.6**】 求极限 $\lim\limits_{x\to\infty}\arctan\dfrac{1}{x}$。在 Anaconda 内建的 Spyder 集成开发环境中输入代码 5.6。

代码 5.6　求 $\lim\limits_{x\to\infty}\arctan\dfrac{1}{x}$ 的程序

```
1 import matplotlib. pyplot as plt              #导入 matplotlib. pyplot 记作 plt
2 import numpy as np                            #导入 numpy 记作 np
3 import sympy as sp                            #导入 sympy 记作 sp
4 x = sp. Symbol(' x' )                         #定义变量 x
5 y = sp. atan( 1 / x)                          #输入函数
6 lz = sp. limit( y,x,0,dir=' -' )              #用 lz 表示左极限
7 ly = sp. limit( y,x,0,dir=' +' )              #用 ly 表示右极限
8 print(' % s 左极限是:% s' % ( str( y),str( lz)))  #打印
```

```
 9 print('%s 右极限是:%s' % (str(y),str(ly)))      #打印
10 x = np. arange(-8,8,0.01)                       #设置 x 取样点
11 y = np. arctan(1 / x)                           #输入函数
12 plt. title('y=arctan(1/x)')                     #给图形添加标题
13 plt. yticks([- np. pi / 2,0,np. pi / 2],[r" $ \frac{- \pi}{2} $ ","0",r" $ \frac{\pi}{2} $ "])#给 y 轴标记刻度
14 ax = plt. gca()                                 #获得当前的 Axes 对象 ax
15 ax. spines['right']. set_color('none')          #去掉右边框
16 ax. spines['top']. set_color('none')            #去掉上边框
17 ax. spines['bottom']. set_position(('data',0))  #将坐标置于坐标 0 处
18 ax. spines['left']. set_position(('data',0))    #将坐标置于坐标 0 处
19 plt. plot(x,y)                                   #绘制函数图像
20 plt. show()                                      #显示出所绘制的图像
```

运行代码 5.6 可以得到所要结果。

习题5-1

1. 求极限 $\lim\limits_{n \to \infty} \dfrac{2^n - 1}{3^n}$。

2. 求极限 $\lim\limits_{x \to +\infty} \left(\dfrac{2x+3}{2x+1} \right)^{(x+1)}$。

3. 求极限 $\lim\limits_{x \to 0} \sin\left(\dfrac{|x|}{x} \right)$。

5.2 Python 求解导数与微分

5.2.1 Python 求解一元函数的导数与微分

【例 5.7】 设 $f(x) = \sin x$，求 $f(x)$ 的微分及 $f^{(4)}(0)$。在 Anaconda 内建的 Spyder 集成开发环境中输入代码 5.7。

代码 5.7　求 $f(x) = \sin x$ 的微分及 $f^{(4)}(0)$ 的程序

```
1 import sympy as sp                  #导入 sympy 记作 sp
2 import numpy as np                  #导入 numpy 记作 np
3 import matplotlib. pyplot as plt    #导入 matplotlib. pyplot 记作 plt
4 x = sp. Symbol('x')                 #定义变量 x
5 dx = sp. Symbol('dx')               #定义符号 dx
6 y = sp. sin(x)                      #输入函数
```

```
7 w = sp. diff(y,x,1)                          #用 w 表示一阶导数
8 wf= w*dx                                       #用 wf 表示微分
9 print('函数的微分为:%s' % wf)                   #打印
10 for n in range(1,5)                           #在 for 循环中从 1 到 4 给 n 赋值
11    y = d = sp. diff(y)                         #用 d 表示对 y 求导
12    print('第%2d 阶导数为:%s' % (n,d))          #打印
13 ysjd = d. evalf(subs={x: 0})                   #用 ysjd 表示在表达式 d 中赋值 x=1
14 print('当 x=0 时,四阶导数的解为:%d' % (ysjd))  #打印
15 x = np. arange(-10,10,0.05)                    #设置 x 取样点
16 y = np. sin(x)                                 #输入函数
17 plt. title('y =sinx')                          #给图形添加标题
18 ax = plt. gca()                                #获得当前的 Axes 对象 ax
19 ax. spines['right']. set_color('none')         #去掉右边框
20 ax. spines['top']. set_color('none')           #去掉上边框
21 ax. spines['bottom']. set_position(('data',0)) #将坐标置于坐标 0 处
22 ax. spines['left']. set_position(('data',0))   #将坐标置于坐标 0 处
23 plt. xticks([-np. pi/2,np. pi/2],[r"$ \frac{-\pi}{2}$",r"$ \frac{\pi}{2}$"])#给 x 轴标记刻度
24 plt. plot(x,y)                                 #绘制函数图像
25 plt. show()                                    #显示出所绘制的图像
```

运行代码 5.7 可以得到所要结果。

【例 5.8】　求参数方程 $\begin{cases} x=\cos^3 t \\ y=\sin^3 t \end{cases}$ 所确定的函数 $y=y(x)$ 的一阶导数和二阶导数。

在 Anaconda 内建的 Spyder 集成开发环境中输入代码 5.8。

代码 5.8　求 $\begin{cases} x=\cos^3 t \\ y=\sin^3 t \end{cases}$ 所确定的函数的一阶导数和二阶导数的程序

```
1 import matplotlib. pyplot as plt              #导入 matplotlib. pyplot 记作 plt
2 import numpy as np                             #导入 numpy 记作 np
3 import sympy as sp                             #导入 sympy 记作 sp
4 t = sp. Symbol('t')                            #定义变量 t
5 x = (sp. cos(t))**3                            #输入 x 的参数方程
6 y = (sp. sin(t))**3                            #输入 y 的参数方程
7 d1 = sp. diff(y,t) /sp. diff(x,t)              #用 d1 表示参数方程的一阶导数
8 print('原参数方程一阶导数结果为:%s' % d1)       #打印
9 d2 = sp. diff(d1,t) /sp. diff(x,t)             #用 d2 表示参数方程的二阶导数
10 print('原参数方程的二阶导数结果为:%s' % d2)     #打印
11 d2 = sp. simplify(d2)                          #将 d2 化简
12 print('原参数方程的二阶导数化简:%s' % d2)       #打印
13 t = np. arange(0,2*np. pi,0.01)                #设置 t 取样点
14 x = (np. cos(t))**3                            #输入 x 的参数方程
15 y = (np. sin(t))**3                            #输入 y 的参数方程
16 plt. plot(x,y)                                 #绘制函数图像
```

```
17 plt.title('x=a (t- cos(t)),y = a(1- sin(t))')        #给图形添加标题
18 plt.xticks([- 1,1],[ r"$ - 1 $ ",r"$ - 1 $ "])        #绘制 x 轴上的点坐标
19 plt.axis('equal')                                     #x,y 轴刻度等长
20 ax = plt.gca()                                        #获得当前的 Axes 对象 ax
21 ax.spines['right'].set_color('none')                  #去掉右边框
22 ax.spines['top'].set_color('none')                    #去掉上边框
23 ax.spines['bottom'].set_position(('data',0))          #将坐标置于坐标 0 处
24 ax.spines['left'].set_position(('data',0))            #将坐标置于坐标 0 处
25 plt.show()                                            #显示出所绘制的图像
```

运行代码 5.8 可以得到所要结果。

【例 5.9】 求曲线 $y = x^3$ 在（1,1）处的切线和法线方程。

在 Anaconda 内建 Spyder 集成开发环境中输入代码 5.9。

代码 5.9　求曲线 $y = x^3$ 在（1,1）处的切线和法线方程的程序

```
1 import matplotlib.pyplot as plt                #导入 matplotlib.pyplot 记作 plt
2 import numpy as np                             #导入 numpy 记作 np
3 import sympy as sp                             #导入 sympy 记作 sp
4 x = sp.Symbol('x')                            #定义变量 x
5 f = x**3                                      #输入函数
6 d = sp.diff(f,x)                              #用 d 表示一阶导数
7 print('导数结果为:%s' % d)                     #打印
8 yd = d.evalf(subs={x:1})                      #用 yd 表示 x=1 时的一阶导数
9 print('切点处切线的斜率:%s' % int(yd))          #打印
10 x = sp.Symbol('x')                           #定义变量 x
11 qx = yd*(x- 1)+1                             #输入切线方程
12 print('切线方程为:%s' % qx)                    #打印
13 fx = (- 1/yd)*(x- 1)+1                        #输入法线方程
14 print('法线方程为:%s' % fx)                    #打印
15 x = np.arange(0,3,0.01)                      #设置 x 取样点
16 y =x**3                                      #输入函数
17 plt.axis([0,3,0,3])                          #建立绘图区域
18 plt.plot(x,y)                                #绘制函数图像
19 plt.title('y=x**3')                          #给图形添加标题
20 ax = plt.gca()                               #获得当前的 Axes 对象 ax
21 ax.spines['right'].set_color('none')         #去掉右边框
22 ax.spines['top'].set_color('none')           #去掉上边框
23 ax.spines['bottom'].set_position(('data',0)) #将坐标置于坐标 0 处
24 ax.spines['left'].set_position(('data',0))   #将坐标置于坐标 0 处
25 qx =3*x - 2                                  #输入切线方程
26 fx =- 1/3*x + 4/3                            #输入法线方程
27 plt.text(1,1,'(1,1)')                        #绘制点(1,1)的坐标
28 plt.scatter(1,1,s=120,color='g',alpha=0.4)   #绘制点(1,1)
```

```
29 plt. plot( x,qx,color="blue",linestyle="-",label=r' 切线')      #绘制切线
30 plt. plot( x,fx,color="red",linestyle="- -",label=r' 法线')      #绘制法线
31 plt. legend( )                                                  #给图加上图例
32 plt. rcParams[' font. sans- serif'] = [' SimHei']               #设置字体样式以正常显示中文标签
33 plt. show( )                                                    #显示出所绘制的图像
```

运行代码 5.9 可以得到所要结果。

【例 5.10】 求函数 $y=2x^3-3x^2$ 的驻点，并求函数在 $[-1,4]$ 上的最大值和最小值。

在 Anaconda 内建 Spyder 集成开发环境中输入代码 5.10。

代码 5.10　求函数 $y=2x^3-3x^2$ 的驻点及其在 $[-1,4]$ 上的最大值和最小值的程序

```
1 import matplotlib. pyplot as plt                              #导入 matplotlib. pyplot 记作 plt
2 import numpy as np                                            #导入 numpy 记作 np
3 import sympy as sp                                            #导入 sympy 记作 sp
4 x = sp. Symbol(' x')                                          #定义变量 x
5 y = 2*x**3- 3*x**2                                            #输入函数
6 d = sp. diff( f,x)                                            #用 d 表示一阶导数
7 x0 =sp. solve( d,x)                                           #求驻点
8 print(' 导数结果为:% s' % d)                                   #打印
9 pprint(' 驻点为:% s' % str( x0))                              #打印
10y0=[y. subs( x,- 1),y. subs( x,4),y. subs( x,x0[0]),y. subs( x,x0[1])]#求各点处的函数值
11print(' 各点的函数值为:% s' % str( y0))                         #打印
12 ymax= max( y0)                                               #求最大值
13 ymin= min( y0)                                               #求最小值
14 print(' 最大值为:% s' % str( ymax))                          #打印
15 print(' 最小值为:% s' % str( ymin))                          #打印
16 ax = plt. gca( )                                             #获得当前的 Axes 对象 ax
17 ax. spines[' right']. set_color(' none')                     #去掉右边框
18 ax. spines[' top']. set_color(' none')                       #去掉上边框
19 ax. spines[' bottom']. set_position(( ' data',0))            #将坐标置于坐标 0 处
20 ax. spines[' left']. set_position(( ' data',0))              #将坐标置于坐标 0 处
21 x = np. arange( - 1,4,0. 01)                                 #设置 x 取样点
22 y = 2*x**3- 3*x**2                                           #输入方程
23 plt. title(' y=2*x**3- 3*x**2')                             #给图形添加标题
24 plt. text( - 1,- 5,'( - 1,- 5)')                            #绘制点的坐标
25 plt. text( 4,80,'( 4,80)')                                  #绘制点的坐标
26 plt. text( 0,0,'( 0,0)')                                    #绘制点的坐标
27 plt. text( 1,- 1,'( 1,- 1)')                                #绘制点的坐标
28 plt. scatter( 4,80,s=120,color=' g',alpha=0. 4)            #绘制点
29 plt. scatter( - 1,- 5,s=120,color=' g',alpha=0. 4)         #绘制点
30 plt. plot( x,y)                                              #绘制函数图像
31 plt. show( )                                                 #显示出所绘制的图像
```

运行代码 5.10 可以得到所要结果。

5.2.2 Python 求解多元函数的导数与全微分

【例 5.11】 求 $z=x^3y^2-3xy^3-xy+1$ 的一阶偏导和二阶偏导及在（1,2）处的全微分。

在 Anaconda 内建的 Spyder 集成开发环境中输入代码 5.11。

代码 5.11 求 $z=x^3y^2-3xy^3-xy+1$ 的一阶偏导和二阶偏导及全微分的程序

```
 1 import numpy as np                              #导入 numpy 记作 np
 2 from mpl_toolkits. mplot3d import Axes3D        #从 mpl_toolkits. mplot3d 导入 Axes3D
 3 import sympy as sp                              #导入 sympy 记作 sp
 4 import matplotlib. pyplot as plt                #导入 matplotlib. pyplot 记作 plt
 5 x,y = sp. symbols(' x y' )                      #定义变量 x,y
 6 dx,dy = sp. symbols(' dx dy' )                  #定义 dx,dy
 7 z = x**3 *y**2- 3*x*y**3- x*y+1                  #输入函数
 8 d1 = sp. diff(z,x)                              #用 d1 表示 z 对 x 的一阶偏导数
 9 d2 = sp. diff(z,y)                              #用 d2 表示 z 对 y 的一阶偏导数
10 result1 = d1. subs({x: 2,y: 1})                 #用 result1 表示 d1 在 x=2,y=1 时的值
11 result2 = d2. subs({x: 2,y: 1})                 #用 result2 表示 d2 在 x=2,y=1 时的值
12 qwf=dx*result1+dy*result2                       #用 qwf 表示全微分
13 print(' 函数的全微分为:% s' % qwf)               #打印
14 d3 = sp. diff(z,x,2)                            #用 d3 表示 z 对 x 的二阶纯偏导数
15 d4 = sp. diff(z,y,2)                            #用 d4 表示 z 对 x 的二阶纯偏导数
16 d5 = sp. diff(d1,y)                             #用 d5 表示 z 对 x,y 的二阶混合偏导数
17 d6 = sp. diff(d2,x)                             #用 d6 表示 z 对 y,x 的二阶混合偏导数
18 print(' 对 x 的一阶偏导数为:% s' % d1)           #打印
19 print(' 对 y 的一阶偏导数为:% s' % d2)           #打印
20 print(' 对 x 的二阶纯偏导数为:% s' % d3)         #打印
21 print(' 对 y 的二阶纯偏导数为:% s' % d4)         #打印
22 print(' 对 xy 的二阶混合偏导数为:% s' % d5)      #打印
23 print(' 对 yx 的二阶混合偏导数为:% s' % d6)      #打印
24 x = np. arange(- 1,1,0. 05)                     #产生从- 1 到 1 步长为 0. 05 的数据列表
25 y = np. arange(- 1,1,0. 05)                     #产生从- 1 到 1 步长为 0. 05 的数据列表
26 x,y = np. meshgrid(x,y)                         #生成网格点坐标矩阵
27 z = x**3 *y**2- 3*x*y**3- x*y+1                  #输入函数
28 ax = Axes3D(plt. figure())                      #设置三维作图环境 ax
29 ax. set_title('z = x**3 *y**2- 3*x*y**3- x*y+1' )   #给图形添加标题
30 ax. plot_surface(x,y,z)                         #在三维作图环境 ax 中点(X,Y,Z)处作图
31. plt. show()                                    #显示所绘制的图形
```

运行代码 5.11 可以得到所要结果。

【例 5.12】 设 $z=f(xy,y)$，具有二阶连续偏导数，求 $\dfrac{\partial z}{\partial x}$，$\dfrac{\partial^2 z}{\partial x\partial y}$。

在 Anaconda 内建的 Spyder 集成开发环境中输入代码 5.12。

代码 5.12   求 $z=f(xy, y)$ 的一阶偏导数和二阶偏导数的程序

```
1 import sympy as sp                    #导入 sympy 记作 sp
2 x = sp. Symbol('x')                   #定义变量 x
3 y = sp. Symbol('y')                   #定义变量 y
4 f = sp. Function('f')                 #定义函数 f
5 z = f(x*y,y)                          #输入函数
6 zx = sp. diff(z,x)                    #用 zx 表示 z 对 x 的一阶偏导数
7 print('对 x 的一阶偏导数结果为:%s' % zx)  #打印
8 zxy = sp. diff(zx,y)                  #用 zxy 表示 z 对 x,y 的二阶混合偏导数
9 print('对 xy 的二阶混合偏导数结果为:%s' % zxy)#打印
```

运行代码 5.12 可以得到所要结果。

【例 5.13】 求由方程 $y^5+2y-x-3x^7=0$ 所确定的隐函数在方程 $x=0$ 处的导数 $\dfrac{\mathrm{d}y}{\mathrm{d}x}\Big|_{x=0}$。

在 Anaconda 内建的 Spyder 集成开发环境中输入代码 5.13。

代码 5.13   求由方程 $y^5+2y-x-3x^7=0$ 所确定的隐函数导数的程序

```
1 import numpy as np                         #导入 numpy 记作 np
2 import sympy as sp                         #导入 sympy 记作 sp
3 import matplotlib. pyplot as plt           #导入 matplotlib. pyplot 记作 plt
4 x,y = sp. symbols('x y')                   #定义变量 x,y
5 z = y**5+2*y- x- 3*x**7                     #输入函数
6 d = - sp. diff(z,x) / sp. diff(z,y)        #用 d 表示 z 对 x 的一阶偏导数
7 result = d. subs({x: 0,y: 0})              #用 result 表示 d 在 x=0,y=0 时的值
8 print('方程确定的隐函数的导数为:%s' % d)      #打印
9 print('一阶导数值为:%s' % result)            #打印
10 x = np. arange(- 3,3,0.05)                 #产生从-3 到 3 步长为 0.05 的数据列表
11 y = np. arange(- 3,3,0.05)                 #产生从-3 到 3 步长为 0.05 的数据列表
12 x,y = np. meshgrid(x,y)                    #生成网格点坐标矩阵
13 z = y**5+2*y- x- 3*x**7                    #输入函数
14 plt. contour(x,y,z,0)                      #绘制等高线
15 plt. title('y**5+2*y- x- 3*x**7=0 确定的隐函数')  #给图形添加标题
16 ax = plt. gca()                           #获得当前的 Axes 对象 ax
17 ax. spines['right']. set_color('none')     #去掉右边框
18 ax. spines['top']. set_color('none')       #去掉上边框
19 ax. spines['bottom']. set_position(('data',0))  #将坐标置于坐标 0 处
20 ax. spines['left']. set_position(('data',0))    #将坐标置于坐标 0 处
21 plt. rcParams['font. sans- serif'] = ['SimHei']  #指定默认字体为黑体
22 plt. show()                               #显示出所绘制的图像
```

运行代码 5.13 可以得到所要结果。

习题5-2

1. 求函数 $y = x^{\sin}$ 的一阶导数和微分。

2. 求椭圆 $x = 4\cos t$，$y = 2\sin t$ 在 $t = \dfrac{\pi}{4}$ 处的切线和法线方程。

3. 设 $z = f(\sin x, \cos y, e^{x+y})$，具有二阶连续偏导数，求 $\dfrac{\partial w}{\partial x}$，$\dfrac{\partial^2 w}{\partial x \partial z}$。

5.3　Python 求解积分

5.3.1　Python 求解一元函数的积分

【例 5.14】 计算不定积分 $\displaystyle\int \dfrac{1}{x\ln x}\mathrm{d}x$。在 Anaconda 内建的 Spyder 集成开发环境中输入代码 5.14。

代码 5.14　计算不定积分 $\displaystyle\int \dfrac{1}{x\ln x}\mathrm{d}x$ 的程序

```
1 import sympy as sp                              #导入 sympy 记作 sp
2 import numpy as np                              #导入 numpy 记作 np
3 import matplotlib. pyplot as plt                #导入 matplotlib. pyplot 记作 plt
4 x = sp. Symbol('x')                             #定义变量 x
5 y = 1/(x*sp. log(x))                            #输入函数
6 bdjf = sp. integrate(y,x)                       #用 bdjf 表示不定积分,输入:函数,自变量
7 print('不定积分的结果为:%s' % bdjf)             #打印
8 x = np. arange(0,2,0. 01)                       #设置 x 范围
9 y = 1/(x*np. log(x))                            #输入函数
10 plt. plot(x,y)                                 #绘制函数图像
11 plt. title('y = 1/(xlnx)')                     #显示标题文本
12 ax = plt. gca()                                #获得当前的 Axes 对象 ax
13 ax. spines['right']. set_color('none')         #去掉右边框
14ax. spines['top']. set_color('none')           #去掉上边框
15 ax. spines['bottom']. set_position(('data',0)) #将坐标置于坐标0处
16 ax. spines['left']. set_position(('data',0))   #将坐标置于坐标0处
17 plt. show()                                    #显示出所绘制的图像
```

运行代码 5.14 可以得到所要结果。

【例 5.15】 计算定积分 $\int_{-\pi}^{\pi} x\sin x\,\mathrm{d}x$。在 Anaconda 内建的 Spyder 集成开发环境中输入代码 5.15。

代码 5.15　计算定积分 $\int_{-\pi}^{\pi} x\sin x\,\mathrm{d}x$ 的程序

```
1 import sympy as sp              #导入 sympy 记作 sp
2 import numpy as np              #导入 numpy 记作 np
3 import matplotlib. pyplot as plt  #导入 matplotlib. pyplot 记作 plt
4 x = sp. Symbol('x')             #定义变量 x
5 y = x*sp. sin(x)                #输入函数
6 bdjf = sp. integrate(y,x)       #用 bdjf 表示不定积分,输入:函数,自变量
7 djf = sp. integrate(y,(x,- sp. pi,sp. pi))  #用 djf 表示定积分,输入:函数,(自变量,下限,上限)
8 print('不定积分的结果为:%s' % bdjf)  #打印
9 print('定积分的结果为:%s' % djf)    #打印
10x = np. arange(- np. pi,np. pi,0. 01)  #设置 x 范围
11 y =x*np. sin(x)                #输入函数
12 plt. plot(x,y)                 #绘制函数图像
13 plt. title('y =xsinx')         #显示标题文本
14 ax = plt. gca()                #获得当前的 Axes 对象 ax
15 ax. spines['right']. set_color('none')  #去掉右边框
16 ax. spines['top']. set_color('none')    #去掉上边框
17 ax. spines['bottom']. set_position(('data',0))  #将坐标置于坐标 0 处
18 ax. spines['left']. set_position(('data',0))    #将坐标置于坐标 0 处
19 plt. axis('equal')             #x,y 轴刻度等长
20 plt. show()                    #显示出所绘制的图像
```

运行代码 5.15 可以得到所要结果。

5.3.2　Python 求解多元函数的积分

【例 5.16】 计算二重积分 $\int_{0}^{2}\mathrm{d}y\int_{\frac{y}{2}}^{y}(x^2 + y^2 - x)\,\mathrm{d}x$。在 Anaconda 内建的 Spyder 集成开发环境中输入代码 5.16。

代码 5.16　计算二重积分 $\int_{0}^{2}\mathrm{d}y\int_{\frac{y}{2}}^{y}(x^2 + y^2 - x)\,\mathrm{d}x$ 的程序

```
1 import sympy as sp                          #导入 sympy 记作 sp
2 import matplotlib. pyplot as plt            #导入 matplotlib. pyplot 记作 plt
3 import numpy as np                          #导入 numpy 记作 np
4 from mpl_toolkits. mplot3d import Axes3D    #从 mpl_toolkits. mplot3d 导入 Axes3D
5 x,y = sp. symbols('x y')                    #定义变量
6 f = x**2+y**2- x                            #输入函数
```

```
7 I=sp. integrate(f,(x,y/2,y),(y,0,2)) #I 表示积分,输入:函数,(变量,下限,上限),(变量,下限,上限)
8 print(' 二重积分计算结果为:%s' % I)                      #打印
9 x = np. arange(0,2,0.01)                                #设置 x 范围
10 y=x                                                     #输入函数
11 plt. plot(x,y,linestyle=' - -',color=' b',label=r' y=x')    #绘制函数图像
12 x = np. arange(0,1,0.001)                               #设置 x 范围
13 y=2*x                                                   #输入函数
14 plt. plot(x,y,linestyle=' - .',color=' b',label=r' y=2x')    #绘制函数图像
15 plt. plot([1,2],[2,2],linestyle="- ",label=r' y=2')        #绘制函数图像
16 plt. title(' 积分区域')                                   #显示标题文本
17 plt. axis(' equal')                                      #x,y 轴刻度等长
18 ax = plt. gca()                                          #获得当前的 Axes 对象 ax
19 ax. spines[' right']. set_color(' none')                  #去掉右边框
20 ax. spines[' top']. set_color(' none')                    #去掉上边框
21 ax. spines[' bottom']. set_position(('data',0))           #将坐标置于坐标 0 处
22 ax. spines[' left']. set_position(('data',0))             #将坐标置于坐标 0 处
23 plt. legend()                                            #给图加上图例
24 x = np. arange(- 2,2,0.05)      #产生从-2 到 2 步长为 0.05 的数据列表
25 y = np. arange(- 2,2,0.05)      #产生从-2 到 2 步长为 0.05 的数据列表
26 x,y = np. meshgrid(x,y)                                  #生成网格点坐标矩阵
27 z= x**2+y**2- x                                          #输入函数
28 ax = Axes3D(plt. figure())                               #设置三维作图环境
29 ax. set_title(' 被积函数图像')                             #显示标题文本
30 ax. plot_surface(x,y,z)                                  #绘制三维图像
31 plt. rcParams[' font. sans- serif'] = [' SimHei']         #显示中文标签
32 plt. rcParams[' axes. unicode_minus'] = False            #显示符号
33 plt. show()                                              #显示出所绘制的图像
```

运行代码 5.16 可以得到所要结果。

【例 5.17】 利用柱面坐标计算三重积分 $I = \iiint\limits_{\Omega} (x^2 + y^2)\mathrm{d}x\mathrm{d}y\mathrm{d}z$，其中 Ω 是抛物面 $x^2+y^2=z$ 与平面 $z=1$ 所围的立体。

在 Anaconda 内建的 Spyder 集成开发环境中输入代码 5.17。

代码 5.17 利用柱面坐标计算三重积分 $I = \iiint\limits_{\Omega} (x^2 + y^2)\mathrm{d}x\mathrm{d}y\mathrm{d}z$ 的程序

```
1 import sympy as sp                                        #导入 sympy 记作 sp
2 import matplotlib. pyplot as plt                           #导入 matplotlib. pyplot 记作 plt
3 import numpy as np                                         #导入 numpy 记作 np
4 from mpl_toolkits. mplot3d import Axes3D                    #从 mpl_toolkits. mplot3d 导入 Axes3D
5 t,r,z = sp. symbols('t r z')                               #定义变量
6 f = r**3                                                   #输入函数
7 I=sp. integrate(f,(z,r,1),(r,0,1),(t,0,2*sp. pi)) #I 表示积分
```

```
8 print('三重积分计算结果为:% s'  % I)                 #打印
9 t = np. arange(0,2*np. pi,0. 01)                     #设置 t 范围
10 x = np. cos(t)                                       #输入 x 的参数方程
11 y = np. sin(t)                                       #输入 y 的参数方程
12 ax = plt. gca()                                      #获得当前的 Axes 对象 ax
13 ax. spines[' right' ]. set_color(' none' )           #去掉右边框
14ax. spines[' top' ]. set_color(' none' )              #去掉上边框
15 ax. spines[' bottom' ]. set_position((' data' ,0))   #将坐标置于坐标 0 处
16 ax. spines[' left' ]. set_position((' data' ,0))     #将坐标置于坐标 0 处
17 plt. title(' 在 xoy 面上的投影区域' )                 #显示标题文本
18 plt. plot(x,y)                                       #绘制函数图像
19 plt. axis(' equal' )                                 #x,y 轴刻度等长
20 x = np. arange(- 1,1,0. 05)                          #产生从- 1 到 1 步长为 0. 05 的 x 的数据列表
21 y = np. arange(- 1,1,0. 05)                          #产生从- 1 到 1 步长为 0. 05 的 y 的数据列表
22 x,y = np. meshgrid(x,y)                              #生成网格点坐标矩阵
23 z1 =x**2+y**2                                        #输入函数 z1
24 z2 = x*0+y*0+1                                       #输入函数 z2
25 ax = Axes3D(plt. figure())                           #设置三维作图环境
26 ax. set_title(' 积分区域图形' )                       #显示标题文本
27 ax. plot_surface(x,y,z1,color=' b' ,alpha=0. 2)      #绘制 z1 三维图像
28 ax. plot_surface(x,y,z2,color=' r' ,alpha=0. 6)      #绘制 z2 三维图像
29 cset = ax. contourf(x,y,z1,zdir=' z' ,offset=0,cmap=' rainbow' )   #等高线投射到 z=0 的平面上
30 plt. rcParams[' font. sans- serif' ] = [' SimHei' ]  #设置字体样式以正常显示中文标签
31 plt. rcParams[' axes. unicode_minus' ] = False       #显示符号
32 plt. show()                                          #显示出所绘制的图像
```

运行代码 5. 17 可以得到所要结果。

5. 3. 3 Python 求解曲线积分

【例 5. 18】 计算第一类曲线积分 $\int_{\Gamma} y^2 \mathrm{d}s$，其中 Γ 为圆周线 $x = \cos t$，$y = \sin t$ 上相应于 t 从 $-\dfrac{\pi}{4}$ 到 $\dfrac{\pi}{4}$ 之间一段弧。

在 Anaconda 内建的 Spyder 集成开发环境中输入代码 5. 18。

代码 5. 18 计算第一类曲线积分 $\int_{\Gamma} y^2 \mathrm{d}s$ 的程序

```
1 import matplotlib. pyplot as plt          #导入 matplotlib. pyplot 记作 plt
2 import numpy as np                        #导入 numpy 记作 np
3 import sympy as sp                        #导入 sympy 记作 sp
4 t = sp. Symbol(' t' )                      #定义变量 t
5 x =sp. cos(t)                             #输入 x 的参数方程
6 y =sp. sin(t)                             #输入 y 的参数方程
```

```
 7 xt = sp. diff( x,t)                                              #用 xt 表示 x 对 t 的导数
 8 yt = sp. diff( y,t)                                              #用 yt 表示 y 对 t 的导数
 9 f=( y**2)*sp. sqrt( xt**2+yt**2)                                 #输入函数
10 qxjf = sp. integrate( f,( t,-( 1/4)*sp. pi,( 1/4)*sp. pi))       #求三重积分
11 print(' 曲线积分的结果为:%s' % qxjf)                             #打印
12 t = np. arange( -( 1/4)*np. pi,( 1/4)*np. pi,0. 01)              #设置 t 取样点
13 x = np. cos( t)                                                  #输入 x 的参数方程
14 y = np. sin( t)                                                  #输入 y 的参数方程
15 plt. plot( x,y)                                                  #绘制函数图像
16 plt. plot( [0,np. sqrt( 2)/2],[0,np. sqrt( 2)/2],linestyle=' --',color=' b')   #绘制过两点的直线
17 plt. plot( [0,np. sqrt( 2)/2],[0,- np. sqrt( 2)/2],linestyle=' --',color=' b')  #绘制过两点的直线
18 plt. title(' 积分弧段')                                         #给图形添加标题
19 plt. axis(' equal')                                             #x,y 轴刻度等长
20 ax = plt. gca()                                                 #获得当前的 Axes 对象 ax
21 ax. spines[' right']. set_color(' none')                        #去掉右边框
22 ax. spines[' top']. set_color(' none')                          #去掉上边框
23 ax. spines[' bottom']. set_position(( ' data',0))               #将坐标置于坐标 0 处
24 ax. spines[' left']. set_position(( ' data',0))                 #将坐标置于坐标 0 处
25 plt. rcParams[' font. sans- serif'] = [' SimHei']               #设置字体样式以正常显示中文标签
26 plt. show()                                                     #显示出所绘制的图像
```

运行代码 5. 18 可以得到所要结果。

【例 5.19】 计算第二类曲线积分 $\int_L x^3 \mathrm{d}x + 3zy^2\mathrm{d}y - x^2y\mathrm{d}z$，其中 Γ 为有向直线 AB：从 A $(3,2,1)$ 到点 $B(0,0,0)$。

在 Anaconda 内建的 Spyder 集成开发环境中输入代码 5. 19。

代码 5. 19 计算第二类曲线积分 $\int_L x^3 \mathrm{d}x + 3zy^2\mathrm{d}y - x^2y\mathrm{d}z$ 的程序

```
 1 import sympy as sp                                    #导入 sympy 记作 sp
 2 import matplotlib. pyplot as plt                      #导入 matplotlib. pyplot 记作 plt
 3 import numpy as np                                    #导入 numpy 记作 np
 4 from mpl_toolkits. mplot3d import Axes3D              #从 mpl_toolkits. mplot3d 导入 Axes3D
 5 t= sp. Symbol(' t')                                   #定义变量
 6 x = 3*t                                               #输入 x 的参数方程
 7 y = 2*t                                               #输入 y 的参数方程
 8 z = t                                                 #输入 y 的参数方程
 9 dx = sp. diff( x,t)                                   #用 dx 表示 x 对 t 的一阶偏导数
10 dy = sp. diff( y,t)                                   #用 dy 表示 y 对 t 的一阶偏导数
11dz = sp. diff( z,t)                                    #用 dz 表示 z 对 t 的一阶偏导数
12 f =( x**3)*dx+3*z*y**2*dy-( x**2)*y*dz                #输入函数
13qxjf = sp. integrate( f,( t,1,0))                      #用 qxjf 表示曲线积分
14 print(' 曲线积分的结果为:%s' % qxjf)                 #打印
15 fig = plt. figure()                                  #设置作图环境
16 ax = Axes3D( fig)                                     #设置三维作图环境
```

```
17 t= np. linspace(0,1,100)          #产生从 0 到 1 之间的 100 个等差数据
18 x = 3*t                           #输入 x 的参数方程
19 y = 2*t                           #输入 y 的参数方程
20 z = t                             #输入 z 的参数方程
21 ax. plot(x,y,z)                   #绘制函数图像
22 plt. title('积分曲线')             #给图形添加标题
23 plt. rcParams['font. sans- serif'] = ['SimHei']   #设置字体样式以正常显示中文标签
24plt. show()                        #显示出所绘制的图像
```

运行代码 5. 19 可以得到所要结果。

【例 5.20】利用格林公式计算第二类曲线积分 $\oint_L x^2 y \mathrm{d}x - xy^2 \mathrm{d}y$，其中 L 为正方形边界线 $0 \leqslant x \leqslant 1$，$0 \leqslant y \leqslant 1$ 的正向。

在 Anaconda 内建的 Spyder 集成开发环境中输入代码 5. 20。

代码 5. 20　计算第二类曲线积分 $\oint_L x^2 y \mathrm{d}x - xy^2 \mathrm{d}y$ 的程序

```
1 import sympy as sp                  #导入 sympy 记作 sp
2 import matplotlib. pyplot as plt    #导入 matplotlib. pyplot 记作 plt
3 import numpy as np                  #导入 numpy 记作 np
4 x,y = sp. symbols('x y')           #定义变量
5 p = (x**2)*y                        #输入函数
6 q = - x*y**2                        #输入函数
7 py = sp. diff(p,y)                  #用 py 表示 p 对 y 的一阶偏导数
8 qx = sp. diff(q,x)                  #用 qx 表示 q 对 x 的一阶偏导数
9 f = qx- py                          #输入函数
10 print('被积函数为:%s' % f)         #打印
11qxjf =p. integrate(f,(y,-1,1),(x,-1,1))   #用 qxjf 表示曲线积分
12 print('曲线积分的结果为:%s' % qxjf)  #打印
13 x = np. arange(0,1,0.01)           #产生从 0 到 1 之间的 100 个等差数据
14 plt. plot([0,0],[0,1],linestyle='--',color='b')   #绘制过两点的直线
15 plt. plot([0,1],[1,1],linestyle='--',color='b')   #绘制过两点的直线
16 plt. plot([0,1],[0,0],linestyle='--',color='b')   #绘制过两点的直线
17 plt. plot([1,1],[0,1],linestyle='--',color='b')   #绘制过两点的直线
18 plt. title('积分曲线')             #给图形添加标题
19 plt. axis('equal')                 #x,y 轴刻度等长
20 ax = plt. gca()                    #获得当前的 Axes 对象 ax
21 ax. spines['right']. set_color('none')        #去掉右边框
22 ax. spines['top']. set_color('none')          #去掉上边框
23 ax. spines['bottom']. set_position(('data',0))  #将坐标置于坐标 0 处
24 ax. spines['left']. set_position(('data',0))    #将坐标置于坐标 0 处
25 plt. rcParams['font. sans- serif'] = ['SimHei']  #设置字体样式以正常显示中文标签
26 plt. show()                        #显示出所绘制的图像
```

运行代码 5. 20 可以得到所要结果。

5.3.4　Python 求解曲面积分

【例 5.21】利用第一类曲面积分计算曲面 Σ：锥面 $z=\sqrt{x^2+y^2}$ 被平面 $z=1$ 所截取下方的表面积 $\iint\limits_{\Sigma}1\mathrm{d}S$。

在 Anaconda 内建的 Spyder 集成开发环境中输入代码 5.21。

代码 5.21　计算曲面 Σ 表面积的程序

```
1 import sympy as sp                                    #导入 sympy 记作 sp
2 import matplotlib. pyplot as plt                      #导入 matplotlib. pyplot 记作 plt
3 import numpy as np                                    #导入 numpy 记作 np
4 from mpl_toolkits. mplot3d import Axes3D              #从 mpl_toolkits. mplot3d 导入 Axes3D
5 x,y,r,t = sp. symbols('x y r t')                      #定义变量
6 z = sp. sqrt(x**2+y**2)                               #输入函数
7 zx = sp. diff(z,x)                                    #用 zx 表示 z 对 x 的一阶偏导数
8 zy = sp. diff(z,y)                                    #用 zy 表示 z 对 y 的一阶偏导数
9 x = r*sp. cos(t)                                      #输入 x 的方程
10 y = r*sp. sin(t)                                     #输入 y 的方程
11 f = sqrt(zx**2+zy**2+1)*r                            #输入函数
12 f = sp. simplify(f)                                  #化简函数
13 qmjf = sp. integrate(f,(r,0,1),(t,0,2*sp. pi))       #用 qmjf 表示曲面积分
14 print('曲面积分计算结果为:%s' % qmjf)               #打印
15 x = np. arange(-1,1,0.05)                            #产生从-1 到 1 步长为 0.05 的 x 的数据列表
16 y = np. arange(-1,1,0.05)                            #产生从-1 到 1 步长为 0.05 的 y 的数据列表
17 x,y = np. meshgrid(x,y)                              #生成网格点坐标矩阵
18 z1 = np. sqrt(x**2+y**2)                             #输入函数 z1
19 z2 = x*0+1                                           #输入函数 z2
20 ax = Axes3D(plt. figure())                           #设置三维作图环境
21 ax. set_title('积分曲面图形')                        #显示标题文本
22 ax. plot_surface(x,y,z1,color='b',alpha=0.2)         #绘制 z1 三维图像
23 ax. plot_surface(x,y,z2,color='r',alpha=0.6)         #绘制 z2 三维图像
24 cset = ax. contourf(x,y,z1,zdir='z',offset=0,cmap='rainbow')#等高线投射到 z=0 的平面上
25 plt. rcParams['font. sans-serif'] = ['SimHei']       #设置字体样式以正常显示中文标签
26 plt. rcParams['axes. unicode_minus'] = False         #显示符号
27 plt. show()                                          #显示出所绘制的图像
```

运行代码 5.21 可以得到所要结果。

【例 5.22】利用高斯公式计算第二类曲面积分 $I = \oiint\limits_{\Sigma}(x-yz)\mathrm{d}y\mathrm{d}z + (2y-zx)\mathrm{d}z\mathrm{d}x + (3z-xy)\mathrm{d}x\mathrm{d}y$，$\Sigma$ 是正方体 Ω 的整个表面的外侧，其中 $\Omega=\{(x,y,z)\,|\,0{\leqslant}x{\leqslant}1,0{\leqslant}y{\leqslant}1,0{\leqslant}z{\leqslant}1\}$。

在 Anaconda 内建的 Spyder 集成开发环境中输入代码 5.22。

代码 5.22　计算曲面积分 $I = \oiint\limits_{\Sigma} (x - yz)\mathrm{d}y\mathrm{d}z + (2y - zx)\mathrm{d}z\mathrm{d}x + (3z - xy)\mathrm{d}x\mathrm{d}y$ 的程序

```
1 import sympy as sp                                          #导入 sympy 记作 sp
2 import matplotlib. pyplot as plt                            #导入 matplotlib. pyplot 记作 plt
3 import numpy as np                                          #导入 numpy 记作 np
4 from mpl_toolkits. mplot3d import Axes3D                    #从 mpl_toolkits. mplot3d 导入 Axes3D
5 x,y,z = sp. symbols(' x y z' )                              #定义变量
6 p=x- y*z                                                    #输入 p 的方程
7 q=2*y- z*x                                                  #输入 q 的方程
8 r=3*z- x*y                                                  #输入 z 的方程
9 px=sp. diff( p,x)                                           #求偏导
10 qy=sp. diff( q,y)                                          #求偏导
11 rz=sp. diff( r,z)                                          #求偏导
12 f=px+qy+rz                                                 #输入函数
13 qmjf= sp. integrate( f,( x,0,1),( y,0,1),( z,0,1) )        #用 qmjf 表示曲面积分
14 print(' 曲面积分计算结果为:%s'  %  qmjf)                     #打印
15 ig = plt. figure( )                                        #设置作图环境
16 ax = fig. gca( projection=' 3d' )                          #设置三维作图环境
17 x = np. arange( 0,1,0. 01)                                 #产生从 0 到 1 步长为 0. 01 的数据列表
18 y = np. arange( 0,1,0. 01)                                 #产生从 0 到 1 步长为 0. 01 的数据列表
19 x,y = np. meshgrid( x,y)                                   #生成网格点坐标矩阵
20 z1=0*x+0*y+0                                               #输入函数
21 z2=0*x+0*y+1                                               #输入函数
22 surf = ax. plot_surface( x,y,z1,color=' r' ,alpha=0. 4,linewidth=0,antialiased=False) 绘制三维图像
23 surf = ax. plot_surface( x,y,z2,color=' r' ,alpha=0. 4,linewidth=0,antialiased=False) #绘制三维图像
24 x = np. arange( - 1,1,0. 01)                               #产生从 - 1 到 1 步长为 0. 01 的 x 的数据列表
25 y = np. arange( - 1,1,0. 01)                               #产生从 - 1 到 1 步长为 0. 01 的 y 的数据列表
26 z,y = np. meshgrid( z,y)                                   #生成网格点坐标矩阵
27 x1=0*y+0*z+0                                               #输入函数
28 x2=0*y+0*z+1                                               #输入函数
29 surf = ax. plot_surface(  x1,y,z,color=' b' ,alpha=0. 3,linewidth=0,antialiased=False) #绘制三维图像
30 surf = ax. plot_surface(  x2,y,z,color=' b' ,alpha=0. 3,linewidth=0,antialiased=False) #绘制三维图像
31 z = np. arange( 0,1,0. 01)                                 #产生从 - 1 到 1 步长为 0. 01 的 z 的数据列表
32 x = np. arange( 0,1,0. 01)                                 #产生从 - 1 到 1 步长为 0. 01 的 x 的数据列表
33 z,x = np. meshgrid( z,x)                                   #生成网格点坐标矩阵
34 y1=0*x+0*z+0                                               #输入函数
35 y2=0*x+0*z+1                                               #输入函数
36 surf = ax. plot_surface( x,y1,z,   color=' y' ,alpha=0. 4,linewidth=0,antialiased=False) #绘制三维图像
37 surf = ax. plot_surface( x,y2,   z,color=' y' ,alpha=0. 4,linewidth=0,antialiased=False) #绘制三维图像
38 ax. set_title(' 积分区域图形' )                             #显示标题文本
39 plt. rcParams[' font. sans- serif' ] = [' SimHei' ]        #设置字体样式以正常显示中文标签
```

运行代码 5.22 可以得到所要结果。

习题5-3

1. 计算反常积分 $\displaystyle\int_{-\infty}^{\infty} \frac{1}{1+x^2}\mathrm{d}x$。

2. 计算由两条抛物线 $x=y^2$，$y=x^2$ 所围成图形的面积。

3. 求球面 $x^2+y^2+z^2=1$ 和锥面 $z=\sqrt{x^2+y^2}$ 所围成的立体的体积。

4. 求曲线 $\rho=3\sin\theta$ 上相应于 $0\leqslant\theta\leqslant\pi$ 的一段弧的长度。

5.4 Python 求解级数

5.4.1 Python 求解常数项级数

【例5.23】求调和级数 $\displaystyle\sum_{n=1}^{\infty} \frac{1}{n}$ 的和，并确定和大于 5 时 n 的最小值。在 Anaconda 内建的 Spyder 集成开发环境中输入代码 5.23。

代码5.23　求调和级数 $\displaystyle\sum_{n=1}^{\infty} \frac{1}{n}$ 的和并确定和大于 5 时 n 的最小值的程序

```
1 import sympy as sp          #导入 sympy 记作 sp
2 n = sp. Symbol('n')         #定义变量
3 f = 1/n                     #输入函数
4 s=sp. summation(f,(n,1,'oo'))   #用 s 表示求级数
5 print('调和级数的和为:%s'% s)   #打印
6 k=5                         #给 k 赋初值 5
7 sn=0                        #给 sn 赋初值 0
8 n=1                         #给 n 赋初值 1
9 while n>0:                  #while 语句
10    a=1/n                   #定义 a
11    sn+=a                   #对 a 进行累加
12    if sn>=k:               #if 语句
13        break               #循环停止
14    n=n+1                   #对 n 进行累加
15 print("当和大于 5 时,n 的最小值为:%d"% n)  #打印
```

运行代码 5.23 可以得到所要结果。

【例5.24】求等比级数 $\displaystyle\sum_{n=1}^{\infty} \frac{1}{2^n}$ 的和。Anaconda 内建的 Spyder 集成开发环境中输入代

码 5.24。

代码 5.24　求等比级数 $\sum\limits_{n=1}^{\infty}\dfrac{1}{2^n}$ 和的程序

```
1 import sympy as sp              #导入 sympy 记作 sp
2 n = sp.Symbol('n')            #定义变量
3 f = 1/(2**n)                   #输入函数
4 s=sp.summation(f,(n,1,'oo'))  #用 s 表示求级数
5 print('等比级数的和为:%s' % s)  #打印
```

运行代码 5.24 可以得到所要结果。

5.4.2　Python 求解函数项级数

【例 5.25】 求幂级数 $\sum\limits_{n=1}^{\infty}nx^{n+1}$ 的和函数。在 Anaconda 内建的 Spyder 集成开发环境中输入代码 5.25。

代码 5.25　求幂级数 $\sum\limits_{n=1}^{\infty}nx^{n+1}$ 的和函数的程序

```
1 import sympy as sp                #导入 sympy 记作 sp
2 n = sp.Symbol('n')              #定义符号 n
3 x = sp.Symbol('x')              #定义变量 x
4 xn = n*x**(n+1)                  #输入级数通项
5 s=sp.summation(xn,(n,1,'oo'))   #用 s 表示求级数
6 s = sp.simplify(s)               #化简 s
7 print('幂级数的和函数为:%s' % s)  #打印
```

运行代码 5.25 可以得到所要结果。

5.4.3　Python 求解函数展成幂级数

【例 5.26】 将函数 $f(x)=\cos x$ 展开成 x 的 2、4、6 阶麦克劳林公式。在 Anaconda 内建的 Spyder 集成开发环境中输入代码 5.26。

代码 5.26　将函数 $f(x)=\cos x$ 展开成 x 的 2、4、6 阶麦克劳林公式的程序

```
1 import sympy as sp                #导入 sympy 记作 sp
2 import matplotlib.pyplot as plt   #导入 matplotlib.pyplot 记作 plt
3 import numpy as np                #导入 numpy 记作 np
4 x = sp.Symbol('x')              #定义变量 x
5 y = sp.cos(x)                    #输入函数
6 j2=sp.series(y,x,0,3)            #用 j2 表示求 x=0 处的 2 阶级数
7 print('cos(x)在 x=0 处的 2 阶幂级数展开式为:%s' % j2)   #打印
```

```
8 j4=sp. series(y,x,0,5)                                        #用 j4 表示求 x=0 处的 4 阶级数

9 print('cos(x)在 x=0 处的 4 阶幂级数展开式为:%s'   %   j4)        #打印

10 j6=sp. series(y,x,0,7)                                       #用 j6 表示求 x=0 处的 6 阶级数

11 print('cos(x)在 x=0 处的 6 阶幂级数展开式为:%s'   %   j6)       #打印

12 x = np. arange(0,3,0.05)                                     #产生从 0 到 3 步长为 0.05 的 x 的数据列表

13 y = np. cos(x)                                               #输入函数

14 j2=1 - x**2/2                                                #输入函数

15 j4=1 - x**2/2 + x**4/24                                      #输入函数

16 j6=1 - x**2/2 + x**4/24 - x**6/720                           #输入函数

17 plt. plot(x,y,color="b",linewidth=2,linestyle="- ",label=r' y = cosx')          #绘制函数图像

18 plt. plot(x,j2,color="r",linewidth=2,linestyle="- .",label=r'二阶展开')           #绘制函数图像

19 plt. plot(x,j4,color="g",linewidth=2,linestyle=":",label=r'四阶展开')             #绘制函数图像

20 plt. plot(x,j6,color="brown",linewidth=2,linestyle="- - ",label=r'六阶展开')      #绘制图像

21 ax = plt. gca()                                              #获得当前的 Axes 对象 ax

22 ax. spines['right']. set_color('none')                       #去掉右边框

23 ax. spines['top']. set_color('none')                         #去掉上边框

24 ax. spines['bottom']. set_position(('data',0))               #将坐标置于坐标 0 处

25 ax. spines['left']. set_position(('data',0))                 #将坐标置于坐标 0 处

26 plt. axis('equal')                                           #x,y 轴刻度等长

27 plt. legend()                                                #给图加上图例

28 plt. show()                                                  #显示出所绘制的图像

29 plt. rcParams['font. sans- serif'] = ['SimHei']              #设置字体样式以正常显示中文标签
```

运行代码 5.26 可以得到所要结果。

【例 5.27】 将函数 $f(x)=\sqrt{x}$ 展开成 $x-4$ 的 3 阶泰勒公式。在 Anaconda 内建的 Spyder 集成开发环境中输入代码 5.27。

代码 5.27　将函数 $f(x)=\sqrt{x}$ 展开成 $x-4$ 的 3 阶泰勒公式的程序

```
1 import sympy as sp                                            #导入 sympy 记作 sp

2 import matplotlib. pyplot as plt                              #导入 matplotlib. pyplot 记作 plt

3 import numpy as np                                            #导入 numpy 记作 np

4 x = sp. Symbol('x')                                           #定义变量 x

5 f = sp. sqrt(x)                                               #输入函数

6 mjs=sp. series(f,x,4,4)                                       #用 mjs 表示求 x=4 处的三阶级数

7 print('函数在 x=1 处的三阶幂级数展开式为:%s'   %   mjs)            #打印

8 x = np. arange(0,20,0.01)                                     #产生从 0 到 20 步长为 0.01 的 x 的数据列表

9 y = np. sqrt(x)                                               #输入函数

10 y1=1 - (x - 4)**2/64 + (x - 4)**3/512 + x/4                  #输入函数

11 plt. axis('equal')                                           #x,y 轴刻度等长

12 ax = plt. gca()                                              #获得当前的 Axes 对象 ax

13 ax. spines['right']. set_color('none')                       #去掉右边框

14 ax. spines['top']. set_color('none')                         #去掉上边框

15 ax. spines['bottom']. set_position(('data',0))               #将坐标置于坐标 0 处
```

```
16   ax. spines[' left' ]. set_position( ( ' data' ,0) )      #将坐标置于坐标 0 处
17 plt. plot( x ,y,color = "g" ,linewidth = 2 ,linestyle = "- " ,label = r' y = sqrt( x )' )   #绘制函数图像
18 plt. plot( x,y1,color = "b" ,linewidth = 2 ,linestyle = "- " ,label = r' 三阶展开' )   #绘制函数图像
19 plt. legend( )                                             #给图加上图例
20 plt. show( )                                               #显示出所绘制的图像
21 plt. rcParams[' font. sans- serif' ] = [' SimHei' ]        #设置字体样式以正常显示中文标签
```

运行代码 5.27 可以得到所要结果。

习题5−4

1. 求级数 $\displaystyle\sum_{n=0}^{\infty} \frac{1}{n!}$ 的和。

2. 求幂级数 $\displaystyle\sum_{n=1}^{\infty} (n+2)x^{n+3}$ 的和函数。

3. 将函数 $f(x)=e^x$ 展开成 x 的 1，3，5 阶麦克劳林展开式。

4. 将函数 $f(x)=\dfrac{1}{x^2+4x+3}$ 在 $x=1$ 处展开成 2 阶泰勒展开式。

📖本章小结

　　本章分 4 节介绍了 Python 在高等数学中的应用。第 1 节介绍了 Python 求解极限，具体包含 Python 求解数列的极限和函数的极限。第 2 节介绍了 Python 求解导数与微分，具体包含 Python 求解一元函数的导数与微分和多元函数的导数与全微分。第 3 节介绍了 Python 求解积分，具体包含 Python 求解一元函数的不定积分和定积分，多元函数的二重积分和三重积分，曲线积分和曲面积分。第 4 节介绍了 Python 求解级数，具体包含 Python 求解常数项级数，函数项级数和函数展成幂级数。

📖总习题 5

1. 求数列极限 $\displaystyle\lim_{n \to \infty}\left(1-\frac{1}{n}\right)^n$。

2. 求极限 $\displaystyle\lim_{x \to \infty}\left(\sqrt{x^2+x}-\sqrt{x^2-x}\right)$。

3. 求曲线 $\begin{cases} x^2+y^2+z^2=6 \\ x+y+z=0 \end{cases}$ 在 $(1,-2,1)$ 处的切向量。

4. 计算阿基米德螺线 $\rho=3\theta$ 上相应于 θ 从 0 变到 2π 的一段弧所围成的面积。

5. 利用球坐标计算三重积分 $V = \iiint\limits_{\Omega} x^2 + y^2 + z^2 \mathrm{d}v$，其中 Ω 是由球面 $x^2 + y^2 + z^2 = 1$ 的围成的闭区域。

6. 求螺旋线 Γ：$x = \cos t$，$y = \sin t$，$z = 2t$ 上相应于 t 从 0 到 2π 之间一段弧长。

7. 利用高斯公式计算曲面积分 $I = \oiint\limits_{\Sigma} (x-y)\mathrm{d}x\mathrm{d}y + (y-z)x\mathrm{d}y\mathrm{d}z$，$\Sigma$ 是柱面 $x^2 + y^2 = 1$ 及平面 $z = 0$，$z = 3$ 面所围成的空间闭区域 Ω 的整个边界面的外侧。

8. 求交错级数 $\sum\limits_{n=1}^{\infty} \dfrac{1}{n^2}$ 的和。

9. 求幂级数 $\sum\limits_{n=1}^{\infty} (-1)^n \dfrac{x^n}{n}$ 的和函数。

10. 将函数 $f(x) = \ln\tan x$ 展开成 x 的 6 阶麦克劳林公式。

第 5 章答案

第 6 章　Python 线性代数

【本章概要】

- Python 矩阵及其运算
- Python 行列式
- Python 求解矩阵方程
- Python 二次型

6.1　Python 矩阵及其运算

6.1.1　Python 创建矩阵

Python 创建矩阵有多种方法，一是使用 np. mat 函数或者 np. matrix 函数；二是使用数组代替矩阵，实际上官方文档建议我们使用二维数组代替矩阵来进行矩阵运算，因为二维数组用得较多，而且基本可取代矩阵。另外，还有一些特殊矩阵的创建方式，具体调用格式详见代码 6.1。

代码 6.1　创建矩阵函数调用格式

1 matrix(mat)	#创建矩阵
2 array	#数组创建矩阵
3 eye	#创建单位矩阵
4 diag	#创建对角矩阵
5 ones	#元素全是 1 矩阵
6 zeros	#元素全是 0 矩阵
7 bmat	#合成矩阵

8 a[i,:]	#选取矩阵的某行
9 a[:,j]	#选取矩阵的某列
10 a[i,j]	#选取矩阵的某个确定元素

注意：不论行元素的提取 a[i,:]，还是列元素的提取 a[:,j]，这里 i，j 都是从 0 开始取。

【例 6.1】 创建一个 3×2 的矩阵 $\begin{pmatrix} 1 & 3 \\ 2 & 4 \\ 3 & 5 \end{pmatrix}$。在 Anaconda 内建的 Spyder 集成开发环境中输入代码 6.2。

代码 6.2 创建一个 3×2 的矩阵

```
1 import numpy as np              #导入 numpy 记作 np
2 a=np. mat ([[1,3],[2,4],[3,5]]) #使用 mat 函数创建一个 3×2 矩阵
3 print ("a=",a)                  #打印矩阵 a
4 b=np. matrix([[1,3],[2,4],[3,5]]) #np. mat 和 np. matrix 等价
5 print ("b=",b)                  #打印矩阵 b
6 print( a. shape)                #使用 shape 属性可以获取矩阵的大小
```

运行代码 6.2 得到所要的结果为：a= [[1 3] [2 4] [3 5]]，b= [[1 3] [2 4] [3 5]]，(3,2)。

创建一个 3×2 的矩阵 $\begin{pmatrix} 1 & 3 \\ 2 & 4 \\ 3 & 5 \end{pmatrix}$，代码也可以用代码 7.3 中的方法编写。

代码 6.3 创建一个 3×2 的矩阵

```
1 import numpy as np              #导入 numpy 记作 np。
2 c=np. array ([[1,3],[2,4],[3,5]]) #使用二维数组代替矩阵,常见的操作通用
3 print (c)                       #输出矩阵 c
```

代码 6.3 所生成的结果为：[[1 3] [2 4] [3 5]]。

【例 6.2】 创建一个 3 阶的单位矩阵 $\begin{pmatrix} 1 & 0 & 0 \\ 0 & 1 & 0 \\ 0 & 0 & 1 \end{pmatrix}$。在 Anaconda 内建的 Spyder 集成开发环境中输入代码 6.4。

代码 6.4 创建单位矩阵

```
1 import numpy as np              #导入 numpy 记作 np。
2 I=np. eye(3)                    #创建 3 阶单位矩阵
3 print( I)                       #输出 I
```

代码 6.4 所生成的结果为：[[1. 0. 0.] [0. 1. 0.] [0. 0. 1.]]

【**例 6.3**】创建一个对角矩阵 $\begin{pmatrix} 2 & 0 & 0 \\ 0 & 2 & 0 \\ 0 & 0 & 4 \end{pmatrix}$。在 Anaconda 内建的 Spyder 集成开发环境中输入代码 6.5。

代码 6.5　创建对角矩阵

```
1 import numpy as np          #导入 numpy 记作 np。
2 I=np.diag((2,2,4))          #创建对角元素是 2,2,4 的对角矩阵
3 print(I)                    #输出 I
```

代码 6.5 所生成的结果为：[[2 0 0] [0 2 0] [0 0 4]]

【**例 6.4**】创建一个元素全是 1 的 3 阶矩阵 $\begin{pmatrix} 1 & 1 & 1 \\ 1 & 1 & 1 \\ 1 & 1 & 1 \end{pmatrix}$。在 Anaconda 内建的 Spyder 集成开发环境中输入代码 6.6。

代码 6.6　创建元素全是 1 的矩阵

```
1 import numpy as np          #导入 numpy 记作 np。
2 I=np.ones((3,3))            #创建元素全是 1 的矩阵
3 print(I)                    #输出 I
```

代码 6.6 所生成的结果为：[[1. 1. 1.] [1. 1. 1.] [1. 1. 1.]]。

【**例 6.5**】创建全零的矩阵 $m = (0 \quad 0 \quad 0)$，$n = \begin{pmatrix} 0 \\ 0 \\ 0 \end{pmatrix}$，$p = \begin{pmatrix} 0 & 0 & 0 & 0 \\ 0 & 0 & 0 & 0 \\ 0 & 0 & 0 & 0 \end{pmatrix}$，$q = \begin{pmatrix} 0 & 0 & 0 \\ 0 & 0 & 0 \\ 0 & 0 & 0 \end{pmatrix}$。在 Spyder 中输入代码 6.7。

代码 6.7　创建全零矩阵

```
1 import numpy as np          #导入 numpy 记作 np
2 m=np.zeros(3)               #创建一维全零行矩阵 m
3 print("m=",m)               #打印 m
4 m=np.zeros((1,3))           # np.zeros(3)与 np.zeros(1,3)等价
5 print("m=",m)               #打印 m
6 n=np.zeros((3,1))           #创建全零列矩阵 n
7 print("n=",n)               #打印 n
8 p=np.zeros([3,4])           #创建 3×4 零矩阵
9 print("p=",p)               #打印 p
10 q=np.zeros([3,3])          #创建 3×3 零矩阵
11 print("q=",q)              #打印 q
```

运行代码 6.7 得到所要的结果。

【**例 6.6**】已知矩阵 $A = \begin{pmatrix} 1 & 2 \\ 3 & 4 \end{pmatrix}$，$B = \begin{pmatrix} 5 & 6 \\ 7 & 8 \end{pmatrix}$，合成矩阵 $C = (A, B)$。在 Spyder 集成开发

环境中输入代码6.8。

代码6.8　合成矩阵

```
1 import numpy as np          #导入 numpy 记作 np
2 A=np. array([[1,2],[3,4]])   #使用 array 函数
3 B=np. array([[5,6],[7,8]])   
4 C=np. bmat("A B")           #创建矩阵 C
5 print(C)                     #输出矩阵 C
```

代码6.8所生成的结果为：[[1 2 5 6] [3 4 7 8]]。

【例6.7】 选取矩阵 $\begin{pmatrix} 1 & -2 & 0 \\ 3 & 5 & 7 \\ 7 & 8 & 9 \end{pmatrix}$ 第一行元素、第一列元素、第一行第二列元素。在

Spyder 中输入代码6.9。

代码6.9　矩阵元素的获取

```
1 import numpy as np                        #导入 numpy 记作 np
2 a=np. array([[1,- 2,0],[3,5,7],[7,8,9]])   #使用 array 函数创建矩阵
3 print(' 第一行元素为:',a[0])               #打印矩阵的第一行
4 print(' 第一行元素为:',a[0,:])             #a[0,:]与 a[0]等价
5 print(' 第一列元素为:',a[:,0])             #打印矩阵的第一列
6 print(' 第一列元素为:',a[:,0]. reshape(- 1,1))  #打印矩阵的第一列
7 print(' 第一行第二列元素为:',a [0,1])       #打印矩阵的第一行第二列元素
```

运行代码6.9得到所要的结果。

【例6.8】 将0~25的数字生成5×5数组，并选取左上角3×3切片、中间3×3切片，选取前两行、倒数1~3行元素。0~15数字生成4×4数组。在 Anaconda 内建的 Spyder 集成开发环境中输入代码6.10。

代码6.10　矩阵切片的获取

```
1 import numpy as np                       #导入 numpy 记作 np
2 a=np. arange(0,26)                       #生成数组
3 print ("a=",a)                           #打印 a
4 a=np. resize(a,(5,5))                    #将 a 生成5×5 数组
5 print ("a 生成数组为",a)                  #打印 a
6 print ("a 左上角的切片为",a[0:3,0:3])     #打印 a 左上角3×3 的切片
7 print ("a 中间的切片为",a[1:4,1:4])       #打印 a 中间3×3 的切片
8 print ("a 前两行为",a [0:2,:] )          #打印 a 前两行
9 print ("a 倒数 1~3 行为",a[- 3:,:] )      #打印 a 倒数 1~3 行
10 a1 = np. arange(16). reshape(4,4)       #将0~15 的数字生成4×4 数组
11 print ("0~15 的数字生成数组为",a1 )      #打印 a1
```

运行代码6.10得到所要的结果。

6.1.2　Python 矩阵的运算

在 Python 中，矩阵运算的函数调用格式详见代码 6.11。

代码 6.11　矩阵运算函数调用格式

```
1 A+B                              #矩阵加法
2 A- B                            #矩阵减法
3 k*A                             #数乘
4 A*B                             #矩阵相乘(matrix 类型)
5 dot(A,B)                        #矩阵相乘
6 A**m                            #A 的 m 次幂(matrix 类型)
7 .T                              #矩阵的转置
8 trace(A)                        #矩阵的迹
```

【例 6.9】已知 $A=\begin{pmatrix} 1 & 2 & 3 \\ 2 & 2 & 5 \\ 3 & 5 & 1 \end{pmatrix}$，$B=\begin{pmatrix} 1 & -1 & -1 \\ 2 & -1 & -3 \\ 3 & 2 & -5 \end{pmatrix}$，计算 $A+B$、$A-B$。在 Anaconda 内建的 Spyder 集成开发环境中输入代码 6.12。

代码 6.12　计算矩阵的和与差

```
1 import numpy as np                      #导入 numpy 记作 np
2 A=np. mat([[1,2,3],[2,2,5],[3,5,1]])    #使用 mat 函数
3 B=np. mat([[1,- 1,- 1],[2,- 1,- 3],[3,2,- 5]])  #使用 mat 函数
4 print("A+B=",A+B)                       #打印 A+B
5 print("A- B=",A- B)                     #打印 A- B
6 A=np. array([[1,2,3],[2,2,5],[3,5,1]])  #使用 array 函数
7 B=np. array([[1,- 1,- 1],[2,- 1,- 3],[3,2,- 5]])  #使用 array 函数
8 print("A+B=",A+B)                       #打印 A+B
9 print("A- B=",A- B)                     #打印 A- B
```

运行代码 6.12 得到所要的结果。

【例 6.10】已知 $A=\begin{pmatrix} -1 & 2 & -1 \\ 3 & 5 & -2 \\ 8 & -4 & 1 \end{pmatrix}$，计算 $2A$。在 Anaconda 内建的 Spyder 集成开发环境中输入代码 6.13。

代码 6.13　计算矩阵的数乘

```
1 import numpy as np                      #导入 numpy 记作 np
2 A=np. mat ([[- 1,2,- 1],[3,5,- 2],[8,- 4,1]])   #使用 mat 函数
3 print("2A=",2*A)                        #打印 2A
3 A= np. array ([[- 1,2,- 1],[3,5,- 2],[8,- 4,1]])  #使用 array 函数
4 print("2A=",2*A)                        #打印 2A
```

运行代码 6.13 得到所要的结果。

【例 6.11】 已知 $A = \begin{pmatrix} 2 & 1 & 4 & 0 \\ 1 & -1 & 3 & 4 \end{pmatrix}$，$B = \begin{pmatrix} 1 & 3 \\ 2 & -1 \\ 1 & -3 \\ -2 & 0 \end{pmatrix}$，计算 AB，BA。在 Spyder 中输入

代码 6.14。

代码 6.14　计算矩阵的相乘

```
1 import numpy as np                          #导入 numpy 记作 np
2 A=np.mat([[2,1,4,0],[1,-1,3,4]])            #使用 mat 函数
3 B=np.mat([[1,3],[2,-1],[1,-3],[-2,0]])      #使用 mat 函数
4 print("AB=",A*B)                            #注意 A,B 都是 matrix 类型,可以使用乘号
5 print("BA=",B*A)                            #计算 BA
6 print("AB=",np.dot(A,B))                    #注意 A,B 都是 matrix 类型,AB 可以用 dot()函数
7 print("BA=",np.dot(B,A))                    #计算 BA
8 A=np.array([[2,1,4,0],[1,-1,3,4]])          #使用 array 函数
9 B=np.array([[1,3],[2,-1],[1,-3],[-2,0]])    #使用 array 函数
10 print("AB=",np.dot(A,B))                   #注意 A,B 都是 array 类型,AB 应该用 dot()函数
11 print("BA=",np.dot(B,A))                   #打印 BA
```

运行代码 6.14 得到所要的结果。注意：如果是使用数组代替矩阵进行运算则不可以直接使用乘号，应使用 dot() 函数。doc() 函数用于矩阵乘法，对于二维数组，它计算的是矩阵乘积，对于一维数组，它计算的是内积。

【例 6.12】 已知 $A = (4 \quad 3 \quad 9)$，$B = \begin{pmatrix} 1 \\ 2 \\ 3 \end{pmatrix}$，计算 AB，BA。在 Spyder 集成开发环境中输

入代码 6.15。

代码 6.15　计算特殊矩阵的相乘

```
1 import numpy as np                   #导入 numpy 记作 np
2 A=np.mat([4,3,9])                    #使用 mat 函数
3 B=np.mat([1,2,3])                    #使用 mat 函数
4 print("A 的大小是",A.shape)          #打印 A 的大小
5 B=np.mat([1,2,3]).reshape(-1,1)      #把 B 变换成 3×1 矩阵
6 print("B=",B)                        #输出 B
7 print("B 的大小是",B.shape)          #输出 B 的形状
8 print("AB=",A*B)                     #注意 A,B 都是 matrix 类型,可以使用乘号
9 print("BA=",B*A)                     #计算 BA
10 D=np.array([4,3,9])                 #使用 array 函数
11 E=np.array([1,2,3])                 #使用 array 函数
12 F=np.array([1,2,3]).reshape(-1,1)   #把 E 变换成 3×1 矩阵
13 print("DE=",np.dot(D,E))            #计算 DE
14 print("ED=",np.dot(E,D))            #计算 ED
```

```
15 print("DF=",np. dot(D,F))                    #计算 DF
16 D. shape = (1,-1)                            #把 D 改为二维数组
17 print("D=",D)                                #打印,D
18 print("FD=",np. dot(F,D))                    #3×1 的 F 向量乘以 1×3 的 D 向量会得到 3×3 的矩阵
```

运行代码 6.15 得到所要的结果。

【例 6.13】 已知矩阵 $A = \begin{pmatrix} 1 & 2 & 1 \\ 3 & 4 & 2 \\ 0 & 5 & 8 \end{pmatrix}$，$B = \begin{pmatrix} 4 & 3 & 1 \\ 5 & 8 & 2 \\ 1 & 5 & 4 \end{pmatrix}$，求（1）$AB$；（2）$BA$；（3）$A^2$。

在 Anaconda 内建的 Spyder 集成开发环境中输入代码 6.16。

代码 6.16 计算矩阵的乘积

```
1 import numpy as np                            #导入 numpy 记作 np
2 A=np. matrix([[1,2,1],[3,4,2],[0,5,8]])       #使用 matrix 函数
3 B=np. matrix([[4,3,1],[5,8,2],[1,5,4]])       #使用 matrix 函数
4 print("AB=",np. dot(A,B))                     #A,B 都是 matrix 类型,AB 可以用 dot( )函数
5 print("BA=",np. dot(B,A))                     #打印 BA
6 print("A^2=",np. dot(A,A))                    #打印 A²
7 print("A^2=",np. linalg. matrix_power(A,2))   #打印 A 自乘 2 次,与 dot(A,A)等价
8 print("A^2=",A**2)                            #A 是 matrix 类型,使用**计算 A²,与 dot(A,A)等价
```

运行代码 6.16 得到所要的结果。

【例 6.14】 已知 $A = \begin{pmatrix} -1 & 0 \\ 3 & 4 \\ 0 & 2 \end{pmatrix}$，求 A^{T}，$(A^{\mathrm{T}})^{\mathrm{T}}$。在 Anaconda 内建的 Spyder 集成开发环境中输入代码 6.17。

代码 6.17 计算矩阵的转置

```
1 import numpy as np                            #导入 numpy 记作 np
2 A=np. array([[-1,0],[3,4],[0,2]])            #使用 array 函数
3 print("A 的转置为",A. T)                       #打印 A 的转置 Aᵀ
4 print("A 的转置的转置为",A. T. T)               #打印 A 的转置的转置(Aᵀ)ᵀ
5 A=np. mat([[-1,0],[3,4],[0,2]])              #使用 mat 函数
6 print("A 的转置为",A. T)                       #打印 A 的转置 Aᵀ
```

运行代码 6.17 得到所要的结果。

【例 6.15】 已知矩阵 $A = \begin{pmatrix} 1 & 2 & -1 \\ 3 & 4 & -2 \\ 5 & -4 & 1 \end{pmatrix}$，验证矩阵转置的性质 $(\lambda A)^{\mathrm{T}} = \lambda A^{\mathrm{T}}(\lambda = 10)$。在

Spyder 中输入代码 6.18。

代码6.18　计算数乘矩阵的转置

```
1 import numpy as np                              #导入 numpy 记作 np
2 A=np. array([[1,2,-1],[3,4,-2],[5,-4,1]])       #使用 array 函数
3 print("10A 的转置为", (10*A). T)                 #打印(10A)ᵀ
4 print("10 乘以 A 的转置为", 10*(A. T))            #打印 10Aᵀ
```

运行代码6.18得到所要的结果。

【例6.16】 已知矩阵 $A=\begin{pmatrix} 1 & 1 & 1 \\ 1 & 1 & -1 \\ 1 & -1 & 1 \end{pmatrix}$, $B=\begin{pmatrix} 1 & 2 & 3 \\ -1 & -2 & 4 \\ 0 & 5 & 1 \end{pmatrix}$, 验证矩阵转置的性质 $(A+B)^T = A^T+B^T$。

在 Anaconda 内建的 Spyder 集成开发环境中输入代码6.19。

代码6.19　计算矩阵和的转置

```
1 import numpy as np                              #导入 numpy 记作 np
2 A=np. array([[1,1,1],[1,1,-1],[1,-1,1]])        #使用 array 函数
3 B=np. array([[1,2,3],[-1,-2,4],[0,5,1]])        #使用 array 函数
4 print("A+B 的转置为", (A+B). T)                  #打印(A+B)ᵀ
5 print("A 的转置+B 的转置为",A. T+B. T)            #打印 Aᵀ+Bᵀ
```

运行代码6.19得到所要的结果。

【例6.17】 已知矩阵 $A=\begin{pmatrix} 2 & 0 & -1 \\ 1 & 3 & 2 \end{pmatrix}$, $B=\begin{pmatrix} 1 & 7 & -1 \\ 4 & 2 & 3 \\ 2 & 0 & 1 \end{pmatrix}$, 计算 $(AB)^T, B^TA^T$。在 Spyder 中输入代码6.20。

代码6.20　计算矩阵相乘的转置

```
1 import numpy as np                              #导入 numpy 记作 np
2 A=np. array([[2,0,-1],[1,3,2]])                 #使用 array 函数
3 B=np. array([[1,7,-1],[4,2,3],[2,0,1]])         #使用 array 函数
4 print("AB 的转置为", np. dot(A,B). T)            #打印(AB)ᵀ
5 print("B 的转置*A 的转置为",np. dot(B. T,A. T))   #打印 BᵀAᵀ
```

运行代码6.20得到所要的结果。

【例6.18】 已知 $A=\begin{pmatrix} -2 & 4 \\ 1 & -2 \end{pmatrix}$, $B=\begin{pmatrix} 2 & 4 \\ -3 & -6 \end{pmatrix}$, 计算 $tr(A), tr(A^T), tr(A+B), tr(A)+tr(B)$。

在 Anaconda 内建的 Spyder 集成开发环境中输入代码6.21。

代码6.21　计算矩阵的迹

```
1 import numpy as np                              #导入 numpy 记作 np
2 A=np. mat([[-2,4],[1,-2]])                      #使用 mat 函数
3 B=np. mat([[2,4],[-3,-6]])                      #使用 mat 函数
```

```
4 print("tr(A) = ",np. trace(A))                    #打印 tr(A)
5 print("tr(A^T) = ",np. trace(A. T))               #打印 tr(Aᵀ)
6 print("trace(A+B) = ",np. trace(A+B))             #打印 tr(A+B)
7 print("trace(A) + trace(B) = ",np. trace(A) + np. trace(B))  #打印 tr(A) + tr(B)
```

运行代码 6.21 得到所要的结果。

【例 6.19】已知 $A = \begin{pmatrix} 2 & 1 \\ -4 & -2 \end{pmatrix}$，$B = \begin{pmatrix} 3 & -1 \\ -6 & 2 \end{pmatrix}$，计算 A 与 B 的距离。在 Spyder 集成开发环境中输入代码 6.22。

代码 6.22　计算矩阵的距离

```
1 import numpy as np                     #导入 numpy 记作 np
2 A=np. array([[2,1],[-4,-2]])          #使用 array 函数
3 B=np. array([[3,-1],[-6,-2]])         #使用 array 函数
4 C=A-B                                  #计算距离矩阵 C
5 print("C =",C)                         #打印 C
6 D=np. dot(C,C)                         #计算矩阵的平方
7 E=np. trace(D)                         #计算矩阵 D 的迹
8 print("E =",E)                         #输出 E
9 print("A 与 B 的距离为",E**0.5)        #将 E 开方得到距离
```

代码 6.22 所生成的结果为：C=[[-1　2][2　0]]，E=9，E 开方得到距离为 3.0。

习题6-1

1. 已知矩阵 $A = \begin{pmatrix} 1 & -1 & 3 & -4 \\ 3 & -3 & 5 & -4 \\ 2 & -2 & 3 & -2 \\ 3 & -3 & 4 & -2 \end{pmatrix}$，$b = \begin{pmatrix} 3 \\ 1 \\ 0 \\ -1 \end{pmatrix}$，合成矩阵 $B = (A, b)$。

2. 计算下列乘积。

(1) $\begin{pmatrix} 4 & 3 & 1 \\ 1 & -2 & 3 \\ 5 & 7 & 0 \end{pmatrix}\begin{pmatrix} 7 \\ 2 \\ 1 \end{pmatrix}$；

(2) $(1 \quad 2 \quad 3)\begin{pmatrix} 3 \\ 2 \\ 1 \end{pmatrix}$；

(3) $\begin{pmatrix} 2 \\ 1 \\ 3 \end{pmatrix}(-1 \quad 2)$；

(4) $\begin{pmatrix} 1 & 0 & 3 & -1 \\ 2 & 1 & 0 & 2 \end{pmatrix}\begin{pmatrix} 4 & 1 & 1 \\ -1 & 1 & 2 \\ 2 & 0 & 1 \\ 1 & 3 & -2 \end{pmatrix}$。

3. 已知矩阵 $A = \begin{pmatrix} 1 & 2 & 2 \\ 2 & 3 & 4 \\ 5 & 7 & 8 \end{pmatrix}$，$B = \begin{pmatrix} -2 & 1 & 5 \\ 1 & 4 & 2 \\ 3 & 9 & 7 \end{pmatrix}$，计算：(1) $(A+B)(A-B)$；(2) A^2-B^2。

4. 已知矩阵 $A = \begin{pmatrix} -1 & 1 & 3 \\ 8 & -3 & 6 \\ 4 & 0 & 12 \end{pmatrix}$，$B = \begin{pmatrix} 4 & -1 & 8 \\ 0 & 5 & 6 \\ 3 & 8 & -1 \end{pmatrix}$，计算：(1) $3AB-2A$；(2) A^TB。

6.2 Python 行列式

6.2.1 Python 行列式的计算

n 阶方阵 A 的元素所构成的行列式（各元素的位置不变）称为 A 的行列式，记作 $|A|$ 或 $\det A$。Python 中，linalg. det( ) 用来求矩阵的行列式值。

【例 6.20】已知矩阵 $A = \begin{pmatrix} 3 & -1 & 5 \\ 0 & 2 & 6 \\ 3 & 4 & -1 \end{pmatrix}$，计算 $|A|$，$|A^{\mathrm{T}}|$。在 Anaconda 内建的 Spyder 集成开发环境中输入代码 6.23。

代码 6.23　计算矩阵的行列式

```
1 import numpy as np                          #导入 numpy 记作 np
2 A=np. array([[3,-1,5],[0,2,6],[3,4,-1]])    #使用 array 函数
3 print("det(A) = ",np. linalg. det(A))       #打印 |A|
4 print("det(A^T) = ",np. linalg. det(A. T))  #打印 |A^T|,|A| = |A^T|
```

代码 6.23 所生成的结果为：det(A) = -126.0,det(A^T) = -126.0。

【例 6.21】证明 $\begin{vmatrix} 3 & 1 & 1 & 1 \\ 1 & 3 & 1 & 1 \\ 1 & 1 & 3 & 1 \\ 1 & 1 & 1 & 3 \end{vmatrix} = - \begin{vmatrix} 3 & 1 & 1 & 1 \\ -1 & -3 & -1 & -1 \\ 1 & 1 & 3 & 1 \\ 1 & 1 & 1 & 3 \end{vmatrix}$。在 Anaconda 内建的 Spyder 集成开发环境中输入代码 6.24。

代码 6.24　行列式的性质

```
1 import numpy as np                                            #导入 numpy 记作 np
2 A=np. mat([[3,1,1,1],[1,3,1,1],[1,1,3,1],[1,1,1,3]])          #使用 mat 函数
3 B=np. mat([[3,1,1,1],[-1,-3,-1,-1],[1,1,3,1],[1,1,1,3]])      #使用 mat 函数
4 print("det(A) = ",np. linalg. det(A))                         #打印 |A|
5 print("det(B) = ",np. linalg. det(B))                         #打印 |B|
```

代码 6.24 所生成的结果为：det(A) = 48.00000000000001,det(B) = -48.00000000000001。

【例 6.22】已知矩阵 $A = \begin{pmatrix} 1 & 2 & -1 \\ 3 & 4 & -2 \\ 5 & -4 & 1 \end{pmatrix}$，$B = \begin{pmatrix} 1 & 1 & -1 \\ 1 & 0 & -2 \\ 1 & -1 & 1 \end{pmatrix}$，计算 $|AB|$，$|BA|$，$|A||B|$。在 Spyder 中输入代码 6.25。

代码 6.25　计算矩阵乘积的行列式

```
1 import numpy as np                          #导入 numpy 记作 np。
2 A＝np. mat（[[1,2,- 1],[3,4,- 2],[5,- 4,1]]）    #使用 mat 函数
3 B＝np. mat（[[1,1,- 1],[1,0,- 2],[1,- 1,1]]）    #使用 mat 函数
4 print( np. linalg. det( A*B)）                #计算｜AB｜
5 print（np. linalg. det( B*A)）                #计算｜BA｜
6 print（np. linalg. det( A)* np. linalg. det( B)）  #计算｜A｜｜B｜
```

代码 6.25 所生成的结果为：－7.999999999999988 －8.00000000000005 －8.00000000000007。

【例 6.23】 已知矩阵 $A = \begin{pmatrix} 3 & 1 & -1 & 2 \\ -5 & 1 & 3 & -4 \\ 2 & 0 & 1 & -1 \\ 1 & -5 & 3 & -3 \end{pmatrix}$，验证行列式的性质 $|\lambda A| = \lambda^n |A|$（$\lambda = 2$）。

在 Spyder 中输入代码 6.26。

代码 6.26　计算矩阵数乘的行列式

```
1 import numpy as np                           #导入 numpy 记作 np。
2 A＝np. mat（[[3,1,- 1,2],[- 5,1,3,- 4],[2,0,1,- 1],[1,- 5,3,- 3]]）  #使用 array 函数
3 print("det( 2A) = ",np. linalg. det( 2*A)）    计算｜2A｜
4 print("16det( A) = ",16*np. linalg. det( A)）   #计算 2⁴｜A｜
```

代码 6.26 所生成的结果为：det(2A) = 639. 99999999999,16det(A) = 640. 0。

6.2.2　Python 克拉默法则

$$n \text{ 元线性方程组} \begin{cases} a_{11}x_1 + a_{12}x_2 + \cdots + a_{1n}x_n = b_1, \\ a_{21}x_1 + a_{22}x_2 + \cdots + a_{2n}x_n = b_2, \\ \cdots \cdots \cdots \cdots \\ a_{n1}x_1 + a_{n2}x_2 + \cdots + a_{nn}x_n = b_n。 \end{cases}$$

当右端的常数项 b_1，b_2，$\cdots$，b_n 不全为零时，叫作非齐次线性方程组；当 b_1，b_2，$\cdots$，b_n 全为零时，叫作齐次线性方程组。如果 n 元线性方程组的系数行列式不等于零，即 $D \neq 0$，则有唯一解：$x_j = \dfrac{D_j}{D}$，（$j = 1$，2，$\cdots n$）。其中：

$$D_j = \begin{vmatrix} a_{11} & \cdots & a_{1j-1} & b_1 & a_{1j+1} & \cdots & a_{1n} \\ a_{21} & \cdots & a_{2j-1} & b_2 & a_{2j+1} & \cdots & a_{2n} \\ \vdots & & \vdots & \vdots & \vdots & & \vdots \\ a_{n1} & \cdots & a_{nj-1} & b_n & a_{nj+1} & \cdots & a_{nn} \end{vmatrix}$$

【例 6.24】 求解线性方程组 $\begin{cases} x_1+x_2+x_3+x_4=5, \\ x_1+2x_2-x_3+4x_4=-2, \\ 2x_1-3x_2-x_3-5x_4=-2, \\ 3x_1+x_2+2x_3+11x_4=0 \end{cases}$。在 Anaconda 内建的 Spyder 集成开发

环境中输入代码 6.27。

代码 6.27　求解线性方程组

```
1 import numpy as np                                           #导入 numpy 记作 np
2 A=np.array([[1,1,1,1],[1,2,-1,4],[2,-3,-1,-5],[3,1,2,11]])   #使用 array 函数
3 print("A =",A)                                               #打印系数矩阵
4 b=np.array([5,-2,-2,0])                                       #常数项 b
5 print("b =",b)                                                #打印常数项 b
6 D=np.linalg.det(A)                                            #求 A 的行列式,不为零则存在唯一解
7 print("D =",D)                                                #打印 D
8 A1= np.array([[5,1,1,1],[-2,2,-1,4],[-2,-3,-1,-5],[0,1,2,11]])#为算分向量×1 准备矩阵
9 A2= np.array([[1,5,1,1],[1,-2,-1,4],[2,-2,-1,-5],[3,0,2,11]]) #为计算分向量×2 准备矩阵
10 A3= np.array([[1,1,5,1],[1,2,-2,4],[2,-3,-2,-5],[3,1,0,11]]) #为算分向量×3 准备矩阵
11 A4= np.array([[1,1,1,5],[1,2,-1,-2],[2,-3,-1,-2],[3,1,2,0]]) #为计算分向量×4 准备矩阵
12 x1=np.linalg.det(A1)/D                                       #计算分向量×1
13 x2=np.linalg.det(A2)/D                                       #计算分向量×2
14 x3=np.linalg.det(A3)/D                                       #计算分向量×3
15 x4=np.linalg.det(A4)/D                                       #计算分向量×4
16 print("X =",[x1,x2,x3,x4])                                   #输出解向量×
```

运行代码 6.27 得到所要的结果。

【例 6.25】 已知 $y=f(x)$ 是一个二次多项式,且当 $x=1$, -1, 2 时,$f(x)=0,-3,4$,求 $y=f(x)$。

解:设 $y=a_0+a_1x+a_2x^2$,把 $x=1$, -1, 2,$f(x)=0,-3,4$ 代入方程,得线性方程组 $\begin{cases} a_0+a_1+a_2=0, \\ a_0-a_1+a_2=-3, \\ a_0+2a_1+4a_2=4。 \end{cases}$

在 Anaconda 内建的 Spyder 集成开发环境中输入代码 6.28。

代码 6.28　线性方程组的应用

```
1 import numpy as np                         #导入 numpy 记作 np
2 A=np.array([[1,1,1],[1,-1,1],[1,2,4]])     #使用 array 函数
3 print("A =",A)                             #打印系数矩阵
4 D=np.linalg.det(A)                         #求 A 的行列式,不为零则存在解
5 print("D =",D)                             #打印 D
6 b=np.array([0,-3,4])                       #使用 array 函数
7 print("b =",b)                             #打印常数项 b
8 A0=np.array([[0,1,1],[-3,-1,1],[4,2,4]])   #为计算 a0 准备矩阵
```

```
9  A1 = np. array( [[1,0,1],[1,- 3,1],[1,4,4]])        #为计算 a₁ 准备矩阵
10 A2 = np. array( [[1,1,0],[1,- 1,- 3],[1,2,4]])      #为计算 a₂ 准备矩阵
11 a0 = np. linalg. det( A0) / D                        #计算 a₀
12 a1 = np. linalg. det( A1) / D                        #计算 a₁
13 a2 = np. linalg. det( A2) / D                        #计算 a₂
14 print( "a =",[ a0,a1,a2])                            #输出解
```

运行代码 6. 28 得到所要的结果。

【例 6.26】 判断齐次线性方程组 $\begin{cases} x_1 - 2x_2 + 4x_3 = 0, \\ 2x_1 + 3x_2 + x_3 = 0, \\ x_1 + x_2 + x_3 = 0 \end{cases}$ 解的情况。在 Spyder 集成开发环境中

输入代码 6.29。

代码 6.29　齐次线性方程组解的判定

```
1 import numpy as np                         #导入 numpy 记作 np
2 A = np. array( [[1,- 2,4],[2,3,1],[1,1,1]])   #使用 array 函数
3 print( "A =",A)                             #打印系数矩阵
4 D = np. linalg. det( A)                       #求 A 的行列式
5 print( "D =",D)                             #打印 A 的行列式
6 print ( "方程组有非零解")                     #输出判断结果
```

运行代码 6. 29 得到所要的结果。

6. 2. 3　Python 伴随矩阵及逆矩阵

1. 伴随矩阵

n 阶方阵 A 的行列式 $|A|$ 的各个元素的代数余子式 A_{ij} 所构成的如下矩阵 $A^* =$

$\begin{pmatrix} A_{11} & A_{21} & \cdots & A_{n1} \\ A_{12} & A_{22} & \cdots & A_{n2} \\ \cdots & \cdots & \cdots & \cdots \\ A_{1n} & A_{2n} & \cdots & A_{nn} \end{pmatrix}$ ，称为矩阵 A 的伴随矩阵，且有性质 $AA^* = A^*A = |A|E$ 成立。

2. 逆矩阵

对于 n 阶矩阵 A，如果有一个 n 阶矩阵 B，使 $AB = BA = E$，则说矩阵 A 是可逆的，并把矩阵 B 称为 A 的逆矩阵，记作 A^{-1}，即 $A^{-1} = B$。Python 中，linalg. inv( ) 用来求矩阵的逆矩阵。

【例 6.27】 已知矩阵 $A = \begin{pmatrix} 1 & 2 & -1 \\ 3 & 4 & -2 \\ 5 & -4 & 1 \end{pmatrix}$，求 A^{-1}, $(A^{-1})^{-1}$, A^*。在 Spyder 集成开发环境中

输入代码 6.30。

代码 6.30 计算逆矩阵和伴随矩阵

```
1 import numpy as np                          #导入 numpy 记作 np
2 A = np. array([[1,2,- 1],[3,4,- 2],[5,- 4,1]])  #使用 array 函数
3 A_det = np. linalg. det(A)                   #求 A 的行列式,不为零则存在逆矩阵
4 print("A_det =",A_det)                       #打印 A 的行列式|A|
5 A_inverse = np. linalg. inv(A)               #求 A 的逆矩阵 A⁻¹
6 print("A_inverse =",A_inverse)              #打印 A 的逆矩阵 A⁻¹
7 print(np. linalg. inv (A_inverse))          #计算(A⁻¹)⁻¹
8 print(np. dot(A,A_inverse))                 #计算 AA⁻¹
9 A_companion = A_inverse * A_det             #求 A 的伴随矩阵
10 print("A_companion =",A_companion)         #打印 A 的伴随矩阵
```

运行代码 6.30 得到所要的结果。

【例 6.28】 已知矩阵 $A = \begin{pmatrix} 4 & 3 & 2 \\ 3 & 2 & 1 \\ 2 & 1 & 1 \end{pmatrix}$，验证 $(A^*)^{-1} = (A^{-1})^*$。在 Spyder 集成开发环境中输入代码 6.31。

代码 6.31 矩阵相乘的逆矩阵

```
1 import numpy as np                                        #导入 numpy 记作 np
2 A=np. matrix([[4,3,2],[3,2,1],[2,1,1]])                   #使用 matrix 函数
3 inverseA=np. linalg. inv(A)                               #求 A 的逆矩阵 A⁻¹
4 inverse_companionA= np. linalg. inv(np. linalg. det(A)*inverseA)  #求 A 的伴随矩阵 A*的逆矩阵
5 print("inverse_companionA =",inverse_companionA)          #打印 A 伴随矩阵逆矩阵(A*)⁻¹
6 companion_inverseA=np. linalg. det(inverseA)*A            #计算 A 的逆矩阵的伴随矩阵(A⁻¹)*
7 print("companion_inverseA=",companion_inverseA)           #打印 A 逆矩阵的伴随矩阵(A⁻¹)*
```

运行代码 6.31 得到所要的结果。

【例 6.29】 已知矩阵 $A = \begin{pmatrix} 3 & 4 & 0 & 0 \\ 4 & -3 & 0 & 0 \\ 0 & 0 & 2 & 0 \\ 0 & 0 & 2 & 2 \end{pmatrix}$，验证 $|A^*| = |A|^{n-1}(n \geq 2)$。在 Spyder 集成开发环境中输入代码 6.32。

代码 6.32 伴随矩阵的行列式

```
1 import numpy as np                              #导入 numpy 记作 np
2 A=np. array ([[3,4,0,0],[4,- 3,0,0],[0,0,2,0],[0,0,2,2]])  #使用 array 函数
3 detA=np. linalg. det(A)                         #求 A 的行列式,不为零则存在逆矩阵
4 print("detA**3 =",detA**3)                      #打印|A|⁴⁻¹=|A|³(n=3)
5 inverseA=np. linalg. inv(A)                      #求 A 的逆矩阵
6 companionA=inverseA * detA                      #求 A 的伴随矩阵
7 print("det(companionA) =",np. linalg. det(companionA))  #打印|A*|
```

运行代码 6.32 得到所要的结果。

习题6-2

1. 计算下列行列式：

$$(1)\begin{vmatrix} 4 & 3 & 2 \\ 3 & 2 & 1 \\ 2 & 1 & 1 \end{vmatrix};$$

$$(2)\begin{vmatrix} 1 & -2 & 2 & -1 \\ 2 & -4 & 8 & 0 \\ -2 & 4 & -2 & 3 \\ 3 & -6 & 0 & -6 \end{vmatrix}。$$

2. 证明 $\begin{vmatrix} 2 & 8 & 2 & 3 \\ 2 & 5 & 4 & 9 \\ 1+1 & 2+4 & 3+3 & 3+4 \\ 2 & 9 & 8 & 6 \end{vmatrix} = \begin{vmatrix} 2 & 8 & 2 & 3 \\ 2 & 5 & 4 & 9 \\ 1 & 2 & 3 & 3 \\ 2 & 9 & 8 & 6 \end{vmatrix} + \begin{vmatrix} 2 & 8 & 2 & 3 \\ 2 & 5 & 4 & 9 \\ 1 & 4 & 3 & 4 \\ 2 & 9 & 8 & 6 \end{vmatrix}。$

3. 已知 $A = \begin{pmatrix} 1 & 1 & 0 \\ 0 & 2 & 0 \\ 1 & 1 & -1 \end{pmatrix}$，$B = \begin{pmatrix} 2 & -4 & 1 \\ 1 & -5 & 0 \\ 0 & -1 & -1 \end{pmatrix}$，求 $|A| + |B|$ 和 $|A+B|$。

4. 设 $A = \begin{pmatrix} 1 & 1 & 1 & 1 \\ 1 & 2 & -1 & 4 \\ 2 & -3 & -1 & -5 \\ 3 & 1 & 2 & 11 \end{pmatrix}$，求 $|A^5|$ 及 $|A|^5$。

6.3 Python 求解矩阵方程

6.3.1 Python 矩阵的秩

1. k 阶子式

在 $m×n$ 矩阵 A 中，任取 k 行 k 列 $(k \leqslant m, k \leqslant n)$，位于这些行列交叉处的 k^2 个元素，不改变它们在 A 中所处的位置次序而得的 k 阶行列式，称为矩阵 A 的 k 阶子式。

2. 矩阵的秩

设在矩阵 A 中有一个不等于 0 的 r 阶子式 D，且所有 $r+1$ 阶子式（若存在的话）全等于 0，那么 D 称为矩阵 A 的最高阶非零子式。数 r 称为矩阵 A 的秩，记作 $R(A)$，特别地，零矩阵的秩等于 0。n 阶方阵的秩等于 n，则 A 为可逆矩阵。可逆矩阵又称为满秩矩阵。Python 中，用 np. linalg. matrix_rank( ) 来求矩阵的秩。

【例 6.30】计算矩阵 $A = \begin{pmatrix} 1 & 2 & 3 \\ 2 & 3 & -5 \\ 4 & 7 & 1 \end{pmatrix}$ 的秩。在 Anaconda 内建的 Spyder 集成开发环境中输入代码6.33。

代码 6.33   计算矩阵的秩

```
1 import numpy as np                              #导入 numpy 记作 np
2 A=np. array([[1,2,3],[2,3,-5],[4,7,1]])         #使用 array 函数
3 print("A=",A)                                   #打印 A
4 print(np. linalg. matrix_rank(A))               #求 A 的秩
5 A[2,2]=2                                         #将该元素换为 2
6 A1=A                                            #变换后的矩阵为 A1
7 print("A1=",A1)                                  #输出调整元素后的 A1
8 print("rank(A1)=",np. linalg. matrix_rank(A1))  #打印变换后 A 的秩
```

运行代码 6.33 得到所要的结果。

【例 6.31】 已知矩阵 $A = \begin{pmatrix} 2 & -1 & 0 & 3 & -2 \\ 0 & 3 & 1 & -2 & 5 \\ 0 & 0 & 0 & 4 & -3 \\ 0 & 0 & 0 & 0 & 0 \end{pmatrix}$，验证 $R(A) = R(A^{\mathrm{T}})$。在 Spyder 集成开

发环境中输入代码 6.34。

代码 6.34   计算矩阵转置的秩

```
1 import numpy as np                                        #导入 numpy 记作 np
2 A=np. array([[2,-1,0,3,-2],[0,3,1,-2,5],[0,0,0,4,-3],[0,0,0,0,0]])#使用 array 函数
3 print("A=",A)                                             #打印 A
4 print("rank(A)=",np. linalg. matrix_rank(A))              #打印 A 的秩
5 print("rank(A^T)=",np. linalg. matrix_rank(A. T))         #打印 A 的转置的秩
```

运行代码 6.34 得到所要的结果。

【例 6.32】 已知矩阵 $A = \begin{pmatrix} 2 & 3 & 1 & -3 \\ 1 & 2 & 0 & -2 \\ 3 & -2 & 8 & 3 \\ 2 & -3 & 7 & 4 \end{pmatrix}$，$b = \begin{pmatrix} -7 \\ -4 \\ 0 \\ 3 \end{pmatrix}$，求矩阵 A 及矩阵 $B = (A, b)$ 的秩。

在 Anaconda 内建的 Spyder 集成开发环境中输入代码 6.35。

代码 6.35   合成矩阵的秩

```
1 import numpy as np                                    #导入 numpy 记作 np
2 A=np. array([[2,3,1,-3],[1,2,0,-2],[3,-2,8,3],[2,-3,7,4]])  #使用 array 函数
3 b=np. array([-7,-4,0,3])                              #使用 array 函数
4 print("A=",A)                                         #打印 A
5 b=np. array([-7,-4,0,3]). reshape(-1,1)               #把 b 变换成是 3×1 矩阵
6 print("b=",b)                                         #打印 b
7 print("rank(A)=",np. linalg. matrix_rank(A))          #打印 A 的秩
8 B=np. bmat("A b")                                     #创建矩阵 B
9 print("B=",B)                                         #打印矩阵 B
10 print("rank(B)=",np. linalg. matrix_rank(B))         #打印 B 的秩
```

运行代码 6.35 得到所要的结果。

6.3.2　Python 矩阵方程

在 Python 中，对于矩阵方程 $AX=B$，求解参数矩阵 X，有两种方式：

（1）直接使用 numpy 的 solve 函数一键求解；

（2）如果矩阵可逆，利用逆矩阵，求 X。①$AX=B$，若 A 可逆，则 $X=A^{-1}B$；②$XA=B$，若 A 可逆，则 $X=BA^{-1}$；③$AXB=C$，若 A，B 均可逆，则 $X=A^{-1}CB^{-1}$。

【例 6.33】求解线性方程组 $\begin{cases} x_1+2x_2+3x_3=1, \\ 2x_1+2x_2+5x_3=2, \\ 3x_1+5x_2+x_3=3; \end{cases}$

解：方程组写成矩阵形式为 $AX=B$，其中，$A=\begin{pmatrix} 1 & 2 & 3 \\ 2 & 2 & 5 \\ 3 & 5 & 1 \end{pmatrix}$，$X=\begin{pmatrix} x_1 \\ x_2 \\ x_3 \end{pmatrix}$，$B=\begin{pmatrix} 1 \\ 2 \\ 3 \end{pmatrix}$，在 Anaconda 内建的 Spyder 集成开发环境中输入代码 6.36。

代码 6.36　求解非齐次线性方程组

```
1 import numpy as np                           #导入 numpy 记作 np
2 A=np. array([[1,2,3],[2,2,5],[3,5,1]])       #使用 array 函数
3 print("A=",A)                                #打印系数矩阵
4 print("rank(A)=",np. linalg. matrix_rank(A))  #打印 A 的秩
5 B=np. array([1,2,3])                          #使用 array 函数
6 print("B =",B)                                #打印常数项 B
7 X=np. linalg. solve(A,B)                       #求方程组的解
8 print("X =",X)                                #打印 X
9 print(np. dot(A,X))                           #检验正确性,结果应为 B
10 print(np. allclose(np. dot(A,X),B))          #可以用 np. allclose(A,B)检测两个矩阵是否相同
```

运行代码 6.36 得到所要的结果。

【例 6.34】设 $A=\begin{pmatrix} 0 & 2 & 1 \\ 2 & -1 & 3 \\ -3 & 3 & -4 \end{pmatrix}$，$B=\begin{pmatrix} 1 & 2 & 3 \\ 2 & -3 & 1 \end{pmatrix}$，求 X，使 $XA=B$。在 Spyder 集成开发环境中输入代码 6.37。

代码 6.37　求解矩阵方程

```
1 import numpy as np                     #导入 numpy 记作 np
2 A=np. array([[0,2,1],[2,- 1,3],[- 3,3,- 4]])   #使用 array 函数
3 B=np. array([[1,2,3 ],[2,- 3,1]])       #使用 array 函数
4 detA=np. linalg. det(A)                 #求 A 的行列式,不为零则可逆
5 print("detA= ",detA)                    #打印 detA
6 inverseA=np. linalg. inv(A)             #利用矩阵相乘求解
7 X=np. dot(B,inverseA)                   #求解 X
8 print("X = ",X)                         #打印 X
```

运行代码 6.37 得到所要的结果。

【例 6.35】 求解矩阵方程 $\begin{pmatrix} 1 & 4 \\ -1 & 2 \end{pmatrix} X \begin{pmatrix} 2 & 0 \\ -1 & 1 \end{pmatrix} = \begin{pmatrix} 3 & 1 \\ 0 & -1 \end{pmatrix}$。在 Anaconda 内建的 Spyder 集成开发环境中输入代码 6.38。

代码 6.38　求解矩阵方程

```
1 import numpy as np                                    #导入 numpy 记作 np
2 A=np. matrix([[1,4],[- 1,2]])                         #使用 matrix 函数
3 B=np. matrix ([[2,0],[- 1,1]])                        #使用 matrix 函数
4 C=np. matrix ([[3,1],[0,- 1]])                        #使用 matrix 函数
5 print("rank(A)= ",np. linalg. matrix_rank(A))         #打印 A 的秩
6 print("rank(B)= ",np. linalg. matrix_rank(B))         #打印 B 的秩
7 inverseA=np. linalg. inv(A)                           #利用可逆矩阵求解
8 inverseB=np. linalg. inv(B)                           #利用可逆矩阵求解
9 X=np. dot(inverseA ,C,inverseB)                       #AXB=C 与 X=A⁻¹CB⁻¹等价
10 print("X = ",X)                                      #打印 X
```

代码 6.38 所生成的结果为：rank(A)＝　2,rank(B)＝　2，　X＝[[1.　1.][0.5 0.]]。

【例 6.36】 设 $A = \begin{pmatrix} 0 & 3 & 3 \\ 1 & 1 & 0 \\ -1 & 2 & 3 \end{pmatrix}$，$AB = A + 2B$，求 B。解：对矩阵方程 $AB = A + 2B$ 移项整理后为 $(A - 2E)B = A$。

在 Anaconda 内建的 Spyder 集成开发环境中输入代码 6.39。

代码 6.39　求解隐式矩阵方程

```
1 import numpy as np                                    #导入 numpy 记作 np
2 A=np. matrix([[0,3,3],[1,1,0],[- 1,2,3]])             #使用 matrix 函数
3 C=A- 2* np. eye(3)                                    #求矩阵方程的系数矩阵
4 print("rank(C) = ",np. linalg. matrix_rank(C))        #打印矩阵方程系数矩阵的秩
5 B= np. linalg. solve(C,A)                             #求矩阵 B
6 print("B =",B)                                        #打印 B
```

代码 6.39 所生成的结果为：rank(C) = 3,B = [[-0.　3.　3.][-1.　2.　3.][1. 1. -0.]]。

习题6-3

1. 求下列矩阵的秩。

$$(1) \begin{pmatrix} 1 & 2 & -1 \\ 3 & 4 & -2 \\ 5 & -4 & 1 \end{pmatrix}; \qquad (2) \begin{pmatrix} 3 & 2 & 0 & 5 & 0 \\ 3 & -2 & 3 & 6 & -1 \\ 2 & 0 & 1 & 5 & -3 \\ 1 & 6 & -4 & -1 & 4 \end{pmatrix}。$$

2. 已知矩阵 $A = \begin{pmatrix} 1 & -2 & 2 & -1 \\ 2 & -4 & 8 & 0 \\ -2 & 4 & -2 & 3 \\ 3 & -6 & 0 & -6 \end{pmatrix}$，$b = \begin{pmatrix} 1 \\ 2 \\ 3 \\ 4 \end{pmatrix}$，求矩阵 A 及矩阵 $B = (A, b)$ 的秩。

3. 已知矩阵 $A = \begin{pmatrix} 3 & 2 & 1 \\ 3 & 1 & 5 \\ 3 & 2 & 3 \end{pmatrix}$，$B = \begin{pmatrix} 1 & -1 & 1 \\ 3 & 5 & -1 \\ 5 & 3 & 1 \end{pmatrix}$，计算 $R(A), R(B), R(AB)$。

4. 求解下列线性方程组：

（1）$\begin{cases} x_1 + 2x_2 + x_3 = 7, \\ 2x_1 - x_2 + 3x_3 = 7, \\ 3x_1 + x_2 + 2x_3 = 18. \end{cases}$　　　（2）$\begin{cases} x_1 + 2x_2 + 4x_3 = 6, \\ x_1 + 3x_2 + 9x_3 = 6, \\ x_1 + 4x_2 + 16x_3 = 6. \end{cases}$

5. 设 $A = \begin{pmatrix} 3 & 0 & 0 \\ 0 & -1 & 0 \\ 1 & 0 & -1 \end{pmatrix}$，$B = \begin{pmatrix} 1 & -3 & 2 \\ 2 & 3 & 2 \end{pmatrix}$，求 X，使 $AX = B$。

6.4　Python 二次型

6.4.1　Python 矩阵的特征值和特征向量

设 A 是 n 阶方阵，如果数 λ 和 n 维非零列向量 x 使关系式 $Ax = \lambda x$ 成立，那么数 λ 称为矩阵的 A 特征值，非零向量 x 称为的对应于特征值 λ 的特征向量。Python 中，用 a,b = np.linalg.eig() 来求矩阵的特征值和特征向量。其中，a 是特征值，b 是特征向量。

【例 6.37】计算矩阵 $A = \begin{pmatrix} 4 & 1 \\ 1 & 4 \end{pmatrix}$ 的特征值和特征向量。在 Anaconda 内建的 Spyder 集成开发环境中输入代码 6.40。

代码 6.40　求解特征值和特征向量

```
1 import numpy as np                    #导入 numpy 记作 np
2 A = np.array([[4,1],[1,4]])           #使用 array 函数
3 print("A =",A)                        #打印 A
4 a,b = np.linalg.eig(A)                #特征值保存在 a 中,特征向量保存在 b 中
5 print("a=",a)                         #打印特征值 a
6 print("b=",b)                         #打印特征向量 b
```

运行代码 6.40 得到所要的结果。

【例 6.38】 已知矩阵 $A = \begin{pmatrix} 1 & 1 & 1 \\ 1 & 2 & 4 \\ 1 & 3 & 9 \end{pmatrix}$，验证 A 和 A^T 的特征值相同。在 Spyder 集成开发环境中输入代码 6.41。

代码 6.41 求解矩阵转置的特征值和特征向量

```
1 import numpy as np                      #导入 numpy 记作 np
2 A = np. matrix([[1,1,1],[1,2,4],[1,3,9]])  #使用 matrix 函数
3 print("A =",A)                          #打印 A
4 a,b = np. linalg. eig(A)                 #A 的特征值保存在 a 中,特征向量保存在 b 中
5 print('A 的特征值:',a)                   #打印 A 的特征值 a
6 c,d = np. linalg. eig(A. T)              #求 A^T 的特征值和特征向量
7 print('A 的转置的特征值:',c)             #打印 A^T 的特征值 c
```

运行代码 6.41 得到所要的结果。

【例 6.39】 已知矩阵 $A = \begin{pmatrix} 1 & 0 & 0 & 0 \\ 1 & 2 & 0 & 0 \\ 2 & 1 & 3 & 0 \\ 1 & 2 & 1 & 4 \end{pmatrix}$，求 A 和 A^{-1} 的特征值和特征向量。在 Spyder 中输入代码 6.42。

代码 6.42 求解矩阵平方的特征值和特征向量

```
1 import numpy as np                           #导入 numpy 记作 np
2 A = np. matrix([[1,0,0,0],[1,2,0,0],[2,1,3,0],[1,2,1,4]])  #使用 matrix 函数
3 print("A =",A)                               #打印 A
4 a,b = np. linalg. eig(A)                      #特征值保存在 a 中,特征向量保存在 b 中
5 print('A 的特征值:',a)                        #打印 A 特征值 a
6 print('A 的特征向量:',b)                      #打印 A 特征向量 b
7 c,d = np. linalg. eig(np. linalg. inv(A))     #A^{-1}特的征值保存在 c 中,特征向量保存在 d 中
8 print('A 逆矩阵的特征值:',c)                   #打印 A^{-1}的特征值 c
9 print('A 逆矩阵的特征向量:',d)                 #打印 A^{-1}的特征向量 d
```

运行代码 6.42 得到所要的结果。

6.4.2 Python 二次型

1. 二次型及其矩阵表示

含有 n 个变量的二次齐次函数 $f(x_1, x_2, \cdots, x_n) = a_{11}x_1^2 + a_{22}x_2^2 + \cdots + a_{nn}x_n^2 + 2a_{12}x_1x_2 + 2a_{13}x_1x_3 + \cdots + 2a_{n-1,n}x_{n-1}x_n$ 称为 n 元二次型，简记为 $f(x_1, x_2, \cdots, x_n) = \sum_{i,j=1}^{n} a_{ij}x_ix_j (a_{ij} = a_{ji})$。令 $x = (x_1, x_2, \cdots, x_n)^T$，$A = (a_{ij})$，则二次型可用矩阵乘法表示为 $f(x) = x^T A x$，其中 A 是对称矩阵，

即 $\boldsymbol{A}^{\mathrm{T}} = \boldsymbol{A}$。$\boldsymbol{A}$ 称为二次型 f 的矩阵，f 称为对称矩阵 $\boldsymbol{A}$ 的二次型，$\boldsymbol{A}$ 的秩称为二次型 f 的秩。

2. 二次型及其矩阵的正定性

设有二次型 $f(\boldsymbol{x}) = \boldsymbol{x}^{\mathrm{T}} \boldsymbol{A} \boldsymbol{x}$，如果对任何 $\boldsymbol{x} \neq \boldsymbol{0}$，都有 $f(\boldsymbol{x}) > 0$（显然 $f(\boldsymbol{0}) = 0$），则称 f 为正定二次型，并称对称阵 $\boldsymbol{A}$ 是正定的；如果对任何 $\boldsymbol{x} \neq \boldsymbol{0}$，都有 $f(\boldsymbol{x}) < 0$，则称 f 为负定二次型，并称对称阵 $\boldsymbol{A}$ 是负定的。

3. 正定二次型（或正定矩阵 A）的判定

以下说法等价：

（1）设 n 元二次型 $f(\boldsymbol{x}) = \boldsymbol{x}^{\mathrm{T}} \boldsymbol{A} \boldsymbol{x}$ 为正定二次型（对称矩阵 $\boldsymbol{A}$ 为正定矩阵）。

（2）$f(\boldsymbol{x}) = \boldsymbol{x}^{\mathrm{T}} \boldsymbol{A} \boldsymbol{x}$ 的标准形的 n 个系数全为正，即它的规范形的 n 个系数全为 1，亦即它的正惯性指数等于 n。

（3）$\boldsymbol{A}$ 的特征值全为正。

（4）$\boldsymbol{A}$ 的各阶主子式都为正，即 $a_{11} > 0$，$\begin{vmatrix} a_{11} & a_{12} \\ a_{21} & a_{22} \end{vmatrix} > 0$，$\cdots$，$\begin{vmatrix} a_{11} & \cdots & a_{1n} \\ \vdots & & \vdots \\ a_{n1} & \cdots & a_{nn} \end{vmatrix} > 0$。

4. 负定二次型（对称矩阵 A 负定）的判定（充要条件）

① $-f(\boldsymbol{x}) = \boldsymbol{x}^{\mathrm{T}} (-\boldsymbol{A}) \boldsymbol{x}$ 是正定的。

② $\boldsymbol{A}$ 的奇数阶主子式为负，而偶数阶主子式为正，即 $(-1)^r \begin{vmatrix} a_{11} & \cdots & a_{1r} \\ \vdots & & \vdots \\ a_{r1} & \cdots & a_{rr} \end{vmatrix} > 0$（$r = 1$，$2, \cdots, n$）

【例 6.40】 判定矩阵 $\boldsymbol{A} = \begin{pmatrix} 2 & 0 & 1 \\ 0 & 3 & 0 \\ 1 & 0 & 1 \end{pmatrix}$ 的正定性。在 Anaconda 内建的 Spyder 集成开发环境中输入代码 6.43。

代码 6.43　矩阵正定性的判定

```
1 import numpy as np                              #导入 numpy 记作 np
2 A=np. matrix([[2,0,1],[0,3,0],[1,0,1]])        #使用 matrix 函数
3 print("A=",A)                                   #打印 A
4 a,b = np. linalg. eig(A)                        #特征值保存在 a 中,特征向量保存在 b 中
5 print('A 的特征值:',a)                           #打印特征值 a
6 print("二次型为正定的")                          #特征值为正,打印判定结果
```

运行代码 6.43 得到所要的结果。

【例 6.41】 判定二次型 $f = -2x_1^2 - 6x_2^2 - 4x_3^2 + 2x_1 x_2 + 2x_1 x_3$ 的正定性。

解：f 的矩阵为 $\boldsymbol{A} = \begin{pmatrix} -2 & 1 & 1 \\ 1 & -6 & 0 \\ 1 & 0 & -4 \end{pmatrix}$，在 Anaconda 内建的 Spyder 集成开发环境中输入代码 6.44。

代码 6.44   二次型正定性的判定

```
1 import numpy as np                              #导入 numpy 记作 np
2 A=np. matrix([[-2,1,1],[1,-6,0],[1,0,-4]])     #使用 matrix 函数
3 print("A=",A)                                   #输出 A
4 a,b = np. linalg. eig(A)                        #特征值保存在 a 中,特征向量保存在 b 中
5 print('A 的特征值:',a)                          #打印特征值 a
6 M11=A[0,0]                                       #计算 1 阶主子式
7 print('1 阶主子式:',M11)                        #打印 1 阶主子式
8 M22=np. linalg. det(A[0:2,0:2])                 #计算 2 阶主子式
9 print('2 阶主子式:',M22)                        #打印 2 阶主子式
10 M33=np. linalg. det(A)                         #计算 3 阶主子式
11 print('3 阶主子式:',M33)                       #打印 3 阶主子式
12 print("二次型为负定的")                        #奇数阶主子式为负,偶数阶主子式为正,二次型为负定
```

运行代码 6.44 得到所要的结果。

习题6-4

1. 求下列矩阵的特征值和特征向量。

$$(1)\begin{pmatrix} -2 & 2 & 2 \\ 3 & 0 & 3 \\ 1 & 2 & -1 \end{pmatrix};\qquad (2)\begin{pmatrix} 6 & 0 & 2 \\ 0 & -2 & 0 \\ 2 & 0 & 6 \end{pmatrix};\qquad (3)\begin{pmatrix} 0 & 1 & 1 & -1 \\ 1 & 0 & -1 & 1 \\ 1 & -1 & 0 & 1 \\ -1 & 1 & 1 & 0 \end{pmatrix}。$$

2. 已知矩阵 $A=\begin{pmatrix} 2 & 0 & 0 \\ 0 & 2 & 3 \\ 0 & 3 & 2 \end{pmatrix}$,求 A 和 A^2 的特征值和特征向量。

3. 已知 $A=\begin{pmatrix} 2 & 0 & 0 \\ 0 & 4 & 0 \\ 0 & 0 & 3 \end{pmatrix}$,求 A、A^* 的特征值和特征向量。

4. 已知 $A=\begin{pmatrix} -1 & 1 & 0 \\ -4 & 3 & 0 \\ 1 & 0 & 2 \end{pmatrix}$,$B=\begin{pmatrix} -2 & 1 & 1 \\ 0 & 2 & 0 \\ -4 & 1 & 3 \end{pmatrix}$。证明:$AB$ 的非零特征值是 BA 的特征值。

📖 本章小结

本章分 4 节介绍了 Python 在线性代数中的应用。第 1 节介绍了 Python 矩阵及其运算,具体包含矩阵的创建、矩阵的加减法、矩阵的数乘、矩阵的乘法、矩阵的转置、方阵的迹、矩阵的距离。第 2 节介绍了 Python 行列式,具体包含行列式的计算、克拉默法则求解线性

方程组、矩阵的逆矩阵、矩阵的伴随矩阵。第 3 节介绍了 Python 求解矩阵方程，具体包括矩阵的秩、Python 矩阵方程。第 4 节介绍了 Python 二次型，具体包含矩阵特征值和特征向量的求法、二次型正定性的判定。

总习题 6

1. 设矩阵 $A = \begin{pmatrix} 1 & -1 & 2 \\ 0 & 1 & -3 \\ 1 & 2 & 1 \end{pmatrix}$，$B = \begin{pmatrix} 2 & 5 & 4 \\ 4 & -2 & 2 \\ 1 & 4 & 1 \end{pmatrix}$，计算 $4A^2 - B^2$。

2. 设矩阵 $A = \begin{pmatrix} 2 & 0 & 1 \\ 1 & 3 & 2 \\ 0 & -1 & 1 \end{pmatrix}$，$B = \begin{pmatrix} 3 & 1 \\ 2 & 2 \\ 1 & -1 \end{pmatrix}$，$C = \begin{pmatrix} 1 & 1 & 1 \\ 0 & 2 & 2 \end{pmatrix}$，求 $(ABC)^{\mathrm{T}}$。

3. 用克拉默法则解下列方程组：

(1) $\begin{cases} x_1 - x_2 + x_3 = 1, \\ x_2 + 3x_3 = 0, \\ 2x_1 + 7x_3 = 4; \end{cases}$ (2) $\begin{cases} 5x_1 + 6x_2 = 1, \\ x_1 + 5x_2 + 6x_3 = 0, \\ x_2 + 5x_3 + 6x_4 = 0, \\ x_3 + 5x_4 + 6x_5 = 0, \\ x_4 + 5x_5 = 1. \end{cases}$

4. 判断齐次线性方程组 $\begin{cases} -x_1 - 2x_2 + 4x_3 = 0, \\ 2x_1 + x_2 + x_3 = 0, \\ x_1 + x_2 - x_3 = 0 \end{cases}$ 解的情况。

5. 设矩阵 $A = \begin{pmatrix} 1 & -1 \\ 2 & 3 \end{pmatrix}$，$B = A^2 - 3A + 2E$，$E$ 为 2 阶单位矩阵，求 B^{-1}。

6. 已知矩阵 $A = \begin{pmatrix} 1 & 0 & 0 & 0 \\ -2 & 3 & 0 & 0 \\ 0 & -4 & 5 & 0 \\ 0 & 0 & -6 & 7 \end{pmatrix}$，$E$ 为 4 阶单位矩阵，求矩阵 $B = (E+A)^{-1}(E-A)$。

第6章答案

第 7 章　Python 概率统计

【本章概要】

- 随机变量的概率计算和数字特征
- 描述性统计和统计图
- 参数估计和假设检验

7.1　随机变量的概率计算和数字特征

Python 的编译功能强大，可以实现随机变量的概率计算及随机变量数字特征的计算。常用第三方 SciPy 库、NumPy 库来实现概率论和数理统计的计算。

7.1.1　随机变量的概率计算及常见概率分布

【例 7.1】掷硬币 100 次，求出现正面次数为 40 次的概率。在 Spyder 集成开发环境中输入代码 7.1。

代码 7.1　二项分布随机变量等于某个数的概率计算程序

```
1 import math                                              #调用 math
2 from scipy import stats
2 def binomial_sistribution(p,n,x):                        #创建函数
3     c=math. factorial(n)/math. factorial(n- x)/math. factorial(x) #计算组合数 c
4     return c*(p**x)*((1- p)**(n- x))                     #计算二项分布概率
5 print( binomial_sistribution( 0. 5,100,40) )            #打印概率值
```

代码 7.1 运行的结果为：0. 010843866711637989。

【例7.2】 抛掷硬币 100 次，求出现正面次数不小于 10 次的概率。在 Spyder 集成开发环境中输入代码 7.2。

代码 7.2　二项分布随机变量大于某数的概率计算程序

```
1 import math                                        #调用 math
2 def binomial_distribution_morethan(p,n,x):         #创建二项分布
3     count=0                                         #定义变量初始值
4     for i in range(x,n,1):                          #for 循环让 i 在 range(x,n,1)中遍历取值
5         c=math. factorial(n)/math. factorial(n-i)/math. factorial(i)    #计算组合数 c
6         count+=c*(p**i)*((1-p)**(n-i))              #计算概率并求和
7     return count                                    #返回值
8 print(binomial_distribution_morethan(0.5,100,10))  #打印
```

运行代码 7.2 得到所要的结果。

【例7.3】 设随机变量 X 服从参数为 $\lambda=2$ 的泊松分布，求 $P\{X=4\}$ 及 $P\{X<6\}$。

代码 7.3　泊松分布随机变量大于某数的概率计算程序

```
1 import math                                         #调用 math
2 def possion_distribution(p,n):                      #创建泊松分布函数
3 pdf=p**n*math. exp(-p)/math. factorial(n)           #定义函数
4 return count                                        #返回值
8 print(possion_distribution(2,4))                    #打印
9 def possion_distribution(p,x):                      #定义函数
10    count1=0                                         #定义变量初始值
11    for i in range(0,6,1):                           #for 循环让 i 在 range(0,6,1)中遍历取值
12        pdf=p**x*math. exp(-p)/math. factorial(x)    #计算概率 pdf
13        count1+=pdf                                  #概率求和
14    return count1                                    #返回值
15 print(possion_distribution(2,6))                    #打印
```

代码 7.3 运行的结果为 0.0902235221577418，0.07217881772619344。

【例7.4】 设随机变量 X 的概率密度函数为 $f(x)=\begin{cases}2(1-x),0<x<1\\0,\qquad\qquad\text{其他}\end{cases}$，求概率 $P\left(\dfrac{1}{8}<X<1\right)$。

在 Anaconda 内建的 Spyder 集成开发环境中输入代码 7.4。

代码 7.4　一维连续型随机变量的概率计算程序

```
1 from sympy import*           #导入计算积分的模块包
2 x=symbols('x')               #定义一个符号变量
3 f=2*(1-x)                    #定义一个函数
4 print(integrate(f,(x,1/8,1)))  #计算概率值并打印
```

代码 7.4 运行的结果为 0.765625。

【**例7.5**】 设连续型随机变量 X 的概率密度函数为 $f(x)=\begin{cases}x, & 0\leqslant x<1 \\ 2-x, & 1\leqslant x<2 \\ 0, & \text{其他}\end{cases}$，求（1）$P(-1<$

$X<1.5)$；（2）$P\left(X\geqslant\dfrac{\pi}{4}\right)$。

因 $P(-1<X<1)=\displaystyle\int_{-1}^{0}0\mathrm{d}x+\int_{0}^{1}x\mathrm{d}x+\int_{1}^{1.5}(2-x)\mathrm{d}x$，$P\left(X\geqslant\dfrac{\pi}{4}\right)=\displaystyle\int_{\frac{\pi}{4}}^{2}(2-x)\mathrm{d}x$，在 Spyder 集成开发环境中输入代码7.5。

代码7.5 一维连续型随机变量的概率计算程序

```
1 import sympy as sp                                  #导入 sympy 记作 sp
2 x=sp. symbols('x')                                  #定义变量
3 f1=x                                                #输入函数 f1
4 f2=2- x                                             #输入函数 f2
5 p1=sp. integrate(f1,(x,0,1))+sp. integrate(f2,(x,1,1.5))  #定积分,输入:函数,(自变量,下限,上限)
6 print('P(-1<X<1)计算结果为:%s' % p1)              #打印'P(-1<X<1)计算结果为:%s'
7 p2=sp. integrate(f2,(x,sp. pi/4,2))                 #用 p2 表示定积分,输入:函数,(自变量,下限,上限)
8 print('P(X>=π/4)计算结果为:%s' % p2)             #打印'P(X>=π/4)计算结果为:%s'
```

运行代码7.5得到所要的结果。

【**例7.6**】 已知 $X\sim N(2,4)$，求 $P(1<X<2)$，$P(-1<X<1)$。在 Spyder 集成开发环境中输入代码7.6。

代码7.6 正态分布的随机变量的概率计算程序

```
1 import sympy as sp                                  #导入 sympy 记作 sp
2 x=sp. symbols('x')                                  #定义变量 x
3 mu=2                                                #输入参数 mu 的值
4 sigma=2                                             #输入参数 sigma 的值
5 f=(1/(sp. sqrt(2*sp. pi)*sigma))*sp. exp((-(x-mu)**2)/2*sigma**2)   #输入函数
6 p1=sp. integrate(f,(x,1,2))                         #计算概率
7 p2=sp. integrate(f,(x,-1,1))                        #计算概率
8 print('P(1<X<2)计算结果为:%s' % float(p1))        #打印
9 print('P(-1<X<1)计算结果为:%s' % float(p2))       #打印
```

运行代码7.6得到所要的结果。

【**例7.7**】 设二维随机变量 (X,Y) 的分布律为

Y ＼ X	0	1	2
0	0.1	0.3	0.1
1	0.3	0.1	0.1

求 $P(X\leqslant1,Y\leqslant1)$。在 Anaconda 内建的 Spyder 集成开发环境中输入代码7.7。

代码 7.7　二维离散型随机变量的概率计算程序

```
1 import numpy as np              #导入 numpy 记作 np
2 x = [0,1,2]                     #随机变量 X 的取值
3 y = [0,1,2]                     #随机变量 Y 的取值
4 A = np. array([[0. 1,0. 3],[0. 3,0. 1],[0. 1,0. 1]])  #随机变量 X、Y 的分布律
5 p = 0                          #变量 p 的初始值
6 m = -1                         #变量 m 的初始值
7 n = -1                         #变量 n 的初始值
8 for i in x:                    #for 循环让 i 在 x 中遍历取值
9       m += 1                    #设置序号递进
10      for j in y:              #for 循环让 j 在 y 中遍历取值
11          if i <= 1 and j <= 1:  # if 语句判断
12              n += 1            #设置序号递进
13              p = p+A[m,n]      #计算概率
14          else:                #判断
15              p = p+0.          #计算概率
16              n = -1           #重新赋值 n
17 print(' 概率 P(X<=1,Y<=1)= ',p)   #打印' 概率 P(X<=1,Y<=1)= '
```

运行代码 7.7 得到所要的结果。

【例 7.8】 设二维随机变量 (X,Y) 的概率密度为 $f(x,y)=\begin{cases} \dfrac{1}{8}(6-x-y), & 0<x<2,2<y<4, \\ 0, & \text{其他} \end{cases}$，求

概率（1）$P(0<X\leqslant1,0<Y\leqslant1)$；求（2）$P(Y\leqslant X)$。（1）在 Spyder 集成开发环境中输入代码 7.8-1。

代码 7.8-1　二维连续型随机变量的某事件概率计算程序

```
1 import sympy as sp                    #引入需要的包
2 x,y = sp. symbols(' x y' )            #定义变量
3 f = 1/8*(6- x- y)                     #创建函数表达式
4 I = sp. integrate(f,(y,0,1),(x,0,1))  #第二重积分的区间参数要以函数的形式传入
5 print(' 概率 P(0<X<=1,0<Y<=1)= % s' % I) #打印
```

代码 7.8-1 运行的结果为　概率 $P(0<X<=1,0<Y<=1)= 0.625000000000000$。

（2）在 Anaconda 内建的 Spyder 集成开发环境中输入代码 7.8-2。

代码 7.8-2　二维连续型随机变量的某事件概率计算程序

```
1 import sympy as sp                    #导入 sympy 记作 sp
2 x,y = sp. symbols(' x y' )            #定义变量
3 f = 1/8*(6- x- y)                     #创建函数表达式
4 I = sp. integrate(f,(y,2,4- x),(x,0,2))  #计算积分
5 print(' 概率 P(Y<=X)= % s' % I)        #打印
```

代码 7.8-2 运行的结果为：概率 $P(Y<=X)= 0.666666666666667$。

【例 7.9】 设二维随机变量 (X,Y) 的概率密度为 $f(x,y)=\begin{cases}12e^{-3x-4y}, & x>0, y>0 \\ 0, & \text{其他}\end{cases}$，求（1）$P\{X<1, Y<2\}$；（2）$P\{X+Y\leqslant 4\}$。

（1）因 $P\{X<1, Y<2\}=\int_0^1 dx \int_0^2 12e^{-3x}e^{-4y}dy$，在 Anaconda 内建的 Spyder 集成开发环境中输入代码 7.9-1。

代码 7.9-1　二维连续型随机变量的概率 $P\{X<1, Y<1\}$ 计算

```
1 import scipy. integrate            #引入需要的包
2 from sympy import*                 #引入需要的包
3 x=symbols('x')                     #定义变量 x
4. y=symbols('y')                    #定义变量 y
5 f=lambda x,y:12*exp(-3*x)*exp(-4*y)  # 创建概率密度表达式
6 p,err=scipy. integrate. dblquad(f,0,2,lambda g:0,lambda h:1) # 计算二重积分:(p:积分值,err:误差)这里
注意积分区间的顺序,第二重积分的区间参数要以函数的形式传入
7 print(' 概率 P(X<1,Y<2)为:%s' % p)   #打印
```

代码 7.9-1 运行的结果为概率 $P(X<1, Y<2)$ 为:0.9498941707050237 。

（2）因 $P\{X+Y\leqslant 4\}=\int_0^4 dx \int_0^{4-x} 12e^{-3x}e^{-4y}dy$。在 Anaconda 内建的 Spyder 集成开发环境中输入代码 7.9-2。

代码 7.9-2　二维连续型随机变量的概率 $P(x+y<=4)$ 的计算程序

```
1 import sympy as sp                 #导入 sympy 记作 sp
2 from sympy import*                 #导入必要的库
3 x,y = sp. symbols('x y')           #定义变量 x,y
3 f = 12*exp(-3*x)*exp(-4*y)         #建立函数表达式
4 I=sp. integrate(f,(y,0,4-x),(x,0,4))  #计算二重积分
5 print(' 概率 P(X+Y<=4)为:%s' % I)     #打印
```

代码 7.9-2 运行的结果为概率 $P(X+Y<=4)$ 为:0.9498941707050237 。

一维随机变量的常见分布有（0-1）分布、二项分布、泊松分布、均匀分布、指数分布、正态分布，Python 可实现其分布图形。

1. （0-1）分布

设随机变量 X 只可能取 0 与 1 两个值，它的分布律是 $P(X=k)=p^k(1-p)^{n-k}, k=0,1(0<p<1)$ 则称 X 服从以 p 为参数的（0-1）分布或两点分布。

【例 7.10】 抛硬币一次，0 代表失败即反面朝上；1 代表成功即正面朝上，求正面朝上的次数 X 及概率并绘制分布图。在 Anaconda 内建的 Spyder 集成开发环境中输入代码 7.10。

代码 7.10　0-1 分布图形的程序

```
1 import numpy as np                 #导入 numpy 记作 np
2 from scipy import stats            #导入统计计算包的统计模块
3 import matplotlib. pyplot as plt   #导入 matplotlib. pyplot 库
```

```
4 plt. rcParams[' font. family' ] = ' SimHei'        #设置字体显示黑体
5 plt. rcParams[' font. size' ] = 10                 #设置中文字体显示字号大小
6 X = np. arange(0,2,1)                              #构造一个列表 X
7 p = 0. 5                                           #硬币朝上的概率
8 pList = stats. bernoulli. pmf(X,p)                 #求对应分布的概率:概率质量函数(PMF)
9 plt. plot(X,pList,linestyle=' None' ,marker=' o' ) #不需要将两点相连
10 plt. vlines(X,0,pList)                            #绘制竖线,参数说明 plt. vlines(x 坐标值,y 坐标最小值,
y 坐标最大值)
11 plt. xlabel(' 随机变量:抛 1 次硬币结果为反面记为 0,为正面记为 1' )   #x 轴标签
12 plt. ylabel(' 概率值' )                           #y 轴标签
13 plt. title(' 0-1 分布:p=% 0. 2f' % p)             #标题
14 plt. show( )                                      #显示绘制图形
```

运行代码 7. 10 得到所要的结果。

2. 二项分布

二项分布随机变量是指每次试验只会有两种可能结果的试验，每次试验我们定义为事件 A 和事件 A 的对立事件。事件 A 在每次试验中发生的概率相同，此时，在 n 次重复试验中，事件 A 发生的次数 X 服从二项分布，次数 X 等于 k 的概率如下：$P(X=k)=C_n^k p^k (1-p)^{n-k}, k=0,1,\cdots,n$。记作 $X \sim b(n,p)$，其中 n 表示试验次数，p 表示事件发生的概率，k 表示 n 次试验中表示事件发生的次数。

【例 7.11】 抛掷硬币 5 次，求正面朝上的次数 X 及概率并绘制分布图。在 Spyder 集成开发环境中输入代码 7. 11。

代码 7. 11　二项分布图形绘制程序

```
1 import numpy as np                                 #导入 numpy 记作 np
2 from scipy import stats                            #导入统计计算包的统计模块
3 import matplotlib. pyplot as plt                   #导入 matplotlib. pyplot 记作 plt
4 plt. rcParams[' font. family' ] = ' SimHei'        #设置中文字体显示为黑体
5 plt. rcParams[' font. size' ] = 10                 #设置中文字体显示字号大小
6 n = 5                                              #做某件事的次数
7 p = 0. 5                                           #某件事发生的概率
8 X = np. arange(1,n+1,1)                            #arange 用于生成一个等差数组
9 pList = stats. binom. pmf(X,n,p)                   #参数 pmf(k 次成功,共 n 次试验,单次试验成功概率为 p)
10 plt. plot(X,pList,linestyle=' None' ,marker=' o' ) #绘图
11 plt. vlines(X,0,pList)                            #画垂线
12 plt. xlabel(' 随机变量:抛 5 次硬币,正面朝上的次数' )   #x 轴标签
13 plt. ylabel(' 概率值' )                           #y 轴标签
14 plt. title(' 二项分布:n=% i,p=% 0. 2f' % (n,p))    #标题
15 plt. show( )                                      #显示绘制图形
```

运行代码 7. 11 得到所要的结果。

3. 泊松分布

服从泊松分布的随机变量的分布律为 $P(X=k)=\dfrac{\lambda^{k}e^{-\lambda}}{k!}$,$(k=0,1,2,\cdots)$,$\lambda>0$。

【例7.12】已知某路口平均每天发生事故两次,求该路口一天内发生 k 起事故的概率分布图。在 Anaconda 内建的 Spyder 集成开发环境中输入代码7.12。

代码7.12　泊松分布图形绘制程序

```
1 import numpy as np                                      #导入 numpy 记作 np
2 from scipy import stats                                 #导入 stats
3 import matplotlib. pyplot as plt                        #导入 matplotlib. pyplot 记作 plt
4 plt. rcParams[' font. family' ] = ' SimHei'            #设置中文字体显示为黑体
5 plt. rcParams[' font. size' ] = 10                      #设置中文字体显示字号大小
6 mu = 2                                                   #平均值:每天平均发生 2 起事故
7 k = 10                                                   #该路口发生 10 起事故的概率
8 X = np. arange(0,k+1,1)                                  #arange 生成一个等差数组
9 pList = stats. poisson. pmf(X,mu)                        #求对应分布的概率
10 plt. plot(X,pList,linestyle = ' None' ,marker = ' o' )  #绘图
11 plt. vlines(X,0,pList)      #绘制竖直线 vline(x 坐标值,y 坐标最小值,y 坐标值最大值)
12 plt. xlabel(' 随机变量:该路口发生事故的次数' )  #x 轴标签
13 plt. ylabel(' 概率值' )                                  #y 轴标签
14 plt. title(' 泊松分布:平均值 mu = % i' % mu)            #标题
15 plt. show( )                                            #显示绘制图形
```

运行代码7.12得到所要的结果。

4. 均匀分布

连续型随机变量的概率密度函数为 $f(x)=\begin{cases}\dfrac{1}{b-a},a<x<b\\[2mm]0,\quad 其他\end{cases}$,称为均匀分布。

【例7.13】绘制均匀分布概率密度图形。在 Anaconda 内建的 Spyder 集成开发环境中输入代码7.13。

代码7.13　均匀分布的概率密度函数作图的程序

```
1 from scipy import stats as st                           #导入 stats 记作 st
2 import numpy as np                                       #导入 numpy 记作 np
3 import matplotlib. pyplot as plt                         #导入 matplotlib. pyplot 记作 plt
4 plt. rcParams[' font. family' ] = ' SimHei'             #设置中文字体显示为黑体
5 plt. plot(np. linspace( - 3,3,100),st. uniform. pdf( np. linspace( - 3,3,100)))   #画均匀分布概率密度图形
6 plt. fill_between( np. linspace( - 3,3,100),st. uniform. pdf( np. linspace( - 3,3,100)),alpha = 0. 15)
                                                           #设置填充格式
7 plt. text( x = - 1. 5,y = 0. 7,s = "pdf( uniform)",rotation = 65,alpha = 0. 75,weight = "bold",color = "g")  #绘制图例文字
8 plt. show( )                                            #显示绘制图形
```

运行代码7.13得到所要的结果。

5. 指数分布

连续型随机变量的概率密度函数为 $f(x) = \begin{cases} \lambda e^{-\lambda x}, & \lambda > 0 \\ 0, & \text{其他} \end{cases}$，称为指数分布。

【例 7.14】 绘制参数 $\lambda = 0.2$ 的指数分布的概率密度图形。在 Spyder 集成开发环境中输入代码 7.14。

代码 7.14　指数分布概率密度函数作图的程序

```
1 import matplotlib. pyplot as plt        #导入 matplotlib. pyplot 记作 plt
2 import numpy as np                      #导入 numpy 记作 np
3 plt. rcParams[' font. family' ] =' SimHei'   #设置中文字体显示为黑体
4 lambd = 0. 2                            #λ = 0. 2
5 x = np. arange( 1,10,0. 1)              #arange 生成一个等差数组
6 y =lambd * np. exp( - lambd *x)         #建立概率密度表达式
7 plt. plot( x,y)                          #绘图
8 plt. title(' 指数分布: $ lambda $ =%. 2f' % (lambd)) #标题
9 plt. xlabel(' x' )                       #x 轴标签
10 plt. ylabel(' 概率密度函数' ,fontsize =15 )   #y 轴标签
11 plt. show( )                            #显示图形
```

运行代码 7.14 得到所要的结果。

6. 正态分布

服从正态分布的随机变量的概率密度为 $f(x) = \dfrac{1}{\sqrt{2\pi}\sigma} e^{-\frac{(x-\mu)^2}{2\sigma^2}}$，$(-\infty < x < +\infty)$，标准正态分布，即上式中 $\mu = 0$，$\sigma = 1$。

【例 7.15】 绘制正态分布概率密度图形。在 Anaconda 内建的 Spyder 集成开发环境中输入代码 7.15。

代码 7.15　正态分布的概率密度函数作图的程序

```
1 import numpy as np                      #导入 numpy 记作 np
2 from scipy import stats                 #导入 stats
3 import matplotlib. pyplot as plt         #导入 matplotlib. pyplot 记作 plt
4 plt. rcParams[' font. family' ] =' SimHei'  #设置中文字体显示为黑体
5 mu =0                                   #平均值
6 sigma =1                                #标准差
7 X =np. arange( - 5,5,0. 1)               #arange 生成一个等差数组
8 pList =stats. norm. pdf(X,mu,sigma) #求概率,参数含义为:pdf(发生 X 次事件,均值为 mu,方差为 sigma)
9 plt. plot( X,pList,linestyle =' - ' )      #绘图
10 plt. xlabel(' 随机变量:x' )               #x 轴标签
11 plt. ylabel(' 概率值:y' )                 #y 轴标签
12 plt. title(' 正态分布: $ \mu $ =%0. 1f, $ \sigma^2 $ =%0. 1f' % (mu,sigma))    #标题
13 plt. show( )                            #显示图形
```

运行代码 7.15 得到所要的结果。

【例 7.16】绘制二维正态分布概率密度函数图形。在 Anaconda 内建的 Spyder 集成开发环境中输入代码 7.16。

代码 7.16　二维正态分布的概率密度函数作图的程序

```
1 import numpy as np                                           #导入 numpy 记作 np
2 import matplotlib. pyplot as plt                             #导入 matplotlib. pyplot 记作 plt
3 from mpl_toolkits. mplot3d import Axes3D                     #导入 Axes3D 绘图库
4 plt. rcParams[' font. family' ]=' SimHei'                    #设置中文字体显示为黑体
5 d = np. random. randn( 10000000,2)                          #由 random 函数生成符合正态分布的随机数
6 N = 30                                                       #给变量 N 赋初始值 30
7 density,edges = np. histogramdd( d,bins=[30,30])
8 print("样本总数: ",np. sum( density) )                       #打印样本总数
9 density = density/density. max( )                            #定义变量
10 x = y = np. arange( N)                                      #生成随机数
11 t = np. meshgrid( x,y)
12 fig = plt. figure( )                                        #绘制画布
13 ax = Axes3D( fig)                                           #绘制三维坐标
14 ax. scatter( t[0],t[1],density,c=' r' ,s=15*density,marker=' o' ,depthshade=True)    #绘制散点
15 ax. plot_surface( t[0],t[1],density,cmap=' rainbow' ,rstride=1,cstride=1,alpha=0. 9,lw=1)   #绘制表面
16 ax. set_xlabel("x 轴")                                      #x 轴标签
17 ax. set_ylabel("y 轴")                                      #y 轴标签
18 ax. set_zlabel("z 轴")                                      #z 轴标签
19 plt. title("二元高斯分布")                                    #标题
20 plt. tight_layout( 0. 1)
21 plt. show( )                                                #显示图形
```

运行代码 7.16 得到所要的结果。

7.1.2　随机变量数字特征简介

随机变量的数字特征是由随机变量的分布确定的，能描述随机变量在某一个方面的特征的常数。常见的数字特征有：数学期望、方差、协方差、相关系数、矩、协方差矩阵等。最重要的数字特征是数学期望和方差。数学期望 $E(X)$ 又称均值，描述随机变量 X 取值的平均值大小，常用来比较两个或多个量的优劣、大小、长短等，其定义式为 $E(X)=\sum_{i=1}^{\infty} x_i p_i$ 或 $E(X)=\int_{-\infty}^{\infty} xf(x)\mathrm{d}x$。方差 $D(X)$（也记作 $\mathrm{var}(X)$）是描述随机变量 X 与它自己的数学期望 $E(X)$ 的偏离程度，其值的大小可以衡量随机变量取值的稳定性。其定义式为 $D(X)=E\{[X-E(X)]^2\}$，简化为 $D(X)=E(X)-(E(X))^2$，称 $\sqrt{D(X)}$ 为 X 的标准差，它们在理论和实际上都具有重要意义。协方差 $\mathrm{cov}(X,Y)$ 研究两个随机变量 X，Y 之间的联系，其定义式为 $\mathrm{cov}(X,Y)=E[(X-E(X))(Y-E(Y))]$，简化为 $\mathrm{cov}(X,Y)=E(XY)-E(X)E(Y)$。当方差 $D(X)$、$D(Y)$ 不变时，协方差 $\mathrm{cov}(X,Y)$ 的绝对值越大，X 和 Y 的联系越密切；而当 $\mathrm{cov}(X,Y)$ 不变时，$D(X)$、$D(Y)$ 变大，二者的联系会减弱。进而定义相关系数 $\rho_{XY}=\dfrac{\mathrm{cov}(X,Y)}{\sqrt{D(X)}\sqrt{D(Y)}}$ 以消除

方差的影响。由于$-1 \leqslant \rho_{XY} \leqslant 1$，$\rho_{XY}$绝对值越大，相关性越高，相关系数是研究变量之间的线性相关程度的量，$\rho_{XY} = 0$反映X，Y的线性关系极不密切，称为不相关。若二维随机变量(X_1, X_2)的四个二阶中心矩都存在，分别记为$c_{11} = E\{[X_1 - E(X_1)]^2\}$，$c_{12} = E([(X_1 - E(X_1)][X_2 - E(X_2)]\}$，$c_{21} = E\{[X_2 - E(X_2)][(X_1 - E(X_1))]\}$，$c_{22} = E\{[X_2 - E(X_2)]^2\}$，矩阵$C = \begin{pmatrix} c_{11} & c_{12} \\ c_{21} & c_{22} \end{pmatrix}$称为随机变量$(X_1, X_2)$的协方差矩阵。协方差矩阵的每一个值就是对应下标的两个随机变量的协方差，对于大于二维的随机变量，可以使用协方差矩阵表示多个随机变量之间的相关程度。

7.1.3　随机变量数字特征计算及应用

由于数学期望、方差、协方差等在求法的本质上就是求和（离散型）或积分（连续型），Python可以通过定义函数或调用函数实现数字特征的计算。需要注意的是协方差的计算是通过协方差矩阵显示。

【例7.17】设离散型随机变量X的分布律为：

X	−2	−1	0	2	5
p_k	0.1	0.3	0	0.2	0.4

求$E(X)$、$D(X)$。在Anaconda内建的Spyder集成开发环境中输入代码7.17。

代码7.17　一维离散型随机变量的期望方差计算程序

```
1 import numpy as np              #导入 numpy 记作 np
2 a=np. array([-2,-1,0,2,5])      #用数组给出变量 X 的取值
3 b=np. array([0.1,0.3,0,0.2,0.4])  #用数组给出变量 X 的取值的概率
4 expect=np. matmul(a,b)          #计算期望值
5 print(' 期望 E(X)=',expect)      #打印
6 expect2=np. matmul(a**2,b)      #计算期望值
7 var=expect2- expect**2          #计算期望值
8 print(' 方差 D(X)=',var)         #打印
```

代码7.17运行的结果为期望$E(X) = 1.9$，方差$D(X) = 7.890000000000001$。

【例7.18】音像店有三种不同规格的CD出售，价格分别为7元、9元、10元。甲乙二人每人随机地选取一种，以X表示甲所选的CD价格，以Y表示乙所选的CD的价格，X和Y的联合分布律为：

Y ＼ X	10	14	20
10	0.05	0.05	0
14	0.05	0.10	0.20
20	0.10	0.35	0.10

求（1）$E(X)$，$D(X)$；（2）$\max(X, Y)$的数学期望；（3）$X + Y$的数学期望。在Spyder

集成开发环境中输入代码7.18。

代码7.18　计算二维离散型随机的变量期望、方差计

```
1 import numpy as np                    #导入 numpy 记作 np
2 x=[10,14,20]                          #变量 X 取值
3 y=[10,14,20]                          #变量 Y 取值
4 zmax=[]                               #定义数组 zmax
5 z=[]                                  #定义数组 z
6 for i in x:                           #for 循环语句,i 在数组 x 中取值
7   for j in y:                         #for 循环语句,j 在数组 y 中取值
8     if i>=j:                          #if 语句判断
9       k=zmax. append(i)               #赋值数组
10    else:                             #else
11      k=zmax. append(j)               #赋值数组
12 print(' max(x,y)= ',zmax)            #打印
13 for l in x:                          #for 循环语句,l 在数组 x 中取值
14   for m in y:                        #for 循环语句,m 在数组 y 中取值
15     c=l+m                            #计算 c
16     n=z. append(c)                   #生成数组 z
17 print(' x+y=',z)                     #打印
18 A=np. array([[0. 05,0. 05,0. 0],[0. 05,0. 10,0. 2],[0. 1,0. 35,0. 10]])   #给出数据
19 mean=x[0]*(A[0,0]+A[1,0]+A[2,0])+x[1]*(A[0,1]+A[1,1]+A[2,1])+x[2]*(A[0,2]+A[1,2]+A[2,2])
                                        #计算 mean
20 var=x[0]**2*(A[0,0]+A[1,0]+A[2,0])+x[1]**2*(A[0,1]+A[1,1]+A[2,1])+x[2]**2*(A[0,2]+A[1,2]+A[2,2])- mean**2        #计算 var
21 zmaxmean=zmax[0]*A[0,0]+zmax[1]*A[1,0]+zmax[2]*A[2,0]+zmax[3]*A[0,1]+zmax[4]*A[1,1]+zmax[5]*A[2,1]+zmax[6]*A[1,2]+zmax[7]*A[1,2]+zmax[8]*A[2,2]        #计算 zmaxmean
22 xymean=z[0]*A[0,0]+z[1]*A[1,0]+z[2]*A[2,0]+z[3]*A[0,1]+z[4]*A[1,1]+z[5]*A[2,1]+z[6]*A[0,2]+z[7]*A[1,2]+z[8]*A[2,2]        #计算 xymean
23 print("x 的数学期望值=",mean)          #打印
24 print("x 的方差值=",var)              #打印
25 print("max(x,y)数学期望=",zmaxmean)   #打印
26 print("x+y 数学期望=",xymean)         #打印
```

运行代码7.18得到所要的结果。

【例7.19】 设随机变量(X,Y)的概率密度为$f(x,y)=\begin{cases}12y^2,0\leq y\leq x\leq1\\0,\quad 其他\end{cases}$。求$E(X)$，$E(Y)$，$D(X)$，$D(Y)$，$E(XY)$。在 Anaconda 内建的 Spyder 集成开发环境中输入代码7.19。

代码7.19　二维连续型随机变量的期望计算程序

```
1 import sympy as sp            #导入 sympy 记作 sp
2 x,y = sp. symbols(' x y ')    #定义变量 x,y
3 f =12*y**2                    #创建表达式
```

```
4 fx=x*f                                      #创建表达式
5 fy=y*f                                      #创建表达式
6 fx2=x**2*f                                  #创建表达式
7 fy2=y**2*f                                  #创建表达式
8 fxy=x*y*f                                   #创建表达式
9 Ex=sp. integrate(fx,(y,0,x),(x,0,1))        #计算 X 的期望
10 Ey=sp. integrate(fy,(y,0,x),(x,0,1))       #计算 Y 的期望
11 Ex2=sp. integrate(fx2,(y,0,x),(x,0,1))     #计算 X 的平方的期望
12 Ey2=sp. integrate(fy2,(y,0,x),(x,0,1))     #计算 Y 的平方的期望
13 Dx=Ex2-(Ex)**2                             #计算 X 的方差
14 Dy=Ey2-(Ey)**2                             #计算 Y 的方差
15 Exy=sp. integrate(fxy,(y,0,x),(x,0,1))     #计算 XY 的方差
16 print(' 期望 E(X)=% s' % Ex)               #打印
17 print(' 期望 E(Y)=% s' % Ey)               #打印
18 print(' 方差 D(X)=% s' % Dx)               #打印
19 print(' 方差 D(Y)=% s' % Dy)               #打印
20 print(' 期望 E(XY)=% s' % Exy)             #打印
```

运行代码 7. 19 得到所要的结果。

【例 7.20】随机生成两个样本 X、Y，计算协方差和相关系数。在 Spyder 集成开发环境中输入代码 7. 20。

代码 7. 20　随机生成数的协方差和相关系数计算程序

```
1 import numpy as np                          #导入 numpy 记作 np
2 x=np. random. randint(0,9,1000)            #随机生成 X 数据
3 y=np. random. randint(0,9,1000)            #随机生成 Y 数据
4 mx=x. mean()                               #计算平均值
5 my=y. mean()                               #计算平均值
6 stdx=x. std()                              #计算 X 标准差
7 stdy=y. std()                              #计算 Y 标准差
8 covxy=np. cov(x,y)                         #计算协方差矩阵
9 print(covxy)                               #打印
10 covx=np. mean((x- x. mean())**2)          #计算 covx
11covy=np. mean((y- y. mean())**2)           #计算 covy
12 print(' X 的方差为',covx)                  #打印
13 print(' Y 的方差为',covy)                  #打印
#这里计算的 covxy 等于上面的 Covxy[0,1]和 Covxy[1,0],三者相等 covxy=np. mean((x- x. mean())*(y- y. mean()))
14 coefxy=np. corrcoef(x,y)                   #计算相关系数
15 print(coefxy)                              #打印
```

运行代码 7. 20 得到所要的结果。

【例7.21】 设随机变量 X 和 Y 的联合概率分布为：

X＼Y	−1	0	1
0	0.07	0.18	0.15
1	0.08	0.32	0.20

求 X 和 Y 的协方差 $\mathrm{cov}(X,Y)$ 和相关系数 ρ。在 Anaconda 内建的 Spyder 集成开发环境中输入代码7.21。

代码7.21　二维离散型随机变量的协方差和相关系数计算程序

```
1 import numpy as np                              #导入 numpy 记作 np
2 import math                                     #导入 math
3 x=[0,1]                                         #确定变量取值
4 y=[-1,0,1]                                      #确定变量取值
5 A=np.array([[0.07,0.18,0.15],[0.08,0.32,0.20]]) #确定数组
6 Ex=0                                            #赋变量初值
7 Ey=0                                            #赋变量初值
8 Ex2=0                                           #赋变量初值
9 Ey2=0                                           #赋变量初值
10 Exy=0                                          #赋变量初值
11 Dx=0                                           #赋变量初值
12 Dy=0                                           #赋变量初值
13 for i in x:                                    #for 循环语句
14     for j in y:                                #for 循环语句
15         Ex=Ex+x[i]*A[i,j]                      #计算 Ex
16         Ex2=Ex2+x[i]**2*A[i,j]                 #计算 Ex2
17         Ey=Ey+y[j]*A[i,j]                      #计算 Ey
18         Ey2=Ey2+y[j]**2*A[i,j]                 #计算 Ey2
19         Exy=Exy+x[i]*y[j]*A[i,j]               #计算 Exy
20 Dx=Ex2-Ex**2                                   #计算 Dx
21 Dy=Ey2-Ey**2                                   #计算 Dy
22 covxy=Exy-Ex*Ey                                #计算 covxy
23 print('X 期望=%.4f' %Ex,'Y 期望=%.4f' %Ey,'X 平方期望=%.4f' %Ex2,'Y 平方期望=%.4f' %Ey2)                                      #打印
24 print('XY 期望=%.4f' %Exy,'X 方差=%.4f' %Dx,'Y 方差=%.4f' %Dy,'XY 协方差=%4f' %covxy)                                         #打印
25 ρxy=covxy/(math.sqrt(Dx)*math.sqrt(Dy))       #计算 ρxy
26 print('XY 相关系数=%4f' %covxy)                 #打印
```

运行代码7.21得到所要的结果。

【例7.22】 随机变量 (X,Y) 具有概率密度函数为 $f(x,y)=\begin{cases}\dfrac{1}{8}(x+y), & 0\leqslant x\leqslant 2, 0\leqslant y\leqslant 2 \\ 0, & \text{其他}\end{cases}$。

求 $E(X)$，$E(Y)$，协方差 $\text{cov}(X,Y)$，相关系数 ρ_{XY}，方差 $D(X+Y)$。在 Spyder 集成开发环境中输入代码 7.22。

代码 7.22　二维连续型随机变量的协方差和相关系数计算程序

```
1 import sympy as sp                              #导入 sympy 记作 sp
2 import math                                     #导入 math
3 x,y = sp. symbols(' x y' )                       #定义两变量
4 f=(x+y)/8                                        #在 0<=x<=2,0<=y<=2 范围内定义函数表达式
5 fx=x*f                                           #定义表达式
6 fy=y*f                                           #定义表达式
7 fx2=x**2*f                                       #定义表达式
8 fy2=y**2*f                                       #定义表达式
9 fxy=x*y*f                                        #定义表达式
10 Ex=sp. integrate(fx,(y,0,2),(x,0,2))           #计算 Ex
11 Ey=sp. integrate(fy,(y,0,2),(x,0,2))           #计算 Ey
12 Ex2=sp. integrate(fx2,(y,0,2),(x,0,2))         #计算 Ex2
13 Ey2=sp. integrate(fy2,(y,0,2),(x,0,2))         #计算 Ey2
14 Dx=Ex2-(Ex)**2                                  #计算 Dx
15 Dy=Ey2-(Ey)**2                                  #计算 Dy
16 Exy=sp. integrate(fxy,(y,0,2),(x,0,2))         #计算 Exy
17 covxy=Exy-Ex*Ey                                 #计算 covxy
18 ρxy=covxy/(math. sqrt(Dx)*math. sqrt(Dy))      #计算 ρxy
19 var=Dx+Dy+2*covxy                               #计算 var
20 print(' 协方差 cov(X,Y)= % s'  % covxy)         #打印
21 print(' 相关系数 ρ=% s'  % ρxy)                  #打印
22 print(' D(X+Y)= % s'  % var)                    #打印
```

运行代码 7.22 得到所要的结果。

习题7-1

1. 有一套 80 个四选一选择题，每题 1 分，随机选取，选对得分，求能得到 10 分的概率。

2. 有一套 80 个四选一选择题，每题 1 分，随机选取，选对得分，求能得到 10 分以上的概率。

3. 设随机变量 X 具有概率密度函数 $f(x)=\begin{cases}\dfrac{x}{6}, & 0\leqslant x<3 \\[2mm] 2-\dfrac{x}{2}, & 3\leqslant x\leqslant 4, \\[2mm] 0, & \text{其他}\end{cases}$ 求（1）$P\left\{2<X\leqslant\dfrac{7}{2}\right\}$；

（2）求 $E(X)$、$D(X)$。

7.2 描述性统计和统计图

在数理统计中，常需要从总体数据中提取变量的主要信息（总和、均值等），从总体的层面上对数据进行统计描述，在统计过程中经常会配合绘制一些相关统计图来辅助分析。

7.2.1 统计的基础知识

在数理统计中对一数量指标进行试验或观察，将试验的全部可能的观察值称为总体，每个观察值称为个体。总体中的每一个个体是某一随机变量 X 的值，因此一个总体对应一个随机变量 X，统称为总体 X。从总体中按一定原则抽取若干个体进行观察的过程叫作抽样。在相同的条件下，对总体 X 进行 n 次重复的、独立的观察，得到 n 个结果 $X_1, X_2, \cdots, X_n$，称随机变量 $X_1, X_2, \cdots, X_n$ 为来自总体 X 的简单随机样本，它具有两条性质：1）$X_1, X_2, \cdots, X_n$ 都与总体具有相同的分布；2）$X_1, X_2, \cdots, X_n$ 相互独立。称样本观察值 $x_1, x_2, \cdots, x_n$ 为样本值，样本所含个体数目称为样本容量（或样本大小）。人们就是利用来自样本的信息推断总体，得到有关总体分布的种种结论的。

当我们获取样本以后，往往不是直接利用样本进行推断，而是针对不同的问题，构造出不含未知参数的样本的函数，再利用这些函数，对总体的特征进行分析和推断，这些样本的函数就是统计量。样本 $X_1, X_2, \cdots, X_n$ 的函数 $g(X_1, X_2, \cdots, X_n)$，若不含有任何未知参数，则称为统计量。统计量是一个随机变量，它是完全由样本所确定的。统计量是进行统计推断的工具。常见的统计量有样本均值 $\bar{X} = \dfrac{1}{n} \sum\limits_{i=1}^{n} X_i$、样本方差 $S^2 = \dfrac{1}{n-1} \sum\limits_{i=1}^{n} (X_i - \bar{X})^2$、样本标准差 $S = \sqrt{S^2} = \sqrt{\dfrac{1}{n-1} \sum\limits_{i=1}^{n} (X_i - \bar{X})^2}$、样本 k 阶（原点）矩 $A_k = \dfrac{1}{n} \sum\limits_{i=1}^{n} X_i^k$，$k = 1, 2, \cdots$，样本 k 阶中心矩 $B_k = \dfrac{1}{n} \sum\limits_{i=1}^{n} (X_i - \bar{X})^k$，$k = 1, 2, \cdots$，等，其中样本均值和样本方差是两个最重要的统计量。

统计量的分布称为抽样分布。当取得总体 X 的样本 $X_1, X_2, \cdots, X_n$ 后，在运用样本函数所构成的统计量进行统计推断时，常常需要首先明确统计量所服从的分布。当总体的分布函数已知时，抽样分布是确定的，然而要求出统计量的精确分布，一般来说是困难的。下面是三个来自正态分布的抽样分布：χ^2 分布、t 分布、F 分布。

7.2.2 用 Python 计算简单统计量

描述性统计是借助图表或者总结性的数值来描述数据的统计手段。使用于科学计算的 NumPy 和 SciPy 工具可以实现对统计量的计算。简单统计量有以下几点：

（1）表示位置的统计量——算数平均值（mean）、中位数（median）、众数（mode）。算数平均值（简称均值）描述数据取值的平均位置，记作 $\bar{x}$，$\bar{x} = \dfrac{1}{n}\sum\limits_{i=1}^{n} x_i$。中位数是将数据由小到大排序后位于中间位置的数值。众数是数据中出现次数最多的值，众数并不经常用来度量定性变量的中心位置，更适合于定性变量。当然，众数一般用于离散型变量而非连续型变量均值和中位数用于定量的数据，众数用于定性的数据。

（2）表示发散程度的统计量——标准差（std）、方差（variance）、极差（ptp）、变异系数（cv）。标准差 s 定义为 $s = \left[\dfrac{1}{n-1}\sum\limits_{i=1}^{n}(x_i - \bar{x})^2\right]^{\frac{1}{2}}$，它是各个数据与均值偏离程度的度量，这种度量称为变异。方差是标准差的平方 s^2。极差是 $x = (x_1, x_2, \cdots, x_n)$ 最大值与最小值之差。变异系数度量标准差相对于均值的离中趋势，主要用来比较两个或多个具有不同单位或者不同波动幅度的数据集离中趋势，cv = s/mean。使用 NumPy 计算均值与中位数、极差、方差、标准差和变异系数，使用 SciPy 计算众数。

【7.23】体检中抽取某年级的 50 名学生的身高和体重数据见表 7.1。

表 7.1　学生身高体重数据

身高	体重	身高	体重	身高	体重	身高	体重	身高	体重
172	75	178	60	169	55	177	66	169	64
171	62	173	73	168	67	170	58	165	52
166	62	163	47	168	55	173	67	164	59
166	65	165	66	175	67	172	59	173	74
155	57	170	60	176	64	170	62	172	69
173	58	163	50	168	50	172	59	169	52
166	55	172	57	161	49	177	58	173	57
170	63	182	63	169	63	176	68	173	61
167	53	171	59	171	61	175	68	166	70
173	60	177	64	178	64	184	70	163	57

计算这组数据的均值、中位数、众数、极差、方差、标准差和变异系数。在 Spyder 集成开发环境中输入代码 7.23。

代码 7.23　常用统计量计算程序

```
1 import numpy as np                          #导入 numpy 记作 np
2 from numpy import reshape,c_                 #由 numpy 导入 reshape,C_
3 import pandas as pd                          #导入 Pandas 记作 pd
4 df = pd. read_excel(' E:/data/students. xlsx ',header=None)   # 读入数据
5 a=df. values                                #把值赋给 a
6 h =a[:,::2]                                  #身高数据赋给 h
```

```
7 w = a[:,1::2]                                    #体重数据赋给 w
8 df2 = pd. DataFrame( c_[h,w],columns = [' 身高',' 体重'])#由身高和体重数据组成 DataFrame 赋值给 df2
9 print( df2. describe( ) )                         #打印所有的数据信息
10 print(' 偏度为',df2. skew( ) )                    #打印数据的偏度
11 print(' 峰度为',df2. kurt( ) )                     #打印数据的峰度
12 print(' 分位数为',df2. quantile( 0. 9))            #打印数据的峰度
```

运行代码 7.23 得到所要的结果。

（3） 中心矩、表示分布形状的统计量——偏度和峰度偏度。设随机变量 X 的三阶矩存在，则称比值 $\gamma_1 = \dfrac{E\{[X-E(X)]^3\}}{[E\{[X-E(X)]^2\}]^{3/2}} = \dfrac{\mu_3}{\sigma^3}$ 为 X 的分布的偏度系数，简称偏度。其中 μ_3 为随机变量的三阶中心矩，σ 为标准差。

偏度可以描述分布的形状特征，当其值 $\gamma_1 > 0$，偏度为正意味着概率密度右侧的尾部比左侧长，绝大多数的值（包括中位数在内）位于平均值的左侧；当 $\gamma_1 < 0$，偏度为负意味着概率密度左侧的尾部比右侧长，绝大多数的值（包括中位数在内）位于平均值的右侧；当 $\gamma_1 = 0$，偏度为零就表示数值相对均匀地分布在均值两侧。比如，正态分布 $N(\mu,\sigma^2)$ 是关于其均值 $E(X) = \mu$ 对称的，所以正态分布的偏度 $\gamma_1 = 0$。

峰度：设随机变量 X 的四阶矩存在，则称比值 $\gamma_2 = \dfrac{E\{[X-E(X)]^4\}}{[E\{[X-E(X)]^2\}]^2} - 3 = \dfrac{\mu_4}{\sigma^4} - 3$ 为 X 的分布的峰度系数，简称峰度，其中 μ_4 为随机变量的四阶中心矩，σ 为标准差。峰度可以刻画分布的尖峭程度，当其值 $\gamma_2 > 0$，标准化后的分布情况比标准正态分布更尖峭；$\gamma_2 < 0$，标准化后的分布情况比标准正态分布更平坦；$\gamma_2 = 0$，标准化后的分布情况比标准正态分布相当。Python 计算数据均值、标准差、偏度、峰度。

【7.24】 随机生成一组数据，计算均值、标准差、偏度、峰度。在 Spyder 集成开发环境中输入代码 7.24。

代码 7.24　均值、标准差、偏度、峰度计算程序

```
1 import numpy as np                    #导入 numpy 记作 np
2 from scipy import stats               #从 scipy 中调用 stats
3 x = np. random. randn( 10000)         #随机生成数
4 mu = np. mean( x,axis = 0)            #计算均值
5 sigma = np. std( x,axis = 0)          #计算标准差
6 skew = stats. skew( x)                #计算偏度
7 kurtosis = stats. kurtosis( x)        #计算峰度
8 print(' 均值',mu)                     #打印' 均值'
9 print(' 标准差',sigma)                #打印' 标准差'
10 print(' 偏度',skew)                  #打印' 偏度'
11 print(' 峰度',kurtosis)              #打印' 峰度'
```

运行代码 7.24 得到所要的结果。

7.2.3　统计图

在得到大量数据后，对数据的分析有多种方法，其中图形分析更清晰，在没有分析目标时，需要对数据进行探索性的分析，箱形图将会帮助我们完成这一任务。

【7.25】统计某个连锁店的 30 个月销售额如下，单位（万元）：54，47，39，49，48，47，53，51，43，39，57，56，46，42，44，55，44，40，46，40，47，51，43，36，43，38，48，54，48，34。试绘制统计直方图。在 Anaconda 内建的 Spyder 集成开发环境中输入代码 7.25。

代码 7.25　柱状图绘制程序

```
1 import matplotlib. pyplot as plt              #导入 matplotlib. pyplot 记作 plt
2 plt. rcParams[' font. family' ] =' SimHei'    #设置中文字体显示为黑体
3 read = [54,47,39,49,48,47,53,51,43,39,57,56,46,42,44,55,44,40,46,40,47,51,43,36,43,38,48,54,48,34] #建立列表
4 plt. hist( read,                               #指定绘图数据
5   bins = 6, rwidth = 0. 95,                    #指定直方图中条块的个数
6   color = ' steelblue',                        #指定直方图的填充色
7   edgecolor = ' black' )                       #指定直方图的边框色
8 plt. xlabel(' 销售额' )                         #设置横坐标的文字说明
9 plt. ylabel(' 月数' )                           #设置纵坐标的文字说明
10 plt. title(' 店铺销量统计' )                   #设置标题
11 plt. show( )                                   #绘图
```

运行代码 7.25 得到所要的结果。

【7.26】对学生成绩优秀率 10%、良好率 45%、及格率 40%、不及格率 5% 绘制饼状图。在 Anaconda 内建的 Spyder 集成开发环境中输入代码 7.26。

代码 7.26　绘制饼状图程序

```
1 import matplotlib. pyplot as plt              #导入 matplotlib. pyplot 记作 plt
2 plt. rcParams[' font. family' ] =' SimHei'    #设置中文字体显示为黑体
3 labels = ' 优秀',' 良好',' 及格',' 不及格'     #定义 4 种学生成绩
4 sizes = [10,45,40,5]                          #定义 4 种学生成绩所占的比例(%)
5 explode = (0,0. 1,0,0)                        #饼图弹出第 2 个成绩
6 fig1,ax1 =plt. subplots( )                     #定义 ax1
6 ax1. pie( sizes,explode =explode,labels =labels,autopct =' % 1. 1f% %',shadow =True,startangle =90) #绘图公式
7 ax1. axis(' equal' )
8 plt. title(' 学生成绩统计' )                   #设置标题
9 plt. show( )                                   #绘图
```

运行代码 7.26 得到所要的结果。

【7.27】对一组（120 个）零件测试得分这一定量变量绘制直方图。数据为 200，202，203，208，216，206，206，201，209，205，202，203，199，208，206，209，206，208，202，203，206，213，

205,207,208,202,201,203,210,205,200,204,208,208,204,206,204,195,208,209,212,203,199,207,197,201,202,207,212,198,210,197,210,210,201,205,201,203,205,210,211,209,205,204,205,211,207,205,211,215,198,200,211,200,207,199,196,207,202,204,194,204,212,201,200,199,211,214,217,206,210,205,204,202,198,209,214,204,199,204,203,201,203,203,209,208,209,202,205,207,207,205,206,204,213,206,206,207,200,198。

在 Anaconda 内建的 Spyder 集成开发环境中输入代码 7.27。

代码 7.27　绘制直方图程序

```
1 import matplotlib. pyplot as plt        #导入 matplotlib. pyplo 记作 plt
2 plt. rcParams['font. family']='SimHei'   #设置中文字体显示为黑体
3 read = [200,202,203,208,216,206,206,201,209,205,202,203,199,208,206,209,206,208,202,203,206,213,205,
207,208,202,201,203,210,205,200,204,208,208,204,206,204,195,208,209,212,203,199,207,197,201,202,207,212,198,
210,197,210,210,201,205,201,203,205,210,211,209,205,204,205,211,207,205,211,215,198,200,211,200,207,199,196,
207,202,204,194,204,212,201,200,199,211,214,217,206,210,205,204,202,198,209,214,204,199,204,203,201,203,203,
209,208,209,202,205,207,207,205,206,204,213,206,206,207,200,198]        #读入数据
4 plt. hist( read,                         #指定绘图数据
5      bins = 24, rwidth=1,                #指定直方图中条块的个数
6      color = 'steelblue',                #指定直方图的填充色
7      edgecolor = 'black')                #指定直方图的边框色
8 plt. xlabel('质量分数')                   #设置横坐标的文字说明
9 plt. ylabel('频率')                       #设置纵坐标的文字说明
10 plt. title('质量分数频率直方图')         #添加标题
11 plt. show()                             #显示图形
```

运行代码 7.27 得到所要的结果。

【7.28】 对一组（120 个）零件测试得分这一定量变量绘制散点图。数据为 200,202,203,208,216,206,206,201,209,205,202,203,199,208,206,209,206,208,202,203,206,213,205,207,208,202,201,203,210,205,200,204,208,208,204,206,204,195,208,209,212,203,199,207,197,201,202,207,212,198,210,197,210,210,201,205,201,203,205,210,211,209,205,204,205,211,207,205,211,215,198,200,211,200,207,199,196,207,202,204,194,204,212,201,200,199,211,214,217,206,210,205,204,202,198,209,214,204,199,204,203,201,203,203,209,208,209,202,205,207,207,205,206,204,213,206,206,207,200,198。

在 Anaconda 内建的 Spyder 集成开发环境中输入代码 7.28。

代码 7.28　绘制散点图程序

```
1 import matplotlib. pyplot as pl                                              #导入 matplotlib. pyplo 记作 plt
2 plt. rcParams['font. family']='SimHei'                                       #设置中文字体显示为黑体
3 x = [194,195,196,197,198,199,200,201,202,203,204,205,206,207,208,209,210,211,212,213,214,215,216,217]
                                                                               #数据
4 y = [1,1,1,2,4,5,6,7,8,9,10,11,10,9,8,7,6,5,3,2,2,1,1,1]                     #频率数据
5 plt. scatter( x, y, s=100)                                                   #绘制散点图设置点的大小
6 plt. title("质量分数频率", fontsize=16)                                       #添加标题及字号大小
7 plt. xlabel("质量分数", fontsize=12)                                          #设置横坐标的文字说明
```

```
8 plt. ylabel("频率",fontsize=12)                              #设置纵坐标的文字说明
9 plt. tick_params( axis=' both' ,which=' major' ,labelsize=10)   #设置坐标轴刻度标记的大小
10 plt. show( )                                                #显示图形
```

运行代码 7.28 得到所要的结果。

【7.29】绘制 χ^2 分布的概率密度图形。在 Anaconda 内建的 Spyder 集成开发环境中输入代码 7.29。

代码 7.29 不同自由度的 χ^2 分布的概率密度图形绘制程序

```
1 import numpy as np                                        #导入 numpy 记作 np
2 from scipy import stats                                   #调用 stats
3 import matplotlib. pyplot as plt                          #导入 matplotlib. pyplot 记作 plt
4 plt. rcParams[' font. family' ]=' SimHei'                  #设置中文字体显示为黑体
5 x=np. linspace( 0,20,100)                                 #PDF 概率密度函数
6 plt. plot( x,stats. chi2. pdf( x,df=1),"k- ",label=' df=1' )   #绘制 0 到 20 的卡方分布曲线,
7 plt. plot( x,stats. chi2. pdf( x,df=2),"b- ",label=' df=2' )   #绘图
8 plt. plot( x,stats. chi2. pdf( x,df=3),"k- ",label=' df=3' )   #绘图
9 plt. plot( x,stats. chi2. pdf( x,df=4),"r- ",label=' df=4' )   #绘图
10 plt. plot( x,stats. chi2. pdf( x,df=8),"y- ",label=' df=8' )  #绘图
11 plt. legend( )                                            #绘图
12 plt. title(' 不同自由度的卡方分布的概率密度的图形' )          #绘图
13 plt. show( )                                              #显示图形
```

运行代码 7.29 得到所要的结果。

【例 7.30】绘制 t 分布的概率密度图形。在 Anaconda 内建的 Spyder 集成开发环境中输入代码 7.30。

代码 7.30 t 分布的概率密度图形绘制程序

```
1 import numpy as np                                        #导入 numpy 记作 np
2 from scipy. stats import norm                             #从 scipy. stats 调用 norm
3 from scipy. stats import t                                #从 scipy. stats import 调用 t
4 import matplotlib. pyplot as plt                          #从 matplotlib. pyplot 记作 plt
5plt. rcParams[' font. family' ]=' SimHei'                   #设置中文字体显示为黑体
6 plt. rcParams[' axes. unicode_minus' ]=False               #显示负号
7 x=np. linspace( - 3,3,100)                                #生成数
8 plt. plot( x,t. pdf( x,1),label=' df=1' )                   #绘图
9 plt. plot( x,t. pdf( x,2),label=' df=2' )                   #绘概率密度函数
10 plt. plot( x,t. pdf( x,100),label=' df=100' )              #绘图
11plt. plot( x[::5],norm. pdf( x[::5]),' kx' ,label=' normal' )#绘图
12 plt. legend( )
13 plt. title(' t 分布- 不同自由度的概率密度函数' )              #添加标题
14 plt. show( )                                              #显示图形
```

运行代码 7.30 得到所要的结果。

![习题7-2]

1. 加工一批某圆柱形机械元件，测量其直径的误差为 x（单位：mm）数据如下：

1.8,2.0,1.6,0.6,1.6,1.7,1.2,1.4,1.6,1.8,1.4,1.4,1.6,0.9,2.0,1.8,1.2,1.5,1.3, 1.6,1.6,2.1,2.1,0.9,1.6,2.0,1.4,1.4,1.6,1.6。

计算样本均值、中位数、众数、极差、方差、标准差、变异系数、偏度和峰度。

2. 根据给出的 36 名学生期中考试数据绘制柱状图。数据：77,82,65,69,89,53,87,99, 92,78,76,41,85,91,66,59,78,84,81,88,79,76,54,68,94,82,81,75,65,69,90,89,80,70, 73,84。

7.3 参数估计和假设检验

7.3.1 参数估计

点估计、区间估计是对总体中未知的参数进行估计的两种重要方法。

1. 点估计——根据样本的观察值估计总体的参数值

【例 7.31】有一批坚果，现从中随机取地取 10 袋，称得重量（以 g 计）如下：

501,504,498,499,510,497,506,502,509,496。

设袋装糖果的重量近似地服从正态分布。求均值 μ 和标准差 σ 的点估计值。在 Spyder 中输入代码 7.31。

代码 7.31 总体均值 μ 和标准差 σ 的点估计值程序

```
1 import numpy as np                                    #导入 numpy 记作 np
2 arr = [501,504,498,499,510,497,506,502,509,496]      #数据
3 arr_mean = np.mean(arr)                              #求均值
4 arr_var = np.var(arr)                                #求方差
5 arr_std = np.std(arr,ddof=1)                         #求标准差
6 print("总体均值的点估计值为:%f" % arr_mean)           #打印
7 print("总体标准差的点估计值为:%f" % arr_std)          #打印
```

运行代码 7.31 得到所要的结果。

【例 7.32】使用鸢尾花样本长度的均值来估计总体鸢尾花的长度的情况。因此我们需要求到样本的长度均值。

在 Anaconda 内建的 Spyder 集成开发环境中输入代码 7.32。

代码 7.32　总体鸢尾花的长度估计值程序

```
1 import numpy as np                                    #导入 numpy 记作 np
2 import pandas as pd                                   #导入 pandas 记作 pd
3 from sklearn. datasets import load_iris               #从 sklearn. datasets 导入 load_iris
4 iris = load_iris( )                                   #加载鸢尾花数据集
5 data = np. concatenate([iris. data,iris. target. reshape( -1,1)],axis = 1)
6 data = pd. DataFrame( data,columns = ["sepal_length","sepal_width","petal_length","petal_width","type"])
#将鸢尾花数据与对应的类型合并,组合成完整的记录. 记得 iris. data,iris. target. reshape( ) 要带中括号
7 print( data["petal_length"]. mean( ))               #计算平均长度
```

代码 7.32 运行结果：3.7580000000000027。

2. 区间估计

区间估计是指使用一个置信区间和置信度，表示总体参数有多大概率会落在该区间（置信区间）。

【例 7.33】 在(-1 000,1 000)间随机取数，求置信度为 95%的 μ 的置信区间。在 Spyder 中输入代码 7.33。

代码 7.33　随机取数的区间估计程序

```
1 import numpy as np                                    #导入 numpy 记作 np
2 mean = np. random. randint( -1000,1000)              #随机生成总体数据
3 std = 50                                              #定义总体标准差
4 n = 50                                                #定义样本容量:
5 all_ = np. random. normal( loc = mean,scale = std,size = 10000)   #抽取若干个体,构成一个样本
6 sample = np. random. choice( all_,size = n,replace = False)       #随机采样
7 sample_mean = sample. mean( )                        #计算样本均值
8 print( "总体的均值:",mean)                            #打印
9 print( "一次抽样的样本均值:",sample_mean)             #打印
10 se = std/np. sqrt( n)                                #计算标准误差
11 min_ = sample_mean- 1. 96*se                         #计算下限
12 max_ = sample_mean+1. 96*se                          #计算上限
13 print( "置信区间(95% 置信度):",(min_,max_))          #打印
```

运行代码 7.33 得到所要的结果。

【例 7.34】 有一大批坚果，现从中随机取地取 10 袋，称得重量（以 g 计）如下：501，504，498，499，510，497，506，502，509，496。

设袋装糖果的重量近似地服从正态分布。（1）求总体均值 μ 的置信水平为 0.95 的置信区间；（2）求总体标准差 σ 的置信水平为 0.95 的置信区间。在 Anaconda 内建的 Spyder 集成开发环境中输入代码 7.34-1。

代码 7.34-1　总体均值 μ 的置信水平为 0.95 的置信区间程序

```
1 import numpy as np                                    #导入 numpy 记作 np
2 sample = (501,504,498,499,510,497,506,502,509        #输入样本
```

```
3 sample_mean = np. mean( sample)                    #计算样本均值
4 std = np. std( sample,ddof=1)                       #计算样本标准差
5 n=16                                                #样本容量
6 print("总体的均值:",sample_mean)                    #打印"总体的均值:"
7 print("总体的方差:",std)                            #打印"总体的方差:"
8 te=std/np. sqrt( n)                                 #计算 Te
9 min_=sample_mean- 2. 1315*te                        #计算下限
10 max_=sample_mean+2. 1315*te                        #计算上限
11 print( "mu 置信区间(95% 置信度):",( min_,max_))     #打印
```

运行代码 7.34-1 得到所要的结果。在 Anaconda 内建的 Spyder 集成开发环境中输入代码 7.34-2。

代码 7.34-2   总体标准差 σ 的置信水平为 0.95 的置信区间程序

```
1 import numpy as np                                   #导入 numpy 记作 np
2 sample=( 501,504,498,499,510,497,506,502,509,496)   #定义总体标准差
3 sample_mean = np. mean( sample)                      #计算样本均值
4 std = np. std( sample,ddof=1)                        #计算样本标准差
5 n=16                                                 #样本容量
6 x1=27. 488                                           #分位数值
7 x2=6. 262                                            #分位数值
8 min_=np. sqrt( n- 1)*std/np. sqrt( x1)               #计算下限
9 max_=np. sqrt( n- 1)*std/np. sqrt( x2)               #计算上限
10 print("标准差的置信区间(95% 置信度):",( min_,max_))  #打印
```

代码 7.34-2 运行的结果为标准差的置信区间（95% 置信度）：（3.648958899156021，7.645114797169312）。

【例 7.35】 有甲、乙两台机床加工相同的产品，从这两台机床加工的产品中随机地抽取若干件，测得产品直径（单位：mm）为机床甲：20.5,19.8,19.7,20.4,20.1,20.0,19.0,19.9；机床乙：19.7,20.8,20.5,19.8,19.4,20.6,19.2。

假定两台机床加工的产品直径都服从正态分布，且总体方差相等。求两个平均值差值的置信度为 95% 的置信区间。

在 Anaconda 内建的 Spyder 集成开发环境中输入代码 7.35。

代码 7.35   两个总体均值差的置信区间程序

```
1 import pandas as pd                                    #导入 pandas 记作 pd
2 import numpy as np                                     #导入 numpy 记作 np
3 aSer = pd. Series( [20. 5,19. 8,19. 7,20. 4,20. 1,20. 0,19. 0,19. 9])  #将数据导入
4 bSer = pd. Series( [19. 7,20. 8,20. 5,19. 8,19. 4,20. 6,19. 2])  #将数据导入
5 a_mean = aSer. mean( )                                 #计算数据的均值
6 b_mean = bSer. mean( )                                 #计算数据的均值
7 a_std = aSer. std( )                                   #计算数据的标准差
```

```
8 b_std = bSer. std( )                        #计算数据的标准差
9 t_ci = 2. 2010
10 a_n = len( aSer)                            #计算字符串长度
11 b_n = len( bSer)                            #计算字符串长度
12 se = np. sqrt( np. square( a_std)/a_n + np. square( b_std)/b_n)  #计算 se
13 sample_mean = a_mean - b_mean               #计算样本均值差
14 a = sample_mean - t_ci * se                 #计算置信下限
15 b = sample_mean + t_ci * se                 #计算置信上限
16 print('95 置信水平下,两个平均值差值的置信区间 CI = ( % f,% f)' % ( a,b) )    #打印
```

代码 7.35 运行的结果为 0.95，置信水平下，两个平均值差值的置信区间：CI = (− 0.711847, 0.561847)。

【例7.36】 甲乙两台机床加工同一种零件，分别抽取同等数量的样品，并测得它们的长度（单位：mm），数据如下：甲 data = [3.45,3.22,3.90,3.20,2.98,3.70,3.22,3.75,3.28, 3.50,3.38,3.35,2.95,3.45,3.20,3.16,3.48,3.12,3.20,3.18,3.25]，乙 data = [3.22,3.28, 3.35,3.38,3.19,3.30,3.30,3.20,3.05,3.30,3.29,3.33,3.34,3.35,3.27,3.28,3.16,3.28, 3.30,3.34,3.25]，在置信度 0.95 下，试求这两台机床加工精度之比 σ_1^2/σ_2^2 的置信区间。假定测量值都服从正态分布，方差分别为 σ_1^2，σ_2^2。在 Anaconda 内建的 Spyder 集成开发环境中输入代码 7.36。

代码 7.36　两个总体方差比的置信区间程序

```
1 import numpy as np                           #导入 numpy 记作 np
2 from scipy import stats                       #调用统计模块 stats
3 def confidence_interval_varRatio( data1 , data2,alpha = 0. 05) :  #创建函数
4   n1 = len( data1)                            #取数据 1 容量
5   n2 = len( data2)                            #取数据 2 容量
6   tmp = np. var( data1 ,ddof = 1)/np. var( data2,ddof = 1)   #计算 tmp( 方差比)
7   F = stats. f( dfn = n1- 1 ,dfd = n2- 1)      #计算 F
8   return  tmp/F. ppf( 1- alpha/2) ,tmp/F. ppf( alpha/2)   #返回计算 F 分布置信下限,置信上限
9 data1 = np. array( [3. 45,3. 22,3. 90,3. 20,2. 98,3. 70,3. 22,3. 75,3. 28,3. 50,3. 38,3. 35,2. 95,
3. 45,3. 20,3. 16,3. 48,3. 12,3. 20,3. 18,3. 25])    #数据 1
10 data2 = np. array( [3. 22,3. 28,3. 35,3. 38,3. 19,3. 30,3. 30,3. 20,3. 05,3. 30,3. 29,3. 33,3. 34,
3. 35,3. 27,3. 28,3. 16,3. 28,3. 30,3. 34,3. 25])    #数据 2
11 print( confidence_interval_varRatio( data1,data2,alpha = 0. 05) )    #打印
```

代码 7.36 运行的结果为（4.051925780851215，24.610112136102646）。

7.3.2　参数假设检验

假设检验是在已知总体分布某个参数的先验值后，通过抽样来对这个先验值进行验证是否接受的问题。判断的方法大致分为两类：临界值法和 p 值方法；相对来说 p 值法更方便计

算机处理，因此下面的讨论都是基于 p 值法。

单个总体均值的假设检验就是已知了一个均值的先验值，然后根据实验获取的数据对这个值进行验证是否接受它。根据是否已知总体的方差，又可细分为两种类型：方差已知和方差未知。

在方差 σ^2 已知的情况下，检验统计量为：$\frac{X-\mu_0}{\sigma/\sqrt{n}} \sim N(0,1)$，p 值计算有：双边检测 $P(|Z| \geqslant |z_0|)$；左边检测 $P(Z \leqslant z_0)$；右边检测 $P(Z \geqslant z_0)$。在方差 σ^2 未知的情况下，检验统计量为：$\frac{X-\mu_0}{s/\sqrt{n}} \sim t(n-1)$；p 值计算有：双边检测 $P(|T| \geqslant |t_0|)$，左边检测 $P(T \leqslant t_0)$，右边检测 $P(T \geqslant t_0)$。

【例 7.37】为了了解 A 高校学生的消费水平，随机抽取了 225 位学生调查其月消费（近 6 个月的消费平均值），得到该 225 位学生的平均月消费为 1 530 元。假设学生月消费服从正态分布，标准差为 $\sigma=120$。已知 B 高校学生的月平均消费为 1 550 元。是否可以认为 A 高校学生的消费水平要低于 B 高校？在 Anaconda 内建的 Spyder 集成开发环境中输入代码 7.37。

代码 7.37　方差已知的正态总体均值 μ 的双侧检验问题程序

```
1 import numpy as np                                    #导入 numpy 记作 np
2 from scipy import stats                               #调用统计模块
3 def ztest_simple(xb,sigma,sample_num,mu0,side='both'): #创建 z 检验函数
4     Z = stats.norm(loc=0,scale=1)                     #计算 z
5     z0=(xb-mu0)/(sigma/np.sqrt(sample_num))           #计算 z0
6     if side=='both':                                  #if 语句 side 为双边检验
7         z0=np.abs(z0)                                 #z0 取绝对值
8     tmp = Z.sf(z0)+Z.cdf(-z0)                         #取 tmp 为 Z.sf(z0)+Z.cdf(-z0)
9         return {"p_val": tmp}                         #返回 tmp
10    elif side=='left':                                #if 语句 side 为左侧检验
11        tmp = Z.cdf(z0)                               #取 tmp 为 Z.cdf(z0)
12        return {"p_val": tmp}                         #返回 tmp
13    else:                                             #否则
14        tmp = Z.sf(z0)                                #取 tmp 为 Z.sf(z0)
15        return {"p_val": tmp}                         #返回 tmp
16 print(ztest_simple(1530,120,225,1550,side='both'))   #打印
```

代码 7.37 运行的结果为 {'p_val':0.2749329465332896}，因此在显著性水平 $\alpha=0.05$ 下，接受原假设，即认为 A 高校学生的生活水平低于 B 高校。

【例 7.38】据健康中心报告 35 至 44 岁的男性平均心脏收缩压为 128，标准差为 15。现根据某公司在 35 至 44 岁年龄段的 72 位员工的体检记录，计算得平均收缩压为 126.07（mm/hg）。问该公司员工的收缩压与一般人群是否存在差异？（假设该公司员工与一般男子的心脏收缩压具有相同的标准差）。（$\alpha=0.05$），在 Spyder 中输入代码 7.38。

代码7.38   方差已知的正态总体均值 μ 的左边检验问题

```
1 import numpy as np                                      #导入 numpy 记作 np
2 from scipy import stats                                 #调用统计模块
3 def ztest_simple(xb,sigma,sample_num,mu0,side='both'):  #创建 z 检验函数
4     Z = stats.norm(loc=0,scale=1)                       #计算 Z
5     z0=(xb-mu0)/(sigma/np.sqrt(sample_num))             #计算 z0
6     if side=='both':                                    #if 语句双侧检验
7         z0=np.abs(z0)                                   #计算 z0
8         tmp = Z.sf(z0)+Z.cdf(-z0)                       #计算 tmp
9         return {"p_val": tmp}                           #返回 p_val
10    elif side=='left':                                  #else if 语句左侧检验
11        tmp = Z.cdf(z0)                                 #计算 tep
12        return {"p_val": tmp}                           #返回 p_val
13    else:                                               #else 语句
14        tmp = Z.sf(z0)                                  #计算 tmp
15        return {"p_val": tmp}                           #返回 p_val
16 print(ztest_simple(126.07,15,72,128,side='left'))      #打印
```

代码 7.38 运行的结果为 $\{$'p_val': $0.1374664732666448\}$。因为 $0.1374664732666448 > 0.05$，因此接受原假设，即该公司员工的收缩压与一般人群不存在差异。

【例 7.39】 可乐制造商为了检验可乐在贮藏过程中其甜度是否有损失，请专业品尝师对可乐贮藏前后的甜度进行评分。10 位品尝师对可乐贮藏前后甜度评分之差为：2.0,0.4, 0.7,2.0,−0.4,2.2,−1.3,1.2,1.1,2.3。问：这些数据是否提供了足够的证据来说明可乐贮藏之后的甜度有损失呢？设总体服从正态分布，标准差未知。分别在显著水平 $\alpha = 0.05$ 和 $\alpha = 0.01$ 的情况下给出判定。在 Anaconda 内建的 Spyder 集成开发环境中输入代码 7.39。

代码7.39   标准差未知的正态总体均值 μ 的右侧检验问题

```
1 import numpy as np                                      #导入 numpy 记作 np
2 from scipy import stats                                 #导入 stats
3 data = np.array([2.0,0.4,0.7,2.0,-0.4,2.2,-1.3,1.2,1.1,2.3])    #数据
4 pval = stats.ttest_1samp(data,0)   #调用 t 检验求 pval,H0:μ=0,H1:μ>0,右侧检验
5 print('双边检测结果为',pval)                            #打印'双边检测结果为'
6 print(pval/2)                                           #打印
7 if pval/2<0.05:                                         #输入 alpha=0.05,判断
8     print('如果显著水平取 α=0.05,则有充分的理由拒绝原假设,即甜度有损失.')
9 else:
10    print('如果显著水平取 α=0.05,没有充分的理由拒绝原假设,即甜度无损失。')
11 if pval/2<0.01:                                        #输入 alpha=0.01,判断
12    print('如果显著水平取 α=0.01,则有充分的理由拒绝原假设,即甜度有损失.')   #打印
13 else:
14    print('如果显著水平取 α=0.01,没有充分的理由拒绝原假设,即甜度无损失.')
```

代码 7.39 运行的结果为：双边检测结果为 0.02452631242068369，0.012263156210341845。

如果显著水平取 $\alpha = 0.05$，则有充分的理由拒绝原假设，即甜度有损失。如果显著水平取 $\alpha = 0.01$，则有充分的理由接受原假设，即甜度无损失。

【例7.40】 某批次矿砂的5个样品的镍含量，经测定为（%）：3.25,3.27,3.24,3.25,3.24。假设测定值服从正态分布，但是参数均未知。问在 $\alpha = 0.01$ 下能否接受假设：这批矿砂的镍含量的均值为3.25。

在 Anaconda 内建的 Spyder 集成开发环境中输入代码7.40。

代码7.40　标准差未知的正态总体均值 μ 的双侧检验问题程序

```
1 import numpy as np                              #导入 numpy 记作 np
2 from scipy import stats                         #导入 stats
3 data = np.array([3.25,3.27,3.24,3.25,3.24])     #数据
4 pval = stats.ttest_1samp(data,3.25) # H 0 : μ = μ0=3.25,H 1: μ ≠ 3.25,双边检验,计算 pval
5 print('双边检测结果为',pval)                       #打印
6 alpfa=0.01                                       #给定 alpfa=0.01
7 if pval>alpfa:                                   #if 语句判断
8    print('可以接受该批矿砂镍含量均值为 3.25')#打印'可以接受该批矿砂镍含量'
9 else:
10   print('不接受该批矿砂镍含量均值为 3.25')    #打印'不接受该批矿砂镍含量均值为 3.25'
```

代码7.40运行的结果为：双边检测结果为1.0，可以接受该批矿砂镍含量均值3.25。

【例7.41】 有甲、乙两台机床加工相同的产品，从这两台机床加工的产品中随机地抽取若干件，测得产品直径（单位：mm）为机床甲：20.5,19.8,19.7,20.4,20.1,20.0,19.0,19.9。机床乙：19.7,20.8,20.5,19.8,19.4,20.6,19.2。试比较甲、乙两台机床加工的产品直径有无显著差异？假定两台机床加工的产品直径都服从正态分布，且总体方差相等。（$\alpha = 0.05$）

在 Anaconda 内建的 Spyder 集成开发环境中输入代码7.41。

代码7.41　两个正态总体均值差的假设检验程序

```
1 import pandas as pd                                          #导入 pandas 记作 pd
2 import numpy as np                                           #导入 numpy 记作 np
3 aSer = pd.Series([20.5,19.8,19.7,20.4,20.1,20.0,19.0,19.9])  #数据集导入
4 bSer = pd.Series([19.7,20.8,20.5,19.8,19.4,20.6,19.2])       #数据集导入
5 a_mean = aSer.mean()                                         #计算均值
6 b_mean = bSer.mean()                                         #计算均值
7 print('甲机床加工的产品直径=',a_mean,'单位:mm')               #打印
8 print('乙机床加工的产品直径=',b_mean,'单位:mm')               #打印
9 a_std = aSer.std()                                           #计算标准差
10 b_std = bSer.std()                                          #计算标准差
11 print('甲机床加工的产品直径标准差=',a_std,'单位:mm') #打印
12 print('乙机床加工的产品直径标准差=',b_std,'单位:mm') #打印
13 import statsmodels.stats.weightstats as st                  #导入库
14 t,p_two,df = st.ttest_ind(aSer,bSer,usevar='unequal')       #计算 t,p_two,df
15 print('t=',t,'p_two=',p_two,'df=',df)                       #打印
16 alpha = 0.05                                                #判断标准:显著性水平为 0.05。
```

```
17 if(p_two < alpha):   #if 语句做出结论:将计算出 p 值与显著性水平进行比较,若 p 值大于显著性
水平,则接受原假设;若 p 值小于显著性水平,则拒绝原假设,接受备择假设。
18    print('拒绝原假设,接受备择假设,也就是甲、乙两台机床加工的产品直径有显著差异')
19 else:
20    print('接受原假设,也就是甲、乙两台机床加工的产品直径没有显著差异')
```

代码 7.41 运行结果为:甲机床加工的产品直径 = 19.925 单位:mm。乙机床加工的产品直径 = 19.999 999 999 999 996 单位:mm。甲机床加工的产品直径标准差 = 0.465 218 842 512 393 7,单位:mm。乙机床加工的产品直径标准差 = 0.629 814 787 589 706 9 单位:mm;t = −0.259 206 588 374 613 47, p_two = 0.800 281 537 522 999 7 , df = 10.956 106 306 156 492。

接受原假设,也就是甲、乙两台机床加工的产品直径没有显著差异

【例 7.42】两台机床生产同一个型号的滚珠,从甲机床生产的滚珠中抽取 8 个,从乙机床生产的滚珠中抽取 9 个,测得这些滚珠的直径 (毫米) 如下:

甲机床 15.0 14.8 15.2 15.4 14.9 15.1 15.2 14.8 ;乙机床 15.2 15.0 14.8 15.1 14.6 14.8 15.1 14.5 15.0

设两机床生产的滚珠直径分别为 X,Y,且 $X \sim N(\mu_1,\sigma_1^2)$,$Y \sim N(\mu_2,\sigma_2^2)$,是否认为这两台机床生产的滚珠直径方差没有显著的差异。在 Anaconda 内建的 Spyder 集成开发环境中输入代码 7.42。

代码 7.42　两个正态总体方差比的假设检验程序

```
1 import numpy as np                                    #导入 numpy 记作 np
2 from scipy import stats                               #导入统计模块 stats
3 def ftest(data1,data2,side='both'):                   #定义 F 检验函数
4    n1=len(data1)                                       #取数据1的深度
5    n2=len(data2)                                        #取数据1的深度
6    F=stats.f(dfn=n1-1,dfd=n2-1)                         #计算 F
7    tmp=np.var(data1,ddof=1)/np.var(data2,ddof=1)       #计算 tmp=两样本方差比
8    ret_left=F.cdf(tmp)                                 #计算 cdf 累计分布函数
9    ret_right=F.sf(tmp)                                 #计算 sf 残存函数
10    if side=='both':                                   #if 语句 双侧检验
11       return 2*min(ret_left,ret_right)                #返回值
12    elif side=='left':                                 #再 if 语句
13       return ret_left                                 #返回值左值
14     return ret_right                                  #返回值右值
15 data1=np.array([15.0,14.8,15.2,15.4,14.9,15.1,15.2,14.8])    #数据 data1
16 data2=np.array([15.2,15.0,14.8,15.1,14.6,14.8,15.1,14.5,15.0])  #数据 data2
17 pval=ftest(data1,data2,side='both')                  #计算 pval
18 print('pval=',pval)                                   #打印 pval
19 alpha=0.1                                             #输入 alphf 值
20 if pval>alpha:                                        #if 语句判断
21    print('接受原假设.即认为这两台机床生产的滚珠直径方差没有显著的差异.')
22 else:
23    print('拒绝原假设.即认为这两台机床生产的滚珠直径方差有显著的差异.')
```

代码 7.42 运行的结果：pval＝0.7752489597608184。接受原假设。认为这两台机床生产滚珠直径方差没有显著的差异。

习题7-3

1. 设 X 表示某种型号的电子元件的使用寿命（以小时计），它服从指数分布，其密度函数为：

$$f(x,\theta)=\begin{cases}\dfrac{1}{\theta}e^{-x/\theta},x>0\\[2mm]0,\qquad x\leqslant 0\end{cases}$$

其中 θ 为未知参数，且 $\theta>0$ 为未知参数。现得样本值为：168，130，169，143，174，198，108，212，252，试估计未知参数 θ。

2. 某公司研制出一种新的安眠药，要求其平均睡眠时间为 23.8 h，为了检验安眠药是否达到要求，收集到一组使用新安眠药的睡眠时间（单位：h）为：26.7，22，24.1，21，27.2，25，23.4。假定睡眠时间服从正态分布 $N(\mu,\sigma^2)$，求平均睡眠时间的置信水平为 0.95 的置信区间。

3. 有一大批糖果，现从中随机取地取 16 袋，称得重量（以 g 计）如下：501，503，499，501，504，510，497，511，509，505，493，496，508，502，508，496。设袋装糖果的重量近似地服从正态分布。求总体标准差 σ 的置信水平为 0.90 的置信区间。

7.4　本章小结

本章分 3 节介绍了 Python 在概率统计上的应用。第 1 节介绍了利用 Python 计算随机变量的概率和随机变量的数字特征，针对具体问题通过设计函数以及调用相关程序包解决问题。第 2 节介绍了描述性统计，使用 Python 计算常用统计量并介绍常见统计图的绘制方法。第 3 节介绍了正态总体的参数估计和假设检验，通过调用统计模块以及针对具体问题创建函数等方式进行参数估计和假设检验。

总习题 7

1. 设一维离散型随机变量的分布律为：

X	-2	-1	0	1
p	0.2	0.1	0.3	0.4

求（1）$P(X\leqslant 0)$；（2）$E(2X-1),D(2X-1),D(X^2)$。

2. 已知二维连续型随机变量 (X,Y) 的概率密度函数为 $f(x,y) = \begin{cases} e^{-x-y}, & x>0, y>0 \\ 0, & \text{其他} \end{cases}$，求 $E(X), E(Y), E(XY), \mathrm{cov}(X,Y)$。

3. 设总体 X 服从均匀分布 $U[0,\theta]$，它的概率密度函数为 $f(x,\theta) = \begin{cases} \dfrac{1}{\theta}, & 0 \leqslant x \leqslant \theta \\ 0, & \text{其他} \end{cases}$，参数 θ 未知，当样本观察值为 0.3，0.8，0.27，0.35，0.62，0.55 时，求 θ 的矩估计值。

4. 设飞机最大飞行速度 $X \sim N(\mu, \sigma^2)$，对某飞机进行了 15 次实测，各次的最大飞行速度为

422.2，418.7，425.6，420.3，425.8，423.1，431.5，428.2，438.3，434.0，412.3，417.2，413.5，441.3，423.7

试求 μ 的置信度为 0.95 的置信区间。

5. 两台机床生产同一个型号的滚珠，从甲机床生产的滚珠中抽取 8 个，从乙机床生产的滚珠中抽取 9 个，测得这些滚珠的直径（毫米）如下：

甲机床：20.1 19.9 20.3 20.4 19.9 20.1 20.2 19.8

乙机床：20.2 20.0 19.8 20.1 19.6 19.8 20.1 19.7 20.0

设两机床生产的滚珠直径分别为 X，Y，且 $X \sim N(\mu_1, \sigma_1^2)$，$Y \sim N(\mu_2, \sigma_2^2)$，求置信水平为 0.95 的双侧置信区间：

（1）$\sigma_1 = 0.8$，$\sigma_2 = 0.24$，求 $\mu_1 - \mu_2$ 的置信区间；

（2）若 $\sigma_1 = \sigma_2$ 且未知，求 $\mu_1 - \mu_2$ 的置信区间；

（3）若 $\sigma_1 \neq \sigma_2$ 且未知，求 $\mu_1 - \mu_2$ 的置信区间；

（4）若 μ_1，μ_2 未知，求 $\dfrac{\sigma_1^2}{\sigma_2^2}$ 的置信区间。

6. 某地某年高考后随机抽取 15 名男生、12 名女生的物理考试成绩如下：

男生：49，48，47，53，51，43，39，57，56，46，42，44，55，44，40；

女生：46，40，47，51，43，36，43，38，48，54，48，34。

从这 27 名学生的成绩能说明这个地区男、女生的物理考试成绩不相上下吗（显著性水平 $\alpha = 0.05$）？

第7章答案

第8章 Python 插值拟合与常微分方程求解

【本章概要】

- Python 插值与拟合
- Python 常微分方程求解

📔 8.1 Python 插值与拟合

插值、拟合与逼近是数值分析的三大基础工具。它们的区别在于：插值是已知点列，找出完全经过点列的曲线；拟合是已知点列，找出从整体上靠近它们的曲线；逼近是已知曲线，或者点列，通过构造函数无限靠近它们。

8.1.1 插值理论

插值就是在离散数据的基础上补插连续曲线，使得这条连续曲线通过全部给定的离散数据点。插值是离散函数逼近的重要方法，利用它可通过函数在有限个点处的取值状况，估算出函数在其他点处的近似值。简单讲，插值就是根据已知数据点（条件），来预测未知数据点值的方法。具体来说，假如有 n 个已知条件，就可以求一个 $n-1$ 次的插值函数 $P(x)$，使得 $P(x)$ 接近未知原函数 $f(x)$，并由插值函数预测出需要的未知点值。而有 n 个条件求 $n-1$ 次 $P(x)$ 的过程，实际上就是求 n 元一次线性方程组。

1. 代数插值

代数插值就是多项式插值，即假设所求插值函数为多项式函数：$p_n(x) = a_0 + a_1 x + a_2 x^2 + \cdots + a_n x^n$，显然，系数 $a_0, a_1, a_2, \cdots, a_n$ 即为所求。如果已知 $n+1$ 个条件，比如

$n+1$ 个点的坐标 (x_i, y_i)（$i = 0, 1, 2, \cdots n$），需要求满足这 $n+1$ 个点的坐标的方程组：

$$\begin{cases} a_0 + a_1 x_0 + a_2 x_0^2 + \cdots + a_n x_0^n = y_0, \\ a_0 + a_1 x_1 + a_2 x_1^2 + \cdots + a_n x_1^n = y_1, \\ \cdots\cdots\cdots\cdots\cdots\cdots\cdots\cdots\cdots\cdots, \\ a_0 + a_1 x_n + a_2 x_n^2 + \cdots + a_n x_n^n = y_n \text{。} \end{cases}$$ 这时，解线性方程组可求出系数。

2. 拉格朗日插值法

上面提到，一般来说多项式插值就是求 $n+1$ 个线性方程的解，拉格朗日插值也是基于此思想。数学家拉格朗日创造性地避开方程组求解的复杂性，引入"基函数"这一概念，使得快速手工求解成为可能。

求作小于等于 n 次的多项式 $P_n(x)$，使其满足条件 $P_n(xi) = yi, i = 0, 1, \cdots, n$。这就是所谓拉格朗日（Lagrange）插值。

先以一次（线性）插值为例，介绍基函数方法求解，再推广到任意次多项式。已知两点 (x_0, y_0)，(x_1, y_1)，求 $P_1(x) = a_0 + a_1 x$，使得 $P_1(x)$ 过这两点 (x_0, y_0)，(x_1, y_1)。则显然：
$\begin{cases} a_0 + a_1 x_0 = y_0 \\ a_0 + a_1 x_1 = y_1 \end{cases}$，解此关于 a_0，a_1 的二元一次方程组可以求出 $a_0 = \dfrac{(y_1 x_0 - y_0 x_1)}{(x_0 - x_1)}$，$a_1 = \dfrac{(y_1 - y_0)}{(x_1 - x_0)}$，从而所求的 $P_1(x)$ 为

$$P_1(x) = a_0 + a_1 x = \frac{(y_1 x_0 - y_0 x_1)}{(x_0 - x_1)} + \frac{(y_1 - y_0)}{(x_1 - x_0)} x = \frac{(x - x_1)}{(x_0 - x_1)} y_0 + \frac{(x - x_0)}{(x_1 - x_0)} y_1$$

这里，记 $l_0(x) = \dfrac{(x - x_1)}{(x_0 - x_1)}$，$l_1(x) = \dfrac{(x - x_0)}{(x_1 - x_0)}$ 称为 $P_1(x)$ 的两个基函数，显然是两个一次函数。因此，$P_1(x)$ 可以看成两个一次函数的线性组合，从而 $P_1(x) = l_0(x) y_0 + l_1(x) y_1$。

再求二次（抛物线）插值：已知三点 (x_0, y_0)，(x_1, y_1)，(x_2, y_2)，求 $P_2(x) = a_0 + a_1 x + a_2 x^2$，使得 $P_2(x)$ 过这三点 (x_0, y_0)，(x_1, y_1)，(x_2, y_2)。显然有：$\begin{cases} a_0 + a_1 x_0 + a_2 x_0^2 = y_0 \\ a_0 + a_1 x_1 + a_2 x_1^2 = y_1 \\ a_0 + a_1 x_2 + a_2 x_2^2 = y_2 \end{cases}$，解此关于 a_0，a_1，a_2 的三元一次方程组，可以求出 a_0，a_1，a_2，从而得到二次函数 $P_2(x) = a_0 + a_1 x + a_2 x^2$。但是这样求二次函数比较麻烦，因此，换一种思考方法，将 $P_2(x)$ 看成三个二次函数 $l_0(x) y_0$、$l_1(x) y_1$、$l_2(x) y_2$ 的和，即 $P_2(x) = l_0(x) y_0 + l_1(x) y_1 + l_2(x) y_2$，其中 $l_0(x)$ 满足 $l_0(x_0) = 1$，$l_0(x_1) = 0$、$l_0(x_2) = 0$；$l_1(x)$ 满足 $l_1(x_0) = 0$，$l_1(x_1) = 1$，$l_1(x_2) = 0$；$l_2(x)$ 满足 $l_2(x_0) = 0$，$l_2(x_1) = 0$，$l_2(x_2) = 1$。这样一来，$P_2(x)$ 满足 $P_2(x_0) = y_0$，$P_2(x_1) = y_1$，$P_2(x_2) = y_2$，即二次函数 $P_2(x) = l_0(x) y_0 + l_1(x) y_1 + l_2(x) y_2$，经过三点 (x_0, y_0)，(x_1, y_1)，(x_2, y_2)。接下来要做的就是把 $l_0(x)$、$l_1(x)$ 与 $l_2(x)$ 构造出来。显然：$l_0(x) = \dfrac{(x - x_1)(x - x_2)}{(x_0 - x_1)(x_0 - x_2)}$ 满足 $l_0(x_0) = 1$，$l_0(x_1) = 0$，$l_0(x_2) = 0$，可以代值进去计算。

$l_1(x) = \dfrac{(x - x_0)(x - x_2)}{(x_1 - x_0)(x_1 - x_2)}$ 满足 $l_1(x_0) = 0$，$l_1(x_1) = 1$，$l_1(x_2) = 0$，可以代值进去计算。

$l_2(x) = \dfrac{(x - x_0)(x - x_1)}{(x_2 - x_0)(x_2 - x_1)}$ 满足 $l_1(x_0) = 0$，$l_1(x_1) = 0$，$l_1(x_2) = 1$，可以代值进去计算。

一般有：$l_i(x) = \prod\limits_{j \neq i}^{0 \leq j \leq 2} \dfrac{(x - x_j)}{(x_i - x_j)}$，$i = 0$，$1$，$2$，$P_2(x) = \sum\limits_{i=0}^{2} l_i(x) y_i$。下面推广到一般形式：已知 $n+1$ 个点 $(x_0, y_0), (x_1, y_1), (x_2, y_2), \cdots, (x_n, y_n)$，要求 n 次插值函数 $P_n(x)$，可以将 $P_n(x)$ 看成 n 个 n 次多项式之和。即

$$P_n(x) = l_0(x) y_0 + l_1(x) y_1 + l_2(x) y_2 + \cdots + l_n(x) y_n,$$

要使得 $P_n(x_0) = y_0$，则要求：$l_0(x_0) = 1, l_1(x_0) = 0, l_2(x_0) = 0, \cdots\cdots, l_n(x_0) = 0$；

要使得 $P_n(x_1) = y_1$，则要求：$l_0(x_1) = 0, l_1(x_1) = 1, l_2(x_0) = 0, \cdots\cdots, l_n(x_1) = 0$；

要使得 $P_n(x_2) = y_2$，则要求：$l_0(x_2) = 0, l_1(x_2) = 0, l_2(x_2) = 1, \cdots\cdots, l_n(x_2) = 0$；

……………

要使得 $P_n(x_n) = y_n$，则要求：$l_0(x_n) = 0$，$l_1(x_n) = 0, l_2(x_n) = 0, \cdots\cdots, l_n(x_n) = 1$。

构造基函数的一般形式为：

$$l_0(x) = \frac{(x - x_1)(x - x_2) \cdots (x - x_n)}{(x_0 - x_1)(x_0 - x_2) \cdots (x_0 - x_n)} = \prod_{1 \leq j \leq n} \frac{(x - x_j)}{(x_0 - x_j)}$$

$$l_1(x) = \frac{(x - x_0)(x - x_2) \cdots (x - x_n)}{(x_1 - x_0)(x_1 - x_2) \cdots (x_1 - x_n)} = \prod_{\substack{0 \leq j \leq n \\ j \neq 1}} \frac{(x - x_j)}{(x_1 - x_j)}$$

$$l_2(x) = \frac{(x - x_0)(x - x_1) \cdots (x - x_n)}{(x_2 - x_0)(x_2 - x_1) \cdots (x_2 - x_n)} = \prod_{\substack{0 \leq j \leq n \\ j \neq 2}} \frac{(x - x_j)}{(x_2 - x_j)}$$

$$\cdots\cdots\cdots\cdots$$

$$l_n(x) = \frac{(x - x_0)(x - x_1) \cdots (x - x_{n-1})}{(x_n - x_0)(x_n - x_1) \cdots (x_n - x_{n-1})} = \prod_{\substack{0 \leq j \leq n \\ j \neq n}} \frac{(x - x_j)}{(x_n - x_j)}$$

简记为：$l_k(x) = \prod\limits_{\substack{j=0 \\ j \neq k}}^{n} \dfrac{(x - x_j)}{(x_k - x_j)}$，$P_n(x) = \sum\limits_{k=0}^{n} l_k(x) y_k$，这就是著名的拉格朗日插值公式。拉格朗日插值的余项为：

$$R_n(x) = f(x) - l_n(x) = \frac{f^{(n+1)}(\xi_n)}{(n+1)!} \prod_{i=0}^{n} (x - x_i)$$

其中 $\prod\limits_{i=0}^{n} (x - x_i) = (x - x_0)(x - x_1)(x - x_2) \cdots (x - x_n)$，$\xi_n \in (a, b)$ 且与 x 有关。拉格朗日插值的余项可以由罗尔定理等证明。值得注意的是，拉格朗日插值的方法，在插值区间内插值的精度远远大于区间外的精度，故一般说，区间外，拉格朗日插值是不准确的。

3. 牛顿插值法

牛顿插值本质上和拉格朗日插值无异，但为什么牛顿要提出这么一种插值方法呢？这是因为，拉格朗日插值每增加一个新节点，都要重新计算，换言之，它不具备承袭性。牛顿经过严密的推导，总结了下列具有承袭性的插值方法。

（1）差商的概念。

设函数 $f(x)$ 以及自变量 x 的一系列互不相等的值 $x_0, x_1, x_2, \cdots, x_n$ 以及它们的函数值值 $f(x_i)$，称

$$f[x_i,x_j]=\frac{f(x_i)-f(x_j)}{x_i-x_j},i\neq j,x_i\neq x_j$$

为 $f(x)$ 在点 x_i,x_j 处的一阶差商，并记作 $f[x_i,x_j]$，又称 $f[x_i,x_j,x_k]=\dfrac{f[x_i,x_j]-f[x_j,x_k]}{x_i-x_k},i\neq k$

为 $f(x)$ 在点 x_i,x_j,x_k 处的二阶差商；称：$f[x_0,x_1,x_2,\cdots,x_n]=\dfrac{zf[x_0,x_1,x_2,\cdots,x_{n-1}]-f[x_1,x_2,x_3,\cdots,x_n]}{x_0-x_n}$

为 $f(x)$ 在点 $x_0,x_1,x_2,\cdots,x_n$ 处的 n 阶差商。

（2）差商形式的牛顿插值公式。

根据上述差商定义，自然得到下面的差商公式表：（即把差商定义式展开）

$$f(x)=f(x_0)+f[x,x_0](x-x_0);f[x,x_0]=f[x_0,x_1]+f[x,x_0,x_1](x-x_1)$$

$$f[x,x_0,x_1]=f[x_0,x_1,x_2]+f[x,x_0,x_1,x_2](x-x_2)$$

$$f[x,x_0,x_1,x_2,\cdots,x_{n-1}]=f[x_0,x_1,x_2,x_3,\cdots,x_n]+f[x,x_0,x_1,x_2,x_3,\cdots,x_n](x-x_n)$$

从而，把后一项不断的代入前一项，就得到：

$$f(x)=f(x_0)+f[x,x_0](x-x_0)$$
$$=f(x_0)+f[x_0,x_1](x-x_0)+f[x,x_0,x_1](x-x_0)(x-x_1)=\cdots\cdots$$
$$=f(x_0)+f[x_0,x_1](x-x_0)+f[x_0,x_1,x_2](x-x_0)(x-x_1)+\cdots+$$
$$f[x,x_0,x_1,\cdots,x_n](x-x_0)(x-x_1)\cdots(x-x_n)$$

把最后一项作为余项去掉，就得到牛顿插值公式：

$$N_n(x)=f(x_0)+f[x_0,x_1](x-x_0)+f[x_0,x_1,x_2](x-x_0)(x-x_1)+\cdots+$$
$$f[x_0,x_1,\cdots,x_n](x-x_0)(x-x_1)\cdots(x-x_{n-1})$$

可以证明，这是关于 x 的 n 次多项式。

（3）牛顿插值与拉格朗日插值的比较。

设拉格朗日插值函数为 $P(x)$，牛顿插值函数为 $N(x)$，二者均满足：$P(x_i)=N(x_i)=f(x_i)$；由代数多项式插值的唯一性，显然有 $P(x)=N(x)$。因而，两个插值方法的余项也是相等的。当增加一个节点时，对于拉格朗日插值，必须摒弃前面的所有计算去重新计算，牛顿插值公式却告诉我们，增加的节点只需要在其后再加一项。这种承袭性使得牛顿插值在某些情境下会比拉格朗日插值更加灵活易用。另外还需说明一点，计算余项时，牛顿插值公式余项由于不需要导数，故 $f(x)$ 是由离散点或者导数不存在的点组成时仍然适用，这是拉格朗日余项计算所不能比拟的。

8.1.2　Python 求解插值问题

插值要求插值函数经过样本点，而拟合是拟合函数一般基于最小二乘法尽量靠近所有样本点穿过。常见插值方法有拉格朗日插值法、分段插值法、样条插值法。拉格朗日插值多项式：当节点数 n 较大时，拉格朗日插值多项式的次数较高，可能出现不一致的收敛情况，而且计算复杂。随着样点增加，高次插值会带来误差的震动现象称为龙格现象。分段插值：虽然收敛，但光滑性较差。样条插值是使用一种名为样条的特殊分段多项式进行插值的形式。由于样条插值可以使用低阶多项式样条实现较小的插值误差，这样就避免了使用高阶多项式所出现的龙格现象，所以样条插值得到了流行。

用 Python 求解插值问题需要用到 SciPy 插值函数，常用的有线性插值、梯形插值、三次多项式插值、五次多项式插值、拉格朗日插值、三次样条插值等，其中最常用的是三次样条插值和五次多项式插值。也可以自己编写插值函数。为了方便，可以直接调用 SciPy 中的插值模块实现插值。导入插值模块可以通过 from SciPy import interpolate 方法导入。插值函数包括内插一维函数插值 from SciPy. interpolate import interp1d，用法如下：

> interp1d(x,y,kind=' linear', axis = -1, copy = True, bounds_error = None, fill_value = nan, assume_sorted = False)

x 和 y 是原始数组，注意，interp1d 输入值中存在 NaN 会导致不确定的行为。参数 x 与 y 是一维实数数组，沿插值轴的 y 长度必须等于 x 的长度。

kind：str 或 int，可选参数，将内插类型指定为字符串 'linear'，'nearest'，'zero'，'slinear'，'quadratic'，'cubic'，'previous'，'next' 或整数，指定要使用的样条插值器的顺序，默认值为 'linear'。

axis：int，可选参数，指定要沿其进行插值的 y 轴，插值默认为 y 的最后一个轴。

copy：bool，可选参数，如果为 True，则该类将制作 x 和 y 的内部副本。如果为 False，则使用对 x 和 y 的引用。默认为复制。

bounds_error：bool，可选参数，如果为 True，则任何时候尝试对 x 范围之外的值进行插值都会引发 ValueError（需要进行插值）。如果为 False，则分配超出范围的值 fill_value。默认情况下会引发错误，除非 fill_value = "extrapolate"。

fill_value：array-like 或（array-like，array_likc）或 "extrapolate"，可选参数。如果是 ndarray（或 float），则此值将用于填充数据范围之外的请求点。如果未提供，则默认值为 NaN。如果是两个元素的元组，则第一个元素用作以下元素的填充值 x_new < x[0]，第二个元素用于 x_new > x[-1]。不是两个元素元组的任何元素（例如 list 或 ndarray，无论形状如何）都应视为一个 array-like 参数，该参数应同时用作两个边界 below，above = fill_value，fill_value。如果为 "extrapolate"，则将推断数据范围之外的点。

assume_sorted：bool，可选参数，如果为 False，则 x 的值可以按任何顺序排列，并且将首先对其进行排序。如果为 True，则 x 必须是单调递增值的数组。

【例 8.1】一维插值函数 interp1d 的应用。在 Anaconda 内建的 Spyder 集成开发环境中输入代码 8.1。

代码 8.1　一维插值函数 interp1d 的应用

```
1 import numpy as np                    #导入 numpy 记作 np
2 import matplotlib. pyplot as plt       #导入 matplotlib. pyplot 记作 plt
3 from scipy import interpolate          #导入 scipy 记作 interpolate
4 x=np. array([1,2,3,4,5,6,7,8,9,10])    #给定原始 x 数据
5 y=np. array([9.6,4. 1,1. 3,0. 4,0. 05,0. 1,0. 7,1. 8,3. 8,9. 0])   #给定原始 y 的数据
6 f = interpolate. interp1d(x,y)         #进行一维插值,默认线性插值,返回一个插值函数 f
7 xnew = np. arange(0,10,10)             #给定新的 xnew 的值,要求在 0 到 10 之间
8 ynew = f(xnew)                         #用插值函数求出新的函数值
9 plt. plot(x,y,' o',xnew,ynew,' -')     #绘制原始数据点(x,y)图与插值函数线图
10 plt. show()                           #显示图形
```

运行代码 8.1 得到所要的结果。

【例 8.2】一维插值函数 interp1d 的应用示例。在 Anaconda 内建的 Spyder 集成开发环境中输入代码 8.2。

代码 8.2　一维插值函数 interp1d 的应用示例

```
1 import numpy as np                        #导入 numpy 记作 np
2 import matplotlib. pyplot as plt          #导入 matplotlib. pyplot 记作 plt
3 from scipy import interpolate             #导入 scipy 记作 interpolate
4 x = np. arange(0,6)                       #给定原始 x 数据
5 y = np. exp(x)                            #给定原始 y=e^x 数据
6 f = interpolate. interp1d(x,y)            #进行一维插值,默认线性插值,返回一个插值函数 f
7 xnew = np. arange(0,5,0.1)                #给定新的 xnew 的值,要求在 0 到 5 之间
8 ynew = f(xnew)                            #用插值函数求出新的函数值
9 plt. plot(x,y,'o',xnew,ynew,'-')          #绘制原始数据点(x,y)图与插值函数线图
10 plt. show()                              #显示图形
```

运行代码 8.2 得到所要的结果。

【例 8.3】一维插值函数 interp1d 的应用,对 kind 取不同值进行示范。在 Spyder 集成开发环境中输入代码 8.3。

代码 8.3　一维插值函数 interp1d 的应用,对 kind 取不同值进行示范

```
1 import numpy as np                              #导入 numpy 记作np
2 import matplotlib. pyplot as plt                #导入 matplotlib. pyplot 记作 plt
3 from scipy. interpolate import interp1d         #导入插值模块
4 plt. rcParams['font. sans- serif']=['SimHei']   #设置中文显示
5 plt. rcParams['axes. unicode_minus'] = False    #解决保存图像是负号'-'而显示为方块的问题
6 x = np. linspace(0,4*np. pi,40)                 #生成 x 数据
7 y = np. cos(x)                                  #生成 y 数据
8 y0 = interp1d(x,y,kind='zero')                  #一维插值函数,零次插值
9 y1 = interp1d(x,y,kind='linear')               #一维插值函数,一次插值
10 y2 = interp1d(x,y,kind='quadratic')            #一维插值函数,二次插值
11 y3 = interp1d(x,y,kind='cubic')                #一维插值函数,三次插值
12 nnew_x = np. linspace(0,12,100)                #设置新变量的值
13 plt. figure(figsize=(12,8))                    #设置绘图环境
14 plt. subplot(231)                              #置绘制子图,2 行,3 列,第 1 个图
15 plt. title("离散点图")                          #添加标题"离散点图"
16 plt. plot(x,y,'o',color='red',label='data')    #原始数据点绘图,正弦离散数据点
17 plt. subplot(232)                              #设置绘制子图,2 行,3 列,第 2 个图
18 plt. title("零次插值")                          #添加标题"零次插值"
19 plt. plot(new_x,y0(new_x),color='blue',label='zero')     #一维插值函数,零次插值绘图
20 plt. subplot(233)                              #设置绘制子图,2 行,3 列,第 3 个图
21 plt. title("一次插值")                          #添加标题"一次插值"
22 plt. plot(new_x,y1(new_x),color='green',label='linear')  #一维插值函数,一次插值绘图
23 plt. subplot(234)                              #设置绘制子图,2 行,3 列,第 4 个图
```

```
24 plt. title("二次插值")                              #添加标题"二次插值"
25 plt. plot( new_x,y2( new_x),color=' yellow' ,label=' quadratic' )       #一维插值函数,二次插值绘图
26 plt. subplot( 235)                                  #设置绘制子图,2 行,3 列,第 5 个图
27 plt. title("三次插值")                              #添加标题"三次插值"
28 plt. plot( new_x,y3( new_x),color=' black' ,label=' cubic' )         #一维插值函数,三次插值绘图
29 plt. subplot( 236)                                  #设置绘制子图,2 行,3 列,第 6 个图
30 plt. title("interp1d 插值")                         #添加标题"interp1d 插值"
31 plt. plot( x,y,' o' ,color=' red' ,label=' data' )   #原始数据点绘图,正弦离散数据点
32 plt. plot( new_x,y0( new_x),color=' blue' ,label=' zero' )          #一维插值函数,零次插值绘图
33 plt. plot( new_x,y1( new_x),color=' green' ,label=' linear' )       #一维插值函数,一次插值绘图
34 plt. plot( new_x,y2( new_x),color=' yellow' ,label=' quadratic' )   #一维插值函数,二次插值绘图
35 plt. plot( new_x,y3( new_x),color=' black' ,label=' cubic' )        #一维插值函数,三次插值绘图
36 plt. legend( )                                      #添加图例
37 plt. show( )                                        #显示绘制的图形
```

运行代码 8.3 得到所要的结果。

SciPy 还提供了二维插值函数 interp2d,该函数能实现二维插值,其调用格式如下:

$$z1 = \text{interp2d}(x,y,z,\text{kind}=' \text{linear}')$$
$$\text{new\_z1} = z1(\text{new\_x},\text{new\_y})$$

其中第一、二个参数 x 与 y 是数组,其中 x 为 m 维,y 为 n 维,第三个参数 z 是 $n*m$ 二维数组,第四个参数为插值类型,kind=' linear' 表示一次插值。返回一个连续插值函数,通过输入新的插值点实现调用。

【例 8.4】 二维插值函数 interp2d 的使用。在 Anaconda 内建的 Spyder 集成开发环境中输入代码 8.4。

代码 8.4　二维插值函数 interp2d 的使用示例

```
1 import numpy as np                                    #导入 numpy 记作 np
2 import matplotlib. pyplot as plt                      #导入 matplotlib. pyplot 记作 plt
3 from scipy. interpolate import interp2d               #导入插值模块
4 from mpl_toolkits. mplot3d import Axes3D
5 plt. rcParams[' font. sans- serif' ]=[' SimHei' ]     #设置中文显示
6 plt. rcParams[' axes. unicode_minus' ] = False        #解决保存图像是负号' - '而显示为方块的问题
7 x1 = np. linspace( 1,10,10)                           #生成 x1 数据
8 y1 = np. linspace( 1,10,10)                           #生成 y1 数据
9 x,y = np. meshgrid( x1,y1)                            #从坐标向量 x,y 中返回坐标矩阵
10 z = np. log( x**2+y**2)                              #生成 z 数据
11 new_x = np. linspace( 1,10,10)                       #生成 new_x 数据
12 new_y = np. linspace( 1,10,10)                       #生成 new_y 数据
13 newx,newy = np. meshgrid( new_x,new_y )             #从 newx,newy 中返回坐标矩阵
14 z1 = interp2d( x1,y1,z,kind=' linear' )             #样条插值函数插值,一次插值
15 new_z1 = z1( new_x,new_y)                            #设置 new_z1 值
16 z2 = interp2d( x1,y1,z,kind=' cubic' )              #三次插值
```

```
17 new_z2 = z2(new_x,new_y)                             #设置 new_z2 值
18fig=plt.figure(figsize=(12,8))                        #设置绘图环境
19 ax1=fig.add_subplot(221,projection='3d')             #设置绘制子图,2 行,2 列,第 1 个图
20 ax1.scatter(x,y,z)                                    #绘制原始数据散点图
21 ax1.set_title("原始数据点图")                          #添加标题"原始数据点图"
22 ax2=fig.add_subplot(222,projection='3d')             #设置绘制子图,2 行,2 列,第 2 个图
23 ax2.plot_surface(newx,newy,new_z1,color='red')       #一次插值绘图
24 ax2.set_title("interp2d 一次插值")                    #添加标题"nterp2d 一次插值"
25 ax3=fig.add_subplot(223,projection='3d')             #设置绘制子图,2 行,2 列,第 3 个图
26 ax3.plot_surface(newx,newy,new_z2,color='green')     #三次插值绘图
27 ax3.set_title("interp2d 三次插值")                    #添加标题"nterp2d 三次插值"
28 ax4=fig.add_subplot(224,projection='3d')             #设置绘制子图,2 行,2 列,第 4 个图
29 ax4.scatter(x,y,z)                                    #原始数据点图
30 ax4.plot_surface(newx,newy,new_z1,color='red')       #一次插值绘图
31 ax4.plot_surface(newx,newy,new_z2,color='yellow')    #三次插值绘图
32 plt.title("interp2d")                                 #添加标题"nterp2d"
33 plt.show()                                            #显示绘制的图形
```

运行代码 8.4 得到所要的结果。

【例 8.5】 一维 interp1d 插值模块中 linear 插值与 cubic 插值的对照。在 Spyder 集成开发环境中输入代码 8.5。

代码 8.5 一维 interp1d 插值模块中 linear 插值与 cubic 插值的对照

```
1 import matplotlib.pyplot as plt          #导入 matplotlib.pyplot 记作 plt
2 from scipy.interpolate import interp1d   #导入插值模块
3 import numpy as np                        #导入 numpy 记作 np
4 x = np.linspace(-50,50,num=20,endpoint=True)  #产生原始数据 x 值
5 y = np.arctan(x)                          #产生原始数据 y 值
6 f = interp1d(x,y)                         #对原始点对(x,y)进行插值,默认线性插值,返回插值函数 f
7 f2 = interp1d(x,y,kind='cubic')           #对原始点对(x,y)进行 cubic 插值,返回插值函数 f
8 xnew = np.linspace(-50,50,num=40,endpoint=True) #给出新 xnew 的值
9 plt.plot(x,y,'o',xnew,f(xnew),'-',xnew,f2(xnew),'--')#绘制原始数据点图,线性插值图,三次函数插值图
10 plt.legend(['data','linear','cubic'],loc='best')  #绘制图例
11 plt.show()                               #显示图形
```

运行代码 8.5 得到所要的结果。

【例 8.6】 假设有如下两组数据,其实这两组数据就是通过代码 8.5 中 4、5 句代码打印生成的:

$x =$ [-50, -44.73684211, -39.47368421, -34.21052632, -28.94736842, -23.68421053, -18.42105263, -13.15789474, -7.89473684, -2.63157895, 2.63157895, 7.89473684, 13.15789474, 18.42105263, 23.68421053, 28.94736842, 34.21052632, 39.47368421, 44.73684211, 50]

$y =$ [-1.55079899, -1.54844711, -1.54546841, -1.54157388, -1.5362646, -1.52859917, -1.51656384, -1.49494215, -1.44480064, -1.20764932, 1.20764932, 1.44480064, 1.49494215, 1.51656384, 1.52859917, 1.5362646, 1.54157388, 1.54546841, 1.54844711, 1.55079899]

假设两个数组 x 与 y 作为二维空间即平面上的点 (x, y) 的两个维度，使用下面的程序进行数据绘图与插值绘图。

在 Anaconda 内建的 Spyder 集成开发环境中输入代码 8.6。

代码 8.6　进行数据绘图与插值绘图的对照

```
1 import matplotlib. pyplot as plt            #导入 matplotlib. pyplot 记作 plt
2 from scipy. interpolate import interp1d     #导入插值模块
3 import numpy as np                          #导入 numpy 记作 np
4 plt. figure( )                              #设置绘图环境
5 plt. subplot( 221)                          #在 2 行 2 列第 1 个位置绘制子图
6 x= [- 50. ,- 44. 73684211,- 39. 47368421,- 34. 21052632,- 28. 94736842,- 23. 68421053,
- 18. 42105263,- 13. 15789474,- 7. 89473684,- 2. 63157895,2. 63157895,7. 89473684,13. 15789474,
18. 42105263,23. 68421053,28. 94736842,34. 21052632,39. 47368421,44. 73684211,50. ]   #输入 x 数据
7 y= [- 1. 55079899,- 1. 54844711,- 1. 54546841,- 1. 54157388,- 1. 5362646,- 1. 52859917,
- 1. 51656384,- 1. 49494215,- 1. 44480064,- 1. 20764932,1. 20764932,1. 44480064,1. 49494215,
1. 51656384,1. 52859917,1. 5362646,1. 54157388,1. 54546841,1. 54844711,1. 55079899]   #输入 y 数据
8 plt. plot( x,y,' o' )                       #在点( x,y)处绘制散点图
9 plt. subplot( 222)                          #在 2 行 2 列第 2 个位置绘制子图
10 f1 = interp1d( x,y,kind = ' linear' )      #利用数据( x,y)进行线性插值,返回插值函数 f1( )
11 xnew = np. linspace( - 50,50,20)           #给出 x 的新值 xnew,它不能超过原先 x 值的范围
12 plt. plot( x,y,' o' ,xnew,f1( xnew) ,' - ' )  #同时绘制原数据图与线性插值函数图
13 plt. subplot( 223)                         #在 2 行 2 列第 3 个位置绘制子图
14 f2 = interp1d( x,y,kind = ' cubic' )       #利用数据( x,y)进行立方插值,返回插值函数 f2( )
15 xnew =np. linspace( - 50,50,20)            #给出 x 的新值 xnew,它不能超过原先 x 值的范围
16 plt. plot( x,y,' o' ,xnew,f2( xnew),' - - ' )  #同时绘制原数据图与立方插值函数图
17 plt. subplot( 224)                         #在 2 行 2 列第 4 个位置绘制子图
18 f1 = interp1d( x,y,kind = ' linear' )      #利用数据( x,y)进行线性插值,返回插值函数 f1( )
19 f2 = interp1d( x,y,kind = ' cubic' )       #利用数据( x,y)进行立方插值,返回插值函数 f2( )
20 xnew = np. linspace( - 50,50,20)           #给出 x 的新值 xnew,它不能超过原先 x 值的范围
21 plt. plot( x,y,' o' ,xnew,f1( xnew) ,' - ' ,xnew,f2( xnew) ,' - - ' )  #同时绘制原数据图,线性插值函数图与
立方插值函数图
22 plt. legend( [' data' ,' linear' ,' cubic' ],loc = ' best' )   #设置图例
23 plt. show( )                               #显示图形
```

运行代码 8.6 得到所要的结果。

样条（Spline）是一种以节点控制弯曲程度顺滑的曲线，通过编辑节点可以很容易地调节曲线的曲率和走向。样条最初是工程绘图中使用的一种工具，是富有弹性的细木条和金属条，利用它可以将一系列离散点连接成光滑曲线，称为样条曲线。后来数学家将其抽象，定义了样条函数，其中常用的是三次样条曲线，由分段三次多项式组成，在连接点具有连续曲率。下面介绍单变量样条插值的应用。

SciPy. interpolate 中的 UnivariateSpline 类是创建基于固定数据点的函数的便捷方法，其调用格式如下：

UnivariateSpline(x,y,w = None,bbox = [None,None],k = 3,s = None,ext = 0,check_finite = False)。

【**例 8.7**】 使用 UnivariateSpline 进行样条插值示例。在 Anaconda 内建的 Spyder 集成开发环境中输入代码 8.7。

代码 8.7　使用 UnivariateSpline 进行样条插值示例

```
1 import matplotlib. pyplot as plt             #导入 matplotlib. pyplot 记作 plt
2 from scipy. interpolate import UnivariateSpline   #从 scipy. interpolate 中导入 UnivariateSpline
3 import numpy as np                           #导入 numpy 记作 np
4 plt. figure( )                               #设置绘图环境
5 plt. subplot( 131)                           #设置绘制子图,1 行,3 列,第 1 个图
6 x = np. linspace( - 3,3,30)                  #给出 x 原始值
7y = np. exp( - x) +np. sin( x**2)             #给出 y 原始值
8 plt. plot( x,y,' ro',ms = 8)                 #绘制原始数据点图,红色
9 plt. subplot( 132)                           #设置绘制子图,1 行,3 列,第 2 个图
10 f=UnivariateSpline( x,y,k = 5)              #利用数据( x,y)进行 5 次样条插值,得到样条插值函数 f
11 xnew=np. linspace( - 3,3,30)                #给出 x 的新值
12 plt. plot( xnew,f( xnew),' g',lw = 3)       #绘制 5 次样条插值函数图,线宽 lw = 3,绿色
13 plt. subplot( 133)                          #设置绘制子图,1 行,3 列,第 3 个图
14 f. set_smoothing_factor( 0. 5)              #设置线条平滑程度
15 plt. plot( xnew,f( xnew) ,' b',lw = 3)      #绘制 5 次样条插值函数图,线宽 lw = 3,蓝色
16 plt. show( )                                #显示图形
```

运行代码 8.7 得到所要的结果。

8.1.3　拟合

拟合是指已知某函数的若干离散函数值 $\{f1,f2,\cdots,fn\}$，通过调整该函数中若干待定系数 $f(\lambda_1,\lambda_2,\cdots,\lambda_n)$，使得该函数与已知点集的差别（最小二乘意义）最小。如果待定函数是线性函数，就叫线性拟合或线性回归，否则称为非线性拟合或非线性回归。表达式也可以是分段函数，这种情况下叫作样条拟合。优化和拟合库 SciPy. optimize 子模块提供了函数最小值（标量或多维）、曲线拟合和寻找等式的根的有用算法。调用方法为 from SciPy import optimize。下面介绍一下最小二乘拟合。

假设有一组实验数据 $(x_i,y_i)(i = 1,2,3,\cdots,n)$，事先知道它们之间满足函数关系 $y_i = f(x_i)$，通过这些已知信息，需要确定函数 f 的一些参数。例如，如果 f 是线性函数 $f(x) = kx+b$，那么 k 和 b 就是需要确定的参数。如果用 p 表示函数中需要确定的参数，那么目标函数就是找到一组 p，使得下面函数 $A(p)$ 的值最小：

$$A(p) = \sum_{i=1}^{n} \left[y_i - f(x_i,\ p) \right]^2$$

这种算法称为最小二乘拟合（Least-square fitting）。在 optimize 模块中可以使用 leastsq( ) 对数据进行最小二乘拟合计算。leastsq( ) 只需要将计算误差的函数和待确定参数的初始值传递给它即可。leastsq( ) 函数传入误差计算函数和初始值，该初始值将作为误差计算函数的第一个参数传入；p0 = [k0,b0]#k0,b0 可以任意取值。

optimize. leastsq(residuals,p0,args=(y_meas,x))

leastsq 函数其实是根据剩余误差 residuals(y_meas−y_true)（ y 均值与 y 真值的差）估计模型（即函数）的参数。计算的结果是一个包含两个元素的元组，第一个元素是一个数组，表示拟合后的参数 k、b；第二个元素如果等于 1、2、3、4 中的一个整数，则拟合成功，否则将会返回 mesg。mesg 可以保证退出状态是 success，只有当 | 前面那句程序执行失败，后面才会执行，相当于 | 前面那程序的退出码。

【例 8.8】 使用最小二乘法对一组实验数据 (x_i, y_i) 进行线性拟合示例，如表 8.1 所示。

表 8.1 实验数据

i	0	1	2	3	4	5	6	7	8	9
x_i	−10	−5	0	5	10	15	20	25	30	35
y_i	45	51	54	61	66	70	74	79	86	90

在 Anaconda 内建的 Spyder 集成开发环境中输入代码 8.8。

代码 8.8 使用最小二乘法对一组实验数据（xi，yi）进行线性拟合示例

```
1 import numpy as np                                   #导入 numpy 记作 np
2 from scipy. optimize import leastsq                  #从 scipy. optimize 中导入 leastsq
3 import matplotlib. pyplot as plt                     #导入 matplotlib. pyplot 记作 plt
4 xi=np. array([- 10,- 5,0,5,10,15,20,25,30,35])       #给定原始 xi 实验数据
5 yi=np. array([45,51,54,61,66,70,74,79,86,90])        #给定原始 yi 实验数据
6 def func(p,x):                                        #定义需要拟合的函数 fun 为一次函数 kx+b
7      (k,b)=p                                          #参数 p 包含 k,b,即是将参数 k,b 打包
8      return k*x+b                                     #回到函数 kx+b
9 def error(p,x,y,c):                                   #定义误差函数 error 为 func(p,x)- y
10      return  func(p,x)- y                            #x、y 都是列表,故返回值也是个列表
11 p0=[1,2]                                             #给定初值 p0,即 k=1,b=2
12 c="拟合次数"                                          #调用几次 error 函数才能找到使均方误差之和最小的 k、b
13 Para=leastsq( error,p0,args=( xi,yi,c))              #把 error 函数中除了 p 以外的参数打包到 args 中,进行拟合
14 (k,b)=Para[0]                                        #Para 插值返回两个参数值,第一个是 Para[0],为 k,b 的值
15 t= Para[1]                                           #Para 插值返回两个参数值,第二个是 Para[1],为 1,2,3,4 中的值
16 print( "k=",k,' \n' ,"b=",b, "t=",t)                #打印 k,强制换行' \n',b 及 t 的值
17 print(' 拟合曲线方程为:% s'  %' y=',k,' x+',b)         #打印拟合曲线方程
18 plt. figure(figsize=( 8,6))                          #设置绘图环境
19 plt. scatter( xi,yi,color="red",label="原始数据点",linewidth=6)   #画原始 xi,yi 实验数据点图,红色
20 x=np. linspace( - 10,40,1000)                        #给出自变量 x 的值
21 y=k*x+b                                              #拟合直线 y=kx+b
22 plt. plot( x,y,color="blue",label="拟合直线",linewidth=2)   #画拟合直线
23 plt. legend()                                        #绘制图例
24 plt. rcParams[' font. sans- serif' ]=[' SimHei']    #设置中文显示
25 plt. show()                                          #显示绘制的图形
```

运行代码 8.8 得到所要的结果。

【例 8.9】 使用最小二乘法对带噪声的正弦数据进行拟合示例。在 Spyder 集成开发环境中输入代码 8.9。

代码 8.9 使用最小二乘法对带噪声的正弦数据进行拟合示例

```
1 import numpy as np                              #导入 numpy 记作 np
2 from scipy. optimize import leastsq             #从 scipy. optimize 中导入 leastsq
3 import matplotlib. pyplot as plt                #导入 matplotlib. pyplot 记作 plt
4 plt. rcParams[' font. sans- serif' ]=[' SimHei' ]   #设置中文显示
5 plt. rcParams[' axes. unicode_minus' ] = False   #解决保存图像是负号'-' 而显示为方块的问题
6 def func(x,p):                    #定义数据拟合所用的函数: A*sin(2*pi*k*x + theta)
7     (A,k,theta)= p                # A,k,theta 打包为参数 p
8     return   A*np. sin(2*np. pi*k*x+theta)   #回到函数: A*sin(2*pi*k*x + theta)
9 def    residuals(p,y,x):          #定义误差函数 residuals(p,y,x)
10       return y - func(x,p)        #实验数据 y 和拟合函数值之间的差,p 为拟合需要找到的系数
11 x = np. linspace(- 2*np. pi,0,100)         #给出实验数据 x 的值
12 (A,k,theta) = (10,0. 34,np. pi/3)          #真实数据的函数参数
13 y0 = func(x,[A,k,theta])                  #给出真实数据初值 y0
14 y1 = y0 + 2 *np. random. randn(len(x))     #加入噪声之后的实验数据 y1
15 p0 = [9,0. 3,0]                           #第一次猜测的函数拟合参数即初值
16 plsq = leastsq(residuals,p0,args=(y1,x))   #最小二乘法拟合
17 print (u"真实参数:",[A,k,theta] )          #打印真实参数
18 print(u' 拟合参数' ,plsq[0])               #实验数据拟合后的参数
19 plt. plot(x,y0,color="blue",label=u"真实数据")           #绘制真实数据图
20 plt. plot(x,y1,color="black",label=u"带噪声的实验数据")    #绘制带噪声的真实数据图
21 plt. plot(x,func(x,plsq[0]),color="red",label=u"拟合数据")  #绘制拟合数据数据图
22 plt. legend( )                            #绘制图例
23 plt. show( )                              #显示绘制的图形
```

运行代码 8.9 得到所要的结果。

8.1.4 Python 数据拟合

最小二乘法拟合的基本原理: 考虑近似函数 $p(x)$ 与所给数据点对 (x_i, y_i), $(i=0,1,2,\cdots,m)$, 误差 $r_i = p(x_i) - y_i$ 的大小, 通常有三种方法。

1. 考虑绝对值 $|r_i| = |p(x_i) - y_i|$ 的大小; 2. 考虑绝对值和 $\sum\limits_{i=0}^{m} |r_i| = \sum\limits_{i=0}^{m} |p(x_i) - y_i|$ 的大小; 3. 考虑绝对值平方和 $\sum\limits_{i=0}^{m} |r_i|^2 = \sum\limits_{i=0}^{m} |p(x_i) - y_i|^2$ 的大小, 即 $\sum\limits_{i=0}^{m} r_i^2 = \sum\limits_{i=0}^{m} (p(x_i) - y_i)^2$ 的大小。

研究函数的极值往往需要求导数, 前两种方法含有绝对值, 不方便求导数, 因此采用第三种方法来度量误差 r_i, $(i=0,1,2,\cdots,m)$ 的大小。数据拟合具体做法: 对于给定的数据点对

(x_i, y_i)，$(i = 0, 1, 2, \cdots, m)$，在取定的函数类 P 中，求出函数 $p(x) \in P$，使得误差平方和 $\sum_{i=0}^{m} r_i^2 = \sum_{i=0}^{m} (p(x_i) - y_i)^2$ 最小。$p(x)$ 称为拟合函数或者最小二乘解。求拟合函数 $p(x)$ 的这种方法称为曲线拟合的最小二乘法。注意在曲线拟合中，函数类 P 有不同的选择方法，如果选择函数类 P 为多项式，所进行的曲线拟合就是所谓的多项式拟合。

【例 8.10】 某实验的数据如表 8.2 所示，用最小二乘法拟合实验数据的近似函数关系。

表 8.2   实验数据

i	0	1	2	3	4	5	6
T_i	1	2	2.5	2.6	2.8	3	3.5
R_i	5	3.5	3	2.5	2	1.5	1.2

（1）为了观察这些数据满足什么函数关系类，首先画出散点图。在 Spyder 集成开发环境中输入代码 8.10。

代码 8.10   数据点散点图绘制

```
1 import matplotlib. pyplot as plt        #导入 matplotlib. pyplot 记作 plt
2 T=[1,2,2.5,2.6,2.8,3,3.5]              #输入 T 数据
3 R=[5,3.5,3,2.5,2,1.5,1.2]             #输入 R 数据
4 plt. scatter( T,R,s=50,c=' red' ,marker = ( "o") )   #绘制数据点对(T_i,R_i)散点图
5 plt. xlabel( "T")                       #x 轴标记 T
6 plt. ylabel( "R")                       #y 轴标记 R
```

运行代码 8.10 得到所要的结果。

（2）确定拟合函数类，并推导拟合函数求解的系数公式。

通过实验数据散点图，可以发现实验数据点对 (T_i, R_i) 接近一条直线，因此，可以取拟合函数为关于 R 与 T 的一次函数 $R = a_0 + a_1 T$，用最小二乘法进行拟合。令 $A(a_0, a_1) = \sum_{i=0}^{6} r_i^2 = \sum_{i=0}^{6} (R(T_i) - R_i)^2$，即

$$A(a_0, a_1) = \sum_{i=0}^{6} (R(T_i) - R_i)^2 = \sum_{i=0}^{6} (a_0 + a_1 T_i - R_i)^2$$
$$= (a_0 + a_1 T_0 - R_0)^2 + (a_0 + a_1 T_1 - R_1)^2 + \cdots + (a_0 + a_1 T_6 - R_6)^2$$

$A(a_0, a_1)$ 关于 a_0，a_1 分别求偏导数

$$\frac{\partial A}{\partial a_0} = 2(a_0 + a_1 T_0 - R_0) + 2(a_0 + a_1 T_1 - R_1) + \cdots + 2(a_0 + a_1 T_6 - R_6)$$

$$= 2\left(7a_0 + \left(\sum_{i=0}^{6} T_i\right) a_1 - \sum_{i=0}^{6} R_i\right)$$

$$\frac{\partial A}{\partial a_1} = 2(a_0 + a_1 T_0 - R_0) T_0 + 2(a_0 + a_1 T_1 - R_1) T_1 + \cdots + 2(a_0 + a_1 T_6 - R_6) T_6$$

$$= 2\left[\left(\sum_{i=0}^{6} T_i\right) a_0 + \left(\sum_{i=0}^{6} T_i^2\right) a_1 - \sum_{i=0}^{6} (R_i T_i)\right]$$

$A(a_0, a_1)$ 要取得极小值，$\dfrac{\partial A}{\partial a_0} = 0, \dfrac{\partial A}{\partial a_1} = 0$。即

$$2\left(7a_0 + \left(\sum_{i=0}^{6} T_i\right) a_1 - \sum_{i=0}^{6} R_i\right) = 0, 2\left[\left(\sum_{i=0}^{6} T_i\right) a_0 + \left(\sum_{i=0}^{6} T_i^2\right) a_1 - \sum_{i=0}^{6} (R_i T_i)\right] = 0$$

$$\begin{cases} 7a_0 + \left(\sum_{i=0}^{6} T_i\right) a_1 = \sum_{i=0}^{6} R_i \\ \left(\sum_{i=0}^{6} T_i\right) a_0 + \left(\sum_{i=0}^{6} T_i^2\right) a_1 = \sum_{i=0}^{6} (R_i T_i) \end{cases}$$，接下来，需要计算 a_0，a_1 的系数 $\sum_{i=0}^{6} T_i$，$\sum_{i=0}^{6} T_i^2$，

$\sum_{i=0}^{6} R_i$，$\sum_{i=0}^{6} R_i T_i$ 值。

（3）Python 编程实现 a_0，a_1 的系数求值。在 Anaconda 内建的 Spyder 集成开发环境中输入代码 8.11。

代码 8.11　计算 a_0，a_1 的系数值

```
1 import numpy as np                              #导入 numpy 记作 np
2 T=[1,2,2.5,2.6,2.8,3,3.5]                        #输入数据 Ti
3 R=[5,3.5,3,2.5,2,1.5,1.2]                        #输入数据 Ri
4 TT=[]                                            #创建一个空列表,用来装 Ti 乘以 Ti
5 RT=np.multiply(np.array(R),np.array(T))          #将列表 T 与列表 R 对应元素相乘,作成一个新的列表
6 for ti in T:                                     #for 循环,让 ti 遍历 T
7     TiTi=ti**2                                   #将 ti 平方赋值给 TiTi
8     TT.append(TiTi)                              #将 TiTi 添加到列表 TT 中
9 sum_T=round(np.sum(T),3)                         #对 T 求和保留 3 位小数赋值给 sum_T
10 TT_sum=np.sum(TT)                               #对 TT 求和赋值给 TT_sum
11 sum_R=np.sum(R)                                 #对 R 求和赋值给 sum_R
12 RT_sum=np.sum(RT)                               #对 RT 求和赋值给 RT_sum
13 print('Ti 求和=',sum_T)                          #打印 Ti 求和
14 print('Ti 平方求和=',TT_sum)                      #打印 Ti 平方求和
15 print('Ri 求和=',sum_R)                          #打印 Ri 求和
16 print('RiTi 求和=',RT_sum)                        #打印 RiTi 求和
17 print('RiTi=',RT.tolist())                       #打印 RiTi 列表
```

运行代码 8.11 所生成的结果如下。Ti 求和 = 17.4，Ti 平方求和 = 47.1，Ri 求和 = 18.7

RiTi 求和 = 40.300000000000004，RiTi = [5.0,7.0,7.5,6.5,5.6,4.5,4.2]

即 $\sum_{i=0}^{6} T_i = 17.4$，$\sum_{i=0}^{6} T_i^2 = 47.1$，$\sum_{i=0}^{6} R_i = 18.7$，$\sum_{i=0}^{6} R_i T_i = 40.3$

（4）将 a_0，a_1 的系数值代入，进一步求解 a_0，a_1 的值，得到拟合函数。

关于 a_0，a_1 的方程组 $\begin{cases} 7a_0 + \left(\sum_{i=0}^{6} T_i\right) a_1 = \sum_{i=0}^{6} R_i \\ \left(\sum_{i=0}^{6} T_i\right) a_0 + \left(\sum_{i=0}^{6} T_i^2\right) a_1 = \sum_{i=0}^{6} (R_i T_i) \end{cases}$ 代入系数值，有

$\begin{cases} 7a_0 + 17.4a_1 = 18.7 \\ 17.4a_0 + 47.1a_1 = 40.3 \end{cases}$，将方程化成矩阵形式 $\begin{pmatrix} 7 & 17.4 \\ 17.4 & 47.1 \end{pmatrix} \begin{pmatrix} a_0 \\ a_1 \end{pmatrix} = \begin{pmatrix} 18.7 \\ 40.3 \end{pmatrix}$。在 Spyder 集成开

发环境中输入代码8.12求解矩阵方程。

代码8.12　求解矩阵方程，计算a_0，a_1的值

```
1 import numpy as np                              #导入 numpy 记作 np
2 sum_T=17.4                                      #给 sum_T 赋值
3 TT_sum=47.1                                     #给 TT_sum 赋值
4 sum_R= 18.7                                     #给 sum_R 赋值
5 RT_sum=40.3                                     #给 RT_sum 赋值
6 A=np.array([[7,sum_T],[sum_T,TT_sum]])          #输入系数矩阵
7 b=np.array([sum_R,RT_sum])                      #输入常数项矩阵
8 x=np.linalg.solve(A,b)                          #求解矩阵方程 Ax=b,返回结果为一个列表 x
9 a0=round(x[0],3)                                #将列表 x 第一个数取 3 位小数,赋值给 a0
10 a1=round(x[1],3)                               #将列表 x 第二个数取 3 位小数,赋值给 a1
11 print(' a0=',a0,' a1=',a1," ",",","R=",a0,a1,"T")   #打印 a0,a1 的值及拟合函数表达式
```

运行代码8.12所生成的结果为：a0= 6.665 a1= -1.607，$R=$ 6.665 -1.607 T，利用关系式 $R=$ 6.665 -1.607 T 可

以预测 T=4 时，R 的值，运行下列代码：

```
t=4
r=round(6.665- 1.607*t,4)
print("R=",r)
```

可以求出 R= 0.237。

（5）最后根据拟合函数 $R=$ 6.665 -1.607 T 绘制拟合曲线图，并与实验数据图进行对照观察拟合效果。

在 Anaconda 内建的 Spyder 集成开发环境中输入代码8.13。

代码8.13　根据拟合函数 $R=$ 6.665 -1.607 T 及实验数据绘制图形

```
1 import numpy as np                              #导入 numpy 记作 np
2 import matplotlib.pyplot as plt                 #导入 matplotlib.pyplot 记作 plt
3 plt.rcParams['font.sans-serif']=['SimHei']      #设置中文显示
4 plt.rcParams['axes.unicode_minus'] = False      #解决保存图像是负号'-'而显示为方块的问题
5 T=np.array([1,2,2.5.6,2.8,3,3.5])               #输入实验 T 数据
6 R=np.array([5,3.5,3,2.5,2,1.5,1.2])             #输入实验 R 数据
7 T1=np.linspace(1,4,100)   #设置拟合函数 T1 数据,接于 T 的最小值与最大值之间
8 R1= 6.665- 1.607*T1                             #输入拟合函数
9 plt.scatter(T,R,color="red",label=u"实验数据")  #绘制实验数据图
10 plt.plot(T1,R1,color="blue",label=u"拟合曲线")  #绘制拟合函数数据图
11 plt.xlabel("T")                                #给 x 轴加标签 T
12 plt.ylabel("R")                                #给 y 轴加标签 R
13 plt.legend()                                   #绘制图例
14 plt.show()                                     #显示绘制的图形
```

运行代码8.13得到所要的结果。

【例 8.11】 已知实验数据如表 8.3 所示，试用最小二乘法求它的二次拟合多项式，并绘制出实验数据点图与二次拟合多项式曲线图，观察它们的拟合情况。

表 8.3　实验数据

i	0	1	2	3	4	5	6	7	8
x_i	10	15	20	25	30	35	40	45	50
y_i	25.2	27.3	28.7	29.8	31.1	31.2	32.6	31.7	29.4

由于已经知道拟合函数类为多项式函数，因此，可以设二次拟合多项式为 $y=a_0+a_1x+a_2x^2$，下面需要代入数据 (xi,yi)，$(i=0,1,2,3,4,5,6,7,8)$ 确定多项式的系数 a_0，a_1，a_2。即有 $y(x_i)=a_0+a_1x_i+a_2x_i^2$，令 $A(a_0,a_1,a_2)$ 为

$$A(a_0,a_1,a_2)=\sum_{i=0}^{8}(y(x_i)-y_i)^2=\sum_{i=0}^{8}(a_0+a_1x_i+a_2x_i^2-y_i)^2$$

$A(a_0,a_1,a_2)$ 取到极小值的必要条件是 $A(a_0,a_1,a_2)$ 关于 a_0，a_1，a_2 的三个一阶偏导数值为 0，从而有

$$\frac{\partial A}{\partial a_0}=2\sum_{i=0}^{8}(a_0+a_1x_i+a_2x_i^2-y_i)=2\left(\sum_{i=0}^{8}a_0+a_1\sum_{i=0}^{8}x_i+a_2\sum_{i=0}^{8}x_i^2-\sum_{i=0}^{8}y_i\right)=0$$

$$\frac{\partial A}{\partial a_1}=2\sum_{i=0}^{8}(a_0+a_1x_i+a_2x_i^2-y_i)x_i=2\left(a_0\sum_{i=0}^{8}x_i+a_1\sum_{i=0}^{8}x_i^2+a_2\sum_{i=0}^{8}x_i^3-\sum_{i=0}^{8}x_iy_i\right)=0$$

$$\frac{\partial A}{\partial a_2}=2\sum_{i=0}^{8}(a_0+a_1x_i+a_2x_i^2-y_i)x_i^2=2\left(a_0\sum_{i=0}^{8}x_i^2+a_1\sum_{i=0}^{8}x_i^3+a_2\sum_{i=0}^{8}x_i^4-\sum_{i=0}^{8}x_i^2y_i\right)=0$$

即有关于 a_0，a_1，a_2 的三元一次方程组

$$\begin{cases}a_0\sum_{i=0}^{8}1+a_1\sum_{i=0}^{8}x_i+a_2\sum_{i=0}^{8}x_i^2=\sum_{i=0}^{8}y_i\\a_0\sum_{i=0}^{8}x_i+a_1\sum_{i=0}^{8}x_i^2+a_2\sum_{i=0}^{8}x_i^3=\sum_{i=0}^{8}x_iy_i\\a_0\sum_{i=0}^{8}x_i^2+a_1\sum_{i=0}^{8}x_i^3+a_2\sum_{i=0}^{8}x_i^4=\sum_{i=0}^{8}x_i^2y_i\end{cases}$$

将三元一次方程组化成矩阵方程

$$\begin{pmatrix}9 & \sum_{i=0}^{8}x_i & \sum_{i=0}^{8}x_i^2\\\sum_{i=0}^{8}x_i & \sum_{i=0}^{8}x_i^2 & \sum_{i=0}^{8}x_i^3\\\sum_{i=0}^{8}x_i^2 & \sum_{i=0}^{8}x_i^3 & \sum_{i=0}^{8}x_i^4\end{pmatrix}\begin{pmatrix}a_0\\a_1\\a_2\end{pmatrix}=\begin{pmatrix}\sum_{i=0}^{8}y_i\\\sum_{i=0}^{8}x_iy_i\\\sum_{i=0}^{8}x_i^2y_i\end{pmatrix}$$

我们需要先求出系数矩阵，因此需要编程求和。$\sum_{i=0}^{8}x_i$，$\sum_{i=0}^{8}x_i^2$，$\sum_{i=0}^{8}x_i^3$，$\sum_{i=0}^{8}x_i^4$，$\sum_{i=0}^{8}y_i$，$\sum_{i=0}^{8}x_iy_i$，$\sum_{i=0}^{8}x_i^2y_i$。

在 Anaconda 内建的 Spyder 集成开发环境中输入代码 8.14 求系数矩阵。

代码 8.14 求系数矩阵

```
1 import numpy as np                              #导入 numpy 记作 np
2 xi=[10,15,20,25,30,35,40,45,50]                 #输入数据 xi
3 yi=[25. 2,27. 3,28. 7,29. 8,31. 1,31. 2,32. 6,31. 7,29. 4]   #输入数据 yi
4 xi2=[ ]                                          #建立空列表
5 xi3=[ ]                                          #建立空列表
6 xi4=[ ]                                          #建立空列表
7 for xi_2 in xi:                                  #for 循环 xi_2 在 xi 中遍历取值
8    xi_2=xi_2**2                                  #xi_2 平方后赋值给 xi_2
9    xi2. append( xi_2)                            #在空列表 xi2 中加入 xi_2 平方
10 for xi_3 in xi:                                 #for 循环 xi_3 在 xi 中遍历取值
11    xi_3=xi_3**3                                 #xi_3 立方后赋值给 xi_3
12    xi3. append( xi_3)                           #在空列表 xi3 中加入 xi_3 立方
13 for xi_4 in xi:                                 #for 循环 xi_4 在 xi 中遍历取值
14    xi_4=xi_4**4                                 #xi_4 四次方后赋值给 xi_4
15    xi4. append( xi_4)                           #在空列表 xi4 中加入 xi_4 四次方
16 xiyi=np. multiply( np. array( xi),np. array( yi))   #将 xi,yi 对应元素相乘得到列表 xiyi
17 xi2yi=np. multiply( np. array( xi2),np. array( yi))  #将 xi2,yi 对应元素相乘得到列表 xi2yi
18 xi_sum=np. sum( xi)                             #对 xi 求和
19 xi2_sum=np. sum( xi2)                           #对 xi 平方求和
20 xi3_sum=np. sum( xi3)                           #对 xi 三次方求和
21 xi4_sum=np. sum( xi4)                           #对 xi 四次方求和
22 yi_sum=np. sum( yi)                             #对 yi 求和
23 xiyi_sum=np. sum( xiyi)                         #对 xiyi 求和
24 xi2yi_sum=np. sum( xi2yi)                       #对 xi2yi 求和
25 print(' xi 求和=',xi_sum,',',' xi 平方求和=',xi2_sum,',',' xi 三次方求和=',xi3_sum,',',' xi 四次方
求和=',xi4_sum)                                    #打印
26 print(' yi 求和=',yi_sum,',',' xiyi 求和=',xiyi_sum,',' xi 平方乘 yi 求和=',xi2yi_sum)   #打印
```

运行代码 8.14 所生成的结果如下：x_i 求和 = 270，x_i 平方求和 = 9 600，x_i 三次方求和 = 378 000，x_i 四次方求和 = 15 832 500；y_i 求和 = 267.0，x_iy_i 求和 = 8 206.0，x_i 平方乘 y_i 求和 = 294 830.0，即

$$\sum_{i=0}^{8} x_i = 270, \sum_{i=0}^{8} x_i^2 = 9\ 600, \sum_{i=0}^{8} x_i^3 = 378\ 000, \sum_{i=0}^{8} x_i^4 = 15\ 832\ 500,$$

$$\sum_{i=0}^{8} y_i = 267, \sum_{i=0}^{8} x_iy_i = 8\ 206, \sum_{i=0}^{8} x_i^2y_i = 294\ 830。$$

从而得到矩阵方程：

$$\begin{pmatrix} 9 & 270 & 9\ 600 \\ 270 & 9\ 600 & 378\ 000 \\ 9\ 600 & 378\ 000 & 1\ 583\ 250 \end{pmatrix} \begin{pmatrix} a_0 \\ a_1 \\ a_2 \end{pmatrix} = \begin{pmatrix} 267 \\ 8\ 206 \\ 294\ 830 \end{pmatrix}$$

在 Anaconda 内建的 Spyder 集成开发环境中输入代码 8.15 求解矩阵方程。

代码 8.15　求解矩阵方程，计算 a_0，a_1，a_2 的值

```
1 import numpy as np                                    #导入 numpy 记作 np
2 xi_sum=270                                            #输入 xi 求和的值
3 xi2_sum=9600                                          #输入 xi 平方求和的值
4 xi3_sum=378000                                        #输入 xi 立方求和的值
5 xi4_sum=15832500                                      #输入 xi 四次方求和的值
6 yi_sum=267                                            #输入 yi 求和的值
7 xiyi_sum=8206                                         #输入 xiyi 求和的值
8 xi2yi_sum=294830                                      #输入 xi2yi 求和的值
9 A=np. array([[9,xi_sum,xi2_sum],[xi_sum,xi2_sum,xi3_sum],[xi2_sum,xi3_sum,xi4_sum]]) #输入系数矩阵
10 B=np. array([yi_sum,xiyi_sum,xi2yi_sum])#输入常项矩阵
11 x=np. linalg. solve(A,B)                             #求解矩阵方程,得到 a0,a1,a2 三个值的列表 x
12 a0=round(x[0],4)                                      #取 a0 为列表 x 的第一个值,保留四位小数
13 a1=round(x[1],4)                                      #取 a1 为列表 x 的第二个值,保留四位小数
14 a2=round(x[2],4)                                      #取 a2 为列表 x 的第三个值,保留四位小数
15print(' a0=',a0,',',' a1=',a1,',',' a2=',a2) #打印 a0,a1,a2 的值
```

运行代码 8.15 所生成的结果为：$a_0=19.156\ 2$，$a_1=0.669\ 9$，$a_2=-0.009$，因此所求拟合函数为
$$y=19.156\ 2+0.669\ 9x-0.009x^2$$

最后根据拟合函数 $y=19.156\ 2+0.669\ 9x-0.009x^2$ 绘制拟合曲线图，并与实验数据图进行对照观察拟合效果。在 Anaconda 内建的 Spyder 集成开发环境中输入代码 8.16。

代码 8.16　根据拟合函数 $y=19.156\ 2+0.669\ 9x-0.009x^2$ 及实验数据绘制图形

```
1 import numpy as np                                    #导入 numpy 记作 np
2 import matplotlib. pyplot as plt                       #导入 matplotlib. pyplot 记作 plt
3 plt. rcParams[' font. sans- serif' ]=[' SimHei' ]      #设置中文显示
4 plt. rcParams[' axes. unicode_minus' ] = False         #解决保存图像是负号'-'而显示为方块的问题
5 xi=np. array([10,15,20,25,30,35,40,45,50] )            #输入数据 xi
6 yi=np. array([25. 2,27. 3,28. 7,29. 8,31. 1,31. 2,32. 6,31. 7,29. 4])   #输入数据 yi
7 x=np. linspace(10,50,1000)                             #输入拟合函数自变量数值,范围不超过 xi
8y=19. 1562+0. 6699 *x- 0. 009*x**2                      #输入拟合函数
9 plt. scatter(xi,yi,color="red",label=u"实验数据",linewidth=6)        #绘制实验数据图
10 plt. plot(x,y,color="blue",label=u"拟合曲线",linewidth=2)          #绘制拟合曲线图
11 plt. xlabel("x")                                      #设置 x 轴标记
12 plt. ylabel("y")                                      #设置 y 轴标记
13 plt. legend()                                          #绘制图例
14 plt. show()                                            #显示绘制的图形
```

运行代码 8.16 得到所要的结果。通过例 8.10 和例 8.11，我们可以总结出多项式拟合的最小二乘法的一般方法。

设给定数据对 (x_i,y_i)，$(i=0,1,2,3,\cdots\cdots,m)$，$P$ 为所有次数不超过 $n(n\leqslant m)$ 的多项式组成的函数类，下面要求一个多项式

$$p_n(x) = a_0 + a_1 x + a_2 x^2 + \cdots + a_n x^n = \sum_{k=0}^{n} a_k x^k$$

使得函数 $A(a_0, a_1, a_2, \cdots, a_n) = \sum_{i=0}^{m} [p_n(x_i) - y_i]^2 = \sum_{i=0}^{m} \left(\sum_{k=0}^{n} a_k x_i^k - y_i \right)^2$ 取最小值。

函数 $A(a_0, a_1, a_2, \cdots, a_n)$ 取到极值的必要条件是 $A(a_0, a_1, a_2, \cdots, a_n)$ 关于 $a_0, a_1, a_2, \cdots, a_n$ 的所有一阶偏导数为零。因此，有：$\dfrac{\partial A}{\partial a_j} = 2 \sum_{i=0}^{m} \left(\sum_{k=0}^{n} a_k x_i^k - y_i \right) x_i^j = 0, j = 0, 1, 2, \cdots, n$ 即 $\sum_{k=0}^{n} \left(\sum_{i=0}^{m} x_i^{j+k} \right) a_k = \sum_{i=0}^{m} x_i^j y_i, j = 0, 1, 2, \cdots, n$

将此方程写成矩阵方程

$$\begin{pmatrix} m+1 & \sum_{i=0}^{m} x_i & \cdots & \sum_{i=0}^{m} x_i^n \\ \sum_{i=0}^{m} x_i & \sum_{i=0}^{m} x_i^2 & \cdots & \sum_{i=0}^{m} x_i^{n+1} \\ \cdots & \cdots & \cdots & \cdots \\ \sum_{i=0}^{m} x_i^n & \sum_{i=0}^{m} x_i^{n+1} & \cdots & \sum_{i=0}^{m} x_i^{2n} \end{pmatrix} \begin{pmatrix} a_0 \\ a_1 \\ \cdots \\ a_n \end{pmatrix} = \begin{pmatrix} \sum_{i=0}^{m} y_i \\ \sum_{i=0}^{m} x_i y_i \\ \cdots \\ \sum_{i=0}^{m} x_i^n y_i \end{pmatrix}$$

这个方程的系数矩阵的行列式值不等于 0，由求克拉默法则可知，方程存在唯一解 $a_0, a_1, a_2, \cdots, a_n$，从而得到拟合多项式表达式 $p_n(x) = a_0 + a_1 x + a_2 x^2 + \cdots + a_n x^n$。可以用反证法证明系数矩阵的行列式值不等于 0，假设矩阵方程的系数行列式值为 0，则对应的齐次方程

$$\begin{pmatrix} m+1 & \sum_{i=0}^{m} x_i & \cdots & \sum_{i=0}^{m} x_i^n \\ \sum_{i=0}^{m} x_i & \sum_{i=0}^{m} x_i^2 & \cdots & \sum_{i=0}^{m} x_i^{n+1} \\ \cdots & \cdots & \cdots & \cdots \\ \sum_{i=0}^{m} x_i^n & \sum_{i=0}^{m} x_i^{n+1} & \cdots & \sum_{i=0}^{m} x_i^{2n} \end{pmatrix} \begin{pmatrix} a_0 \\ a_1 \\ \cdots \\ a_n \end{pmatrix} = \begin{pmatrix} 0 \\ 0 \\ \cdots \\ 0 \end{pmatrix}$$

有非零解存在，即 $\sum_{k=0}^{n} \left(\sum_{i=0}^{m} x_i^{j+k} \right) a_k = 0, (j = 0, 1, 2, \cdots, n)$ 存在非零解，这是第 j 个方程，将它的两边同时乘以 a_j，得到 $n+1$ 个方程，然后 $n+1$ 个方程相加得 $\sum_{j=0}^{n} a_j \left[\sum_{k=0}^{n} \left(\sum_{i=0}^{m} x_i^{j+k} \right) a_k \right] = 0$，而 $p_n(x) = a_0 + a_1 x + a_2 x^2 + \cdots + a_n x^n = \sum_{k=0}^{n} a_k x^k$。

$\sum_{j=0}^{n} \left[\sum_{k=0}^{n} \left(\sum_{i=0}^{m} x_i^{j+k} \right) a_k \right] = \sum_{i=0}^{m} \sum_{j=0}^{n} \sum_{k=0}^{n} a_k a_j x_i^{j+k} = \sum_{i=0}^{m} \sum_{j=0}^{n} \sum_{k=0}^{n} a_k a_j x_i^{j+k} = \sum_{i=0}^{m} \left(\sum_{j=0}^{n} a_j x_i^j \right) \left(\sum_{k=0}^{n} a_k x_i^k \right) = \sum_{i=1}^{m} [p_n(x_i)]^2 = 0$，从而

$p_n(x_i) = 0, i = 0, 1, 2, \cdots, n$，而 $p_n(x) = a_0 + a_1 x + a_2 x^2 + \cdots + a_n x^n$ 为 n 次多项式，最多只有 n 个零点，因此只有 $a_0, a_1, a_2, \cdots, a_n$ 全为 0，这与 $\sum_{k=0}^{n} \left(\sum_{i=0}^{m} x_i^{j+k} \right) a_k = 0, (j = 0, 1, 2, \cdots, n)$ 存在非

零解相互矛盾。因此方程组

$$
\begin{pmatrix}
m+1 & \sum\limits_{i=0}^{m} x_i & \cdots & \sum\limits_{i=0}^{m} x_i^n \\
\sum\limits_{i=0}^{m} x_i & \sum\limits_{i=0}^{m} x_i^2 & \cdots & \sum\limits_{i=0}^{m} x_i^{n+1} \\
\cdots & \cdots & \cdots & \cdots \\
\sum\limits_{i=0}^{m} x_i^n & \sum\limits_{i=0}^{m} x_i^{n+1} & \cdots & \sum\limits_{i=0}^{m} x_i^{2n}
\end{pmatrix}
\begin{pmatrix}
a_0 \\ a_1 \\ \cdots \\ a_n
\end{pmatrix}
=
\begin{pmatrix}
\sum\limits_{i=0}^{m} y_i \\
\sum\limits_{i=0}^{m} x_i y_i \\
\cdots \\
\sum\limits_{i=0}^{m} x_i^n y_i
\end{pmatrix}
$$

的系数矩阵的行列式不等于 0。多项式拟合的一般方法可以按照以下步骤进行：

第 1 步，由已知数据画出散点图，通过散点图的走势确定拟合多项式的次数 n，如果散点图近似在一条直线上，就选择一次多项式拟合即可，否则可以选择二次多项式、三次多项式等。

第 2 步，编程计算 $\sum\limits_{i=0}^{m} x_i^j, (j = 0,1,2,\cdots,2n)$ 和 $\sum\limits_{i=0}^{m} x_i^j y_i, (j = 0,1,2,\cdots,2n)$。

第 3 步，写出 $a_0, a_1, a_2, \cdots, a_n$ 的方程组，将方程组写成矩阵方程，编程解矩阵方程得 $a_0, a_1, a_2, \cdots, a_n$ 的值。

第 4 步，写出拟合多项式 $p_n(x) = a_0 + a_1 x + a_2 x^2 + \cdots + a_n x^n = \sum\limits_{k=0}^{n} a_k x^k$。

第 5 步，编程画出实验数据图与拟合函数曲线图，观察拟合效果。

【例 8.12】已知实验数据如表 8.4 所示，试用三次拟合多项式进行拟合，绘制出实验数据点图与三次拟合多项式曲线图，观察它们的拟合情况。

表 8.4　实验数据

xi	1	2	3	4	5	6	7	8	9	10
yi	222	227	223	233	244	253	260	266	270	266

题目并没有要求求出拟合函数，只要求画出拟合图，因此，我们可以使用 np. polyfit( ) 函数。它采用的是最小二次拟合，调用方法为 numpy. polyfit(x, y, deg, rcond = None, full = False, w = None, cov = False)，前三个参数是必须的，同时使用 np. poly1d( ) 函数得到多项式系数。np. poly1d( ) 函数主要有三个参数 poly1d([1,2,3])，参数 1 表示在没有参数 2 (也就是参数 2 默认 False) 时，参数 1 是一个数组形式，且表示从高到低的多项式系数项。例如，参数 1 为 [4,5,6] 表示，参数 2 表示为 True 时，表示将参数 1 中的参数作为根来形成多项式，即参数 1 为 [4,5,6] 时表示：(x-4)(x-5)(x-6) = 0，参数 3 表示换参数标识，用惯了 x，可以用 t，s 之类进行替换。在 Spyder 集成开发环境中输入代码 8.17。

代码 8.17　使用 np. polyfit( ) 函数进行多项式拟合并绘制实验数据图和拟合曲线图

```
1 import matplotlib. pyplot as plt        #导入 matplotlib. pyplot 记作 plt
2 import numpy as np                      #导入 numpy 记作 np
3 plt. rcParams[' font. sans- serif' ]=[' SimHei' ]   #设置中文显示
4 plt. rcParams[' axes. unicode_minus' ] = False      #解决保存图像是负号' - '而显示为方块的问题
5 x =[1,2,3,4,5,6,7,8,9,10]              #输入 x 数据
```

```
6 y=[222,227,223,233,244,253,260,266,270,266]        #输入 y 数据
7 a = np. polyfit(x,y,3)                    #用 3 次多项式拟合 x,y 数组
8 b = np. poly1d(a)                         #拟合之后用这个函数来生成多项式对象
9 c = b(x)                                  #生成多项式对象之后,就是获取 x 在这个多项式处的值
10 plt. scatter(x,y,marker=' o' ,label=' 实验数据' ,linewidth=6)    #对原始数据画散点图
11 plt. plot(x,c,ls=' - ' ,c=' red' ,label=' 三次多项式拟合曲线' ,linewidth=3)  #对拟合后数据,也就是 x,c 数组画图
12 plt. legend( )                           #绘 制 图 例
13 plt. show( )                             #显 示 绘 制 的 图 形
```

运行代码 8.17 得到所要的结果。前面介绍了数据点对的拟合,下面介绍对已知函数曲线的拟合。

【例 8.13】 研究对函数 $y=xe^x$ 的曲线进行拟合。绘制出函数图与拟合函数曲线图,观察它们的拟合情况。

首先,绘制函数图形。在 Anaconda 内建的 Spyder 集成开发环境中输入代码 8.18。

代码 8.18　绘制函数 $y=xe^x$ 图形

```
1 import numpy as np                        #导入 numpy 记作 np
2 import matplotlib. pyplot as plt          #导入 matplotlib. pyplot 记作 plt
3 def f(x):                                 #定义函数 f(x)
4     rcturn x*np. exp(x)                    #回到 x*np. exp(x)
5 x=np. linspace( - 2,2,50)                  #输入 x 的取值范围
6 plt. plot(x,f(x),' r' )                    #绘制曲线图,红色
7 plt. xlabel(' x' )                         #给 x 轴添加标签
8 plt. ylabel(' f(x)' )                      #给 y 轴添加标签
9 plt. grid(True)                           #显 示 网 格
10 plt. show( )                             #显 示 绘 制 的 图 形
```

运行代码 8.18 得到所要的结果。

其次,用一次函数进行线性拟合。在 Anaconda 内建的 Spyder 集成开发环境中输入代码 8.19。

代码 8.19　函数 $y=xe^x$ 图形的一次函数拟合

```
1 import numpy as np                        #导入 numpy 记作 np
2 import matplotlib. pyplot as plt          #导入 matplotlib. pyplot 记作 plt
3 plt. rcParams[' font. sans- serif' ]=[' SimHei' ]    #设置中文显示
4 plt. rcParams[' axes. unicode_minus' ] = False      #解决保存图像是负号' -' 而显示为方块的问题
5 def f(x):                                 #定义函数 f(x)
6     return x*np. exp(x)                    #回到 x*np. exp(x)
7 x=np. linspace( - 2,2,50)                  #输入 x 的取值范围
8 plt. plot(x,f(x),' r' ,label=' 已知函数' )    #绘制曲线图,红色
9 nh=np. polyfit(x,f(x),deg=1)              #对 f(x)进行一次线性拟合
10 ry=np. polyval(nh,x)                      #获取拟合函数值
11 plt. plot(x,ry,' b. ' ,label=' 一次拟合曲线' )   #绘制拟合曲线
```

12 plt. legend(loc=0)	#添加图例
13 plt. xlabel(' x')	#给 x 轴添加标签
14 plt. ylabel(' f(x)')	#给 y 轴添加标签
15 plt. grid(True)	#显示网格
16 plt. show( )	#显示绘制的图形

运行代码 8.19 得到所要的结果。

观察图形，可以发现，用一次拟合，误差非常大。可以理解，因为原来的函数为曲线，拟合函数为直线，造成拟合误差比较大。为了提高拟合程度，我们需要修改拟合函数，修改代码 8.19 中 9 nh=np. polyfit(x,f(x),deg=1)这句命令。将 deg=1 修改为 deg=10，重新运行代码 8.19，可以得到另外一种结果。

【例 8.14】 给定一组实验数据如表 8.5 所示，求形如 $y=a+bx$ 和 $y=\dfrac{1}{a+bx}$ 的拟合函数。

表 8.5 实验数据

x	1	3	4	5	6	7	8	9	10
y	10	5	4	4	3	3	2	2	1

在 Anaconda 内建的 Spyder 集成开发环境中输入代码 8.20。

代码 8.20 求形如 $y=a+bx$ 的拟合函数

1 import numpy as np	#导入 numpy 记作 np
2 import matplotlib. pyplot as plt	#导入 matplotlib. pyplot 记作 plt
3 x=np. array([1,3,4,5,6,7,8,9,10])	#输入 x 数据
4 y=np. array([10,5,4,4,3,3,2,2,1])	#输入 y 数据
5 xx=[]	#创建一个空列表,用来装 x 乘以 x
6 yx=np. multiply(np. array(y),np. array(x))	#将列表 x 与列表 y 对应元素相乘,作成一个新的列表
7 for xi in x:	#for 循环,让 xi 遍历 x
8 xixi=xi**2	#将 xi 平方赋值给 xixi
9 xx. append(xixi)	#将 xixi 添加到列表 xx 中
10 sum_x=round(np. sum(x),3)	#对 x 求和赋值给 sum_x,小数点保留 3 位
11 xx_sum=np. sum(xx)	# 对 xx 求和赋值给 xx_sum
12 sum_y=np. sum(y)	# 对 y 求和赋值给 sum_y
13 yx_sum=np. sum(yx)	#对 yx 求和赋值给 yx_sum
14 A=np. array([[9,sum_x],[sum_x,xx_sum]])	#输入系数矩阵
15 B=np. array([sum_y,yx_sum])	#输入常数项矩阵
16 x=np. linalg. solve(A,B)	#求解矩阵方程 Ax=B,返回结果为一个列表 x
17 a=round(x[0],3)	#将列表 x 第一个数取 3 位小数,赋值给 a
18 b=round(x[1],3)	#将列表 x 第二个数取 3 位小数,赋值给 b
19 print(' a=' ,a,' b=' ,b," ","y=",a,b,"x")	#打印 a,b 的值及拟合函数表达式
20 x=[1,3,4,5,6,7,8,9,10]	#输入实验 x 数据
21 y=[10,5,4,4,3,3,2,2,1]	#输入实验 y 数据

```
22 x1=np. linspace(0,10,100)          #置拟合函数 T1 数据,介于 x 的最小值与最大值之间
23 y1=8. 584- 0. 816*x1               #输入拟合函数
24 plt. scatter(x,y,color="red",label=u"实验数据")     #绘制实验数据图
25 plt. plot(x1,y1,color="blue",label=u"拟合曲线")     #绘制拟合函数数据图
26 plt. legend( )                     #绘制图例
27 plt. rcParams[' font. sans- serif' ]=[' SimHei'  ] #设置中文显示
28 plt. show( )                       #显示绘制的图形
```

运行代码 8. 21 所生成的结果为：a=8. 584，b=-0. 816，y=8. 584-0. 816x

在 Anaconda 内建的 Spyder 集成开发环境中输入代码 8. 21。

代码 8. 21　求形如 $y=\dfrac{1}{a+bx}$ 的拟合函数

```
1 import numpy as np                  #导入 numpy 记作 np
2 import matplotlib. pyplot as plt    #导入 matplotlib. pyplot 记作 plt
3 x=np. array([1,3,4,5,6,7,8,9,10])   #输入 x 数据
4 yi=np. array([10,5,4,4,3,3,2,2,1])  #输入 yi 数据
5 y=np. array([1/10,1/5,1/4,1/4,1/3,1/3,1/2,1/2,1])  #输入 y 数据
6 xx=[]                               #创建一个空列表,用来装 x 乘以 x
7 yx=np. multiply(np. array(y),np. array(x))  #将列表 x 与列表 y 对应元素相乘,作成一个新的列表
8 for xi in x:                        #for 循环,让 xi 遍历 x
9     xixi=xi**2                      #将 xi 平方赋值给 xixi
10    xx. append(xixi)                #将 xixi 添加到列表 xx 中
11 sum_x=round(np. sum(x),3)          #对 x 求和赋值给 sum_x,小数点保留 3 位
12 xx_sum=np. sum(xx)                 # 对 xx 求和赋值给 xx_sum
13 sum_y=np. sum(y)                   # 对 y 求和赋值给 sum_y
14 sum_yx=np. sum(yx)                 #对 yx 求和赋值给 sum_yx
15 A=np. array([[9,sum_x],[sum_x,xx_sum]])  #输入系数矩阵
16 B=np. array([sum_y,yx_sum])        #输入常数项矩阵
17 x=np. linalg. solve(A,B)           #求解矩阵方程 Ax=B,返回结果为一个列表 x
18 a=round(x[0],3)                    #将列表 x 第一个数取 3 位小数,赋值给 a
19 b=round(x[1],3)                    #将列表 x 第二个数取 3 位小数,赋值给 b
20 print(' a=',a,' b=',b,",拟合曲线方程为:y=1/(",a," +",b,"x)")   #打印 a,b 的值及拟合函数表达式
21 x=[1,3,4,5,6,7,8,9,10]            # 输入实验 x 数据
22 yi=[10,5,4,4,3,3,2,2,1]          #输入实验 yi 数据
23 x1=np. linspace(2,10,100)         #设置拟合函数 T1 数据,介于 x 的最小值与最大值之间
24 y1=1/( - 0. 074+0. 078*x1)        #输入拟合函数
25 plt. scatter(x,y,color="red",label=u"实验数据")     #绘制实验数据图
26 plt. plot(x1,y1,color="blue",label=u"拟合曲线")     #绘制拟合函数数据图
27 plt. legend( )                    #绘制图例
28 plt. rcParams[' font. sans- serif' ]=[' SimHei'  ]#设置中文显示
29 plt. show( )                      #显示绘制的图形
```

运行代码 8. 21 所生成的结果为 a=-0. 074 b=0. 078，拟合曲线方程为：y=1/(-0. 074+0. 078 x)。

习题8-1

1. 对 $f(x) = x^3 + 1.1x^2 + 0.9x - 1.4$ 在 $x \in [0,1]$ 上，用八等分的等距分点进行多项式插值，并计算 $f(0.7)$ 的近似值，同时绘制等距分点散点图及插值多项式的图形。

2. 已知实验数据如表所示，绘制实验数据散点图及插值函数的图形。

x	1.0	1.1	1.2	1.3	1.4	1.5
y	0.971	0.772	0.597	0.429	0.168	0.065

3. 测得实验数据如表所示，绘制实验数据的散点图及二维插值函数图像。

x	6	2	4	3	4	3	6	7	8
y	10	15	17	19	22	25	25	26	22
z	22	23	27	28	31	32	36	37	29

4. 已知实验数据如表所示，试用最小二乘法求它的线性拟合。

x	1	2	4	7	9	12	13	15	17
y	1.5	3.9	6.6	11.7	15.6	18.8	19.6	20.6	21.1

8.2　Python 求解常微分方程

8.2.1　Python 求解常微分方程通解

关于常微分方程的求解方法，如果是求解析解，或者叫表达式解，一般的高等数学教材上都会有介绍，通常会根据方程的不同类型提出相应的求解方法。比如，对于可分离变量方程，使用分离变量法，对于一阶线性非齐次方程，通常使用常数变易法。下面我们主要介绍常微分方程求解的 Python 实现。

1. 解可分离变量方程

【例 8.15】 求下列微分方程通解：$\dfrac{\mathrm{d}y}{\mathrm{d}x} = \dfrac{y\ln y}{x}$。在 Anaconda 内建的 Spyder 集成开发环境中输入代码 8.22。

代码 8.22 求微分方程$\dfrac{dy}{dx}=\dfrac{y\ln y}{x}$通解的程序

```
1 import sympy as sp                          #输入 sympy 记作 sp
2 x = sp. Symbol('x')                         #定义变量
3 f = sp. Function('f')                       #定义函数 f()
4 y = f(x)                                     #输入函数
5 d = sp. Eq(y. diff(x),y*sp. log(y)/x)        #输入常微分方程表达式
6 wffc = sp. dsolve(d,y)                       #求解微分方程
7 print('微分方程的通解为:%s' % wffc)          #打印求解结果
```

运行代码 8.22 所生成的结果为，微分方程的通解为：Eq(f(x),exp(C1*x))，即常微分方程通解为 $y=e^{c_1x}$。

【例 8.16】求下列微分方程通解：$\dfrac{dy}{dx}=2xy^2$。在 Anaconda 内建的 Spyder 集成开发环境中输入代码 8.23。

代码 8.23 可分离变量方程$\dfrac{dy}{dx}=2xy^2$通解的程序

```
1 import sympy as sp                                          #输入 sympy 记作 sp
2 x = sp. Symbol('x')                                         #定义变量
3 f = sp. Function('f')                                       #定义函数 f()
4 ans = sp. dsolve(sp. Derivative(f(x),x)-2*x*f(x)**2,f(x))    #输入常微分方程表达式,用 sp. dsolve 求解
5 print(ans)                                                  #打印求解结果
```

运行代码 8.23 所生成的结果为：Eq(f(x),-1/(C1+x**2))，即常微分方程通解为 $y=-\dfrac{1}{C1+x^2}$。

2. 线性微分方程

【例 8.17】求一阶非齐次线性微分方程通解：$\dfrac{dy}{dx}+y=e^{-x}$。在 Spyder 集成开发环境中输入代码 8.24。

代码 8.24 一阶非齐次线性方程通解的程序

```
1 import sympy as sp                                              #输入 sympy 记作 sp
2 from sympy. abc import x                                        #从 sympy. abc 中输入 x
3 f = sp. Function('f')                                           #定义函数 f()
4 ans = sp. dsolve(sp. Derivative(f(x),x)+f(x)-sp. exp(-x),f(x))   #输入常微分方程表达式,用 sp. dsolve 求解
5 print(ans)                                                      #打印求解结果
```

运行代码 8.24 所生成的结果为：Eq(f(x),(C1+x)*exp(-x))，即常微分方程通解为 $y=(C_1+x)e^{-x}$。

【例 8.18】 求二阶可降阶微分方程通解：$y''=x+\sin x$。在 Spyder 集成开发环境中输入代码 8.25。

代码 8.25　二阶可降阶微分方程通解

```
1 import sympy as sp                                        #输入 sympy 记作 sp
2 from sympy. abc import x                                  #从 sympy. abc 中输入 x
3 f=sp. Function('f')                                       #定义函数 f()
4 ans=sp. dsolve( sp. Derivative( f( x),x,2) - x- sp. sin( x),f( x))   #输入常微分方程,用 sp. dsolve 求解
5 print( ans)                                               #打印求解结果
```

运行代码 8.25 的结果为 $\mathrm{Eq}(f(x),C1+C2*x+x**3/6-\sin(x))$，即方程通解为 $y=C_1+C_2x+\dfrac{1}{6}x^3-\sin x$。

【例 8.19】 求解二阶常系数齐次线性微分方程的通解 $y''-2y'-3y=0$。在 Spyder 中输入代码 8.26。

代码 8.26　求解 $y''-2y'-3y=0$ 的程序

```
1 import sympy as sp                                        #输入 sympy 记作 sp
2 from sympy. abc import x                                  #从 sympy. abc 中输入 x
3 f=sp. Function('f')                                       #定义函数 f()
4 ans=sp. dsolve( sp. Derivative( f( x),x,2) - 2*sp. Derivative( f( x),x) - 3*f( x),f( x))   #求解
5 print( ans)                                               #打印求解结果
```

运行代码 8.26 的结果为 $\mathrm{Eq}(f(x),C1*\exp(-x)+C2*\exp(3*x))$，即 $y=C_1e^{-x}+C_2e^{3x}$。

【例 8.20】 求解二阶常系数非齐次线性微分方程的通解：$y''-5y'+6y=xe^{2x}$。
在 Spyder 中输入代码 8.27。

代码 8.27　求解 $y''-5y'+6y=xe^{2x}$ 的程序

```
1 import sympy as sp                                        #输入 sympy 记作 sp
2 from sympy. abc import x                                  #从 sympy. abc 中输入 x
3 f=sp. Function('f')                                       #定义函数 f()
4 ans=sp. dsolve( sp. Derivative( f( x),x,2) - 5*sp. Derivative( f( x),x)+6*f( x) - x*sp. exp( 2*x),f( x))  #求解
5 print( ans)                                               #打印求解结果
```

运行代码 8.27 生成的结果为 $\mathrm{Eq}(f(x),(C1+C2*\exp(x)-x**2/2-x)*\exp(2*x))$，即 $y=\left(C_1+C_2e^x-\dfrac{x^2}{2}-x\right)e^{2x}$。

【例 8.21】 求解四阶常系数齐次线性微分方程的通解：$y^{(4)}-2y'''+5y''=0$。在 Spyder 中输入代码 8.28。

代码 8.28　求解 $y^{(4)}-2y'''+5y''=0$ 的程序

```
1 import sympy as sp                                        #输入 sympy 记作 sp
2 from sympy. abc import x                                  #从 sympy. abc 中输入 x
3 f=sp. Function('f')                                       #定义函数 f()
```

```
4 ans=sp. dsolve(sp. Derivative(f(x),x,4) - 2*sp. Derivative(f(x),x,3) +5*sp. Derivative(f(x),x,2),f(x))  #求解
5 print( ans)                    #打印求解结果
```

运行代码 8.28 生成的结果为：$Eq(f(x),C1+C2*x+(C3*sin(2*x)+C4*cos(2*x))*exp(x))$，即 $y=C_1+C_2x+(C_3\sin 2x+C_4\cos 2x)e^x$。

【例 8.22】 求欧拉方程的通解 $x^3y'''+x^2y''-4xy'=3x^2$。在 Spyder 集成开发环境中输入代码 8.29。

代码 8.29 求解 $x^3y'''+x^2y''-4xy'=3x^2$ 的程序

```
1 import sympy as sp              # 输入 sympy 记作 sp
2 from sympy. abc import x        #从 sympy. abc 中输入 x
3 f=sp. Function('f')            #定义函数 f()
4ans=sp. dsolve(x**3*sp. Derivative(f(x),x,3)+x**2*sp. Derivative(f(x),x,2) - 4*x*sp. Derivative(f(x),
x) - 3*x**2,f(x))                #求解结果
5 print( ans)                     #打印求解结果
```

运行代码 8.29 生成的结果为 $Eq(f(x),C1+C2/x+C3*x**3-x**2/2)$，即 $y=C_1+\dfrac{C_2}{x}+C_3x^3-\dfrac{x^2}{2}$。

3. 微分方程组

【例 8.23】 求一阶微分方程组的通解：$\begin{cases}\dfrac{dx}{dt}=x+y\\[2mm]\dfrac{dy}{dt}=3y-2x\end{cases}$。

在 Spyder 集成开发环境中输入代码 8.30。

代码 8.30 一阶微分方程组的通解

```
1 import sympy as sp                    #导入 sympy 记作 sp
2 from sympy. abc import t              #从 sympy. abc 中导入 t 作为自变量
3 x,y = sp. symbols('z,y',cls=sp. Function)   #设定 x,y 作为函数符号
4 f1 = sp. Eq(x(t). diff(t),x(t)+y(t))  #输入第一个方程
5 f2 = sp. Eq(y(t). diff(t),3*y(t) - 2*x(t))  #输入第二个方程
6 eq = (f1,f2)                          #将两个方程组成方程组
7 results = sp. dsolve(eq)              #解方程组,返回一个列表
8 print( results)                       #打印结果
```

运行代码 8.30 所生成的结果如下：

> [Eq(x(t),(C1*cos(t) + C2*sin(t))*exp(2*t)),Eq(y(t),(C1*(- sin(t) + cos(t)) + C2*(sin(t) + cos(t)))*exp(2*t))]

即方程组通解为：$\begin{cases}x=(C_1\cos t+C_2\sin t)e^{2t}\\ y=((-C_1+C_2)\sin t+(C_1+C_2)\cos t)e^{2t}\end{cases}$

8.2.2　Python 求解常微分方程特解

求常微分方程的通解，往往是比较困难的。或者说许多常微分方程都不能用初等方法求出它们的通解，也就是说许多常微分方程的通解不是初等函数，或者根本求不出来。因此，可以考虑求解加上了某些条件的常微分方程，这就是常微分方程定解问题，也就是求特解。

【例 8.24】求微分方程 $y'=e^{2x-y}$ 满足初始条件 $y\mid_{x=0}=0$ 的特解，并绘制图像。

在 Spyder 中输入代码 8.31。

代码 8.31　求微分方程 $y'=e^{2x-y}$ 满足初始条件 $y\mid_{x=0}=0$ 的特解的程序

```
1 import matplotlib. pyplot as plt          #导入 matplotlib. pyplot 记作 plt
2 import numpy as np                         #导入 numpy 记作 np
3 import sympy as sp                         #导入 sympy 记作 sp
4 y = sp. symbols(' y' ,cls =sp. Function)   #定义 y 为带有定解条件的函数
5 x = sp. symbols(' x' )                     #定义 x 为自变量
6eq =sp. Eq( y( x). diff( x,1) ,sp. exp(2*x- y( x) )) #输入微分方程
7 print( sp. dsolve( eq,y( x) ) )            #打印通解
8 C1 = sp. symbols(' C1' )                   #定义 C1 为自变量
9 eqr =sp. log( C1 + sp. exp(2*x)/2)         #输入通解表达式
10 eqr1 = eqr. subs( x,0)                    #给通解表达式中代入定解条件 x=0
11 print( sp. solveset( eqr1,C1) )           #打印 C1 为变量的方程解集
12 eqr2 = eqr. subs( C1,1/2)                 #对通解表达式中 C1 赋值 1
13x=np. arange( - 5,5,0. 01)                 #给定 x 范围
14y=np. log( 1/2 + np. exp(2*x)/2)           #输入函数
15 plt. plot( x,y,color=' blue' ,linewidth=6) #在点( x,y)绘图,蓝色
16 plt. grid( )                              #绘制网格线
17 plt. show( )                             #显示绘制的图形
```

代码 8.32 所生成的结果如下：

微分方程的通解为：Eq(y(x) ,log(C1+exp(2*x)/2)) ，C1 的值为：{1/2} ，即微分方程的特解为：$y=\ln\left(\dfrac{1+e^{2x}}{2}\right)$。

【例 8.25】求方程 $y''+2y'+y=0$ 满足初始条件 $y\mid_{x=0}=4$ ，$y'\mid_{x=0}=-2$ 的特解。

在 Spyder 中输入代码 8.32。

代码 8.32　求微分方程 $y''+2y'+y=0$ 满足初始条件的特解的程序

```
1 import sympy as sp                        #输入 sympy 记作 sp
2 import numpy as np                        #导入 numpy 记作 np
3 from sympy. abc import x                   #从 sympy. abc 中输入 x
4 f=sp. Function(' f' )                      #定义函数 f( )
5 ans=sp. dsolve( sp. Derivative( f( x),x,2)+2*sp. Derivative( f( x),x)+f( x),f( x)) #输入常微分方程
6 print(' 微分方程的通解为:% s' % ans)        #打印求解结果
```

```
7 A = np. array([[1,0],[-1,1]])              #输入系数矩阵
8 b = np. array([4,-2])                      #输入常数项矩阵
9 c = np. linalg. solve(A,b)                 #求解矩阵方程 Ax=b,返回结果为一个列表 x
10 c1 = round(c[0],1)                        #将列表 c 第一个数取 1 位小数,赋值给 c1
11 c2 = round(c[1],1)                        #将列表 c 第二个数取 1 位小数,赋值给 c2
12 print('c1=',c1,'c2=',c2)                  #打印 c1,c2 的值
13 print('微分方程的特解为:%s' % y=('+,c1,'+',c2,'*x)*exp(-x)')   #打印特解
```

方程的通解为：$Eq(f(x),(C1+C2*x)*exp(-x))$，$c1=4.0$ $c2=2.0$，微分方程的特解为：$y=(4.0+2.0*x)*exp(-x)$

即微分方程的特解为：$y=(4+2x)e^{-x}$。

为了求出特解，先求导数，有 $y'(x)=(C_2-C_1-C_2x)e^{-x}$，带入初始条件 $y(0)=4$ 和 $y'(0)=-2$。有关于 C_1，C_2 的方程组：$\begin{cases} C_1=4 \\ -C_1+C_2=-2 \end{cases}$，化为矩阵方程 $\begin{pmatrix} 1 & 0 \\ -1 & 1 \end{pmatrix}\begin{pmatrix} C_1 \\ C_2 \end{pmatrix}=\begin{pmatrix} 4 \\ -2 \end{pmatrix}$，所生成的结果如下：$c1=4$，$c2=2$。即所求的特解为：$y=(4+2x)e^{-x}$。

8.2.3 Python 求解常微分方程模型

【例 8.26】求解铀衰变模型。

放射性元素铀由于不断地有原子放射出微粒子而变成其他元素，铀的含量就不断减少，这种现象叫作衰变。铀的衰变速度与当时未衰变的铀原子的含量 $M(t)$ 成正比。已知 $t=0$ 时铀的含量为 M_0，则：

铀的衰变速度是铀原子的含量 $M(t)$ 对时间 t 的导数 $\dfrac{\mathrm{d}M(t)}{\mathrm{d}t}$，当 t 增加时，$M(t)$ 减少，即 $\dfrac{\mathrm{d}M(t)}{\mathrm{d}t}<0$。铀的衰变速度与当时未衰变的铀原子的含量 $M(t)$ 成正比，设比例系数为 $k>0$，称为衰变系数。于是有

$$\begin{cases} \dfrac{\mathrm{d}M(t)}{\mathrm{d}t}=-kM(t) \\ M(0)=M_0 \end{cases}$$

这就是铀衰变模型，k 是常数。

Python 可求解铀衰变模型。在 Anaconda 内建的 Spyder 集成开发环境中输入代码 8.33。

代码 8.33 铀衰变模型求解

```
1 import sympy as sp                         #导入 sympy 记作 sp
2 M = sp. symbols('M',cls=sp. Function)      #定义 x 为带有定解条件的函数
3 t = sp. symbols('t')                       #定义 t 为自变量
4 k = sp. symbols('k')                       #定义 k 为符号
5 M0 = sp. symbols('M0')                     #定义 M0 为符号
6 eq = sp. Eq(M(t). diff(t,1),-k*M(t))       #输入微分方程
7 print('微分方程的通解为:%s' % sp. dsolve(eq,M(t)))        #打印方程的通解
```

8 C1 = sp. symbols(' C1')	#定义 C1 为自变量
9 eqr = C1*sp. exp(- k*t)	#将通解表达式赋值给 eqr
10 eqr1 = eqr. subs(t,0)	#对表达式 eqr 取初值条件 t=0
11C1 = sp. solveset(eqr1- M0,C1)	#解关于 C1 的方程的解集
12 print(' 微分方程的特解为:% s' % ' y=',C1,' *exp(- k*t)')	#打印方程的特解

运行代码 8.34 所生成的结果为：$Eq(M(t),C1*exp(-k*t))$，方程特解为：$y = \{M0\} *exp(-k*t)$

即方程特解为 $M(t)=M_0 e^{-kt}$。

← 习题8-2

1. 解方程 $\dfrac{dy}{dx}-y=xy^5$。

2. 解方程 $x^2 y''+xy'-y=0$。

3. 解方程 $y''-2y'+5y=0$。

4. 解方程 $y''+4y=x\cos x$ 的通解。

本章小结

本章介绍了 Python 求解插值拟合与常微分方程。第 1 节介绍了 Python 插值与拟合，具体包含插值理论、用 Python 求解插值问题、拟合、数据拟合的 Python 实现。第 2 节介绍了 Python 求解常微分方程，具体包含求解常微分方程通解、求解常微分方程特解、求解常微分方程模型。

总习题 8

1. 对 $f(x)=x^3-x^2-x+1$ 在 $x \in [-1,2]$ 上，用六等分的等距分点进行多项式插值，并计算 $f(1.2)$ 的近似值，同时绘制等距分点散点图及插值多项式的图形。

2. 设有某实验数据如下：

x	0. 5	1	2	3	4	5	7	9
y	6. 36	6. 48	7. 26	8. 22	8. 66	8. 99	9. 43	9. 63

试求一个二次多项式拟合以上数据。

3. 求微分方程 $y'+y\cos x=e^{-\sin x}$ 通解。

4. 求微分方程 $y''+3y'+2y=3xe^{-x}$ 通解。

5. 求微分方程 $y^{(4)}=y$ 满足初始条件 $y(0)=y'(0)=2$ 和 $y''(0)=y'''(0)=1$ 的特解。

6. 求一曲线的方程，这曲线通过原点，并且它在点 (x,y) 处的切线斜率等于 $2x+y$。

第 8 章答案

第 9 章   Python 在数学建模中的应用

【本章概要】

- Python 在数学规划建模中的应用
- Python 在空气质量建模中的应用

9.1   Python 在数学规划建模中的应用

数学规划可表述成如下形式：

$$\min 或 (\max) : z = f(x), x = (x_1, \cdots x_n)^{\mathrm{T}}$$
$$\mathrm{st} : g_i(x) \leqslant 0, i = 1, 2, \cdots m$$

这里的 st(subject to) 是"受约束于"的意思。n 维向量 $x = (x_1, \cdots x_n)^{\mathrm{T}}$ 表示决策变量，多元函数 $f(x)$ 表示目标函数。数学规划通常分为：线性规划、非线性规划、整数规划和 0-1 规划。0-1 规划是整数规划的特例，整数变量的取值只能为 0 和 1。

9.1.1   用 SciPy 库实现线性规划

线性规划模型是指一种特殊形式的数学规划模型，即目标函数和约束条件是待求变量的线性函数、线性等式或线性不等式的数学规划模型。根据问题背景，经过对问题的分析，通过三个步骤建立数学模型：确定决策变量、建立目标函数、指定约束条件。由于目标函数和约束条件都是由决策变量组成的线性函数表达式，由此可以表示为以下几种形式。$\min : c^{\mathrm{T}} x$，$\mathrm{st} : Ax \leqslant b$；$Aeq * x = beq$；$lb \leqslant x \leqslant ub$，$x$ 为决策变量形成的列向量，c 是决策变量的系数列向量。首行给出目标函数 min 或 max，为了与 linprog( ) 函数格式一致，求 $\max f(x)$ 时，我们将其转换为求 $\min(-f(x))$，然后再将结果取相反数即得 $\max f(x)$。st 后面的是约束条件，分为不等式和等式的约束，以及对于决策变量的约束。

SciPy 库的功能非常强大，可以通过调用 optimize. linprog（）函数解决线性规划问题，格式如下：

scipy. optimize. linprog（c，A_ub＝None，b_ub＝None，A_eq＝None，b_eq＝None，
bounds＝None，method＝'simplex'，callback＝None，options＝None）

这里 c 是要求的最小值函数的系数数组，A_ub 是不等式未知量的系数矩阵。注意：不等式默认是小于等于的不等式，如果是大于等于的表达式，就需要乘个负号换成小于等于的不等式。b_ub 就是不等式的右边了，A_eq 就是其中等式的未知量系数矩阵了。b_eq 就是等式右边了。bounds 指的就是每个未知量的范围了。

【例 9.1】 一奶制品加工厂用牛奶生产 A_1、A_2 两种奶制品，1 桶牛奶可以在甲类设备上用 12 小时加工厂 3 公斤 A_1，或者在乙类设备上用 8 小时加工成 4 公斤 A_2。生产的 A_1、A_2 全部都能售出，且每公斤 A_1 获利 24 元，每公斤 A_2 获利 16 元。现在加工厂每天能得到 50 桶牛奶的供应，每天工人总的劳动时间为 480 小时，并且甲类设备每天至多能多加工 100 公斤 A_1，乙类设备的加工能力没有限制。试为该厂制订一个生产计划，使每天获利最大。

问题分析 这个优化问题的目标是使每天的获利最大，要做的决策是生产计划，即每天用多少桶牛奶生产 A_1，多少桶牛奶生产 A_2（也可以是每天生产多少公斤 A_1，多少公斤 A_2），决策受到 3 个条件的限制：原料（牛奶）供应、劳动时间、甲类设备的加工能力。按照题目所给，将决策变量、目标函数和约束条件用数学符号和式子表示出来，就可得到下面的模型。

基本模型

决策变量：设每天用 x_1 桶牛奶生产 A_1，用 x_2 桶牛奶生产 A_2。

目标函数：设每天获利为 z 元。x_1 桶牛奶可生产 $3x_1$ 公斤 A_1，获利 $24 \times 3x_1$，x_2 桶牛奶可生产 $4x_2$ 公斤 A_2，获利 $16 \times 4x_2$，故 $z = 72x_1 + 64x_2$。

约束条件

原料供应：生产 A_1、A_2 的原料（牛奶）总量不得超过每天的供应，即 $x_1 + x_2 \leqslant 50$；

劳动时间：生产 A_1、A_2 的总加工时间不得超过每天正式工人总的劳动时间，即 $12x_1 + 8x_2 \leqslant 480$；

设备能力：A_1 的产量不得超过设备甲每天的加工能力，即 $3x_1 \leqslant 100$；

非负约束：x_1，x_2 均不能为负值，即 $x_1 \geqslant 0$，$x_2 \geqslant 0$。

综上可得该问题的基本模型：

$$\max : z = 72x_1 + 64x_2$$

$$st : x_1 + x_2 \leqslant 50；12x_1 + 8x_2 \leqslant 480；3x_1 \leqslant 100；x_1 \geqslant 0，x_2 \geqslant 0$$

模型分析与假设

由于上述模型的目标函数和约束条件对于决策变量而言都是线性的，所以称为线性规划。线性规划具有下述三个特征：

比例性。每个决策变量对目标函数的"贡献"，与该决策变量的取值成正比；每个决策变量对每个约束条件右端的"贡献"，与该决策变量的取值成正比。

可加性。各个决策变量对目标函数的"贡献"，与其他决策变量取值无关；各个决策变量对每个约束条件右端项的"贡献"与其他决策变量的取值无关。

连续性。每个决策变量的取值是连续的。

比例性和可加性保证目标函数和约束条件对于决策变量的线性，连续性则允许得到决策

变量实数最优解。

对于本例，能建立上面的线性规划模型，实际上是事先作了如下的假设：

（1）A_1、A_2 两种奶制品每公斤的获利是与它们各自产量无关的常数，每桶牛奶加工出 A_1、A_2 的数量和所需的时间是与它们各自的产量无关的常数；

（2）A_1、A_2 每公斤的获利是与它们相互间产量无关的常数，每桶牛奶加工出 A_1、A_2 的数量和所需的时间是与它们相互间产量无关的常数；

（3）加工 A_1、A_2 的牛奶桶数可以是任意实数。

模型求解

用函数 SciPy. optimize. linprog( ) 求解。在 Anaconda 内建的 Spyder 集成开发环境中输入代码 9.1。

代码 9.1　模型求解程序

```
1 from scipy import optimize          #从 SciPy 导入 optimize
2 c = [- 72, - 64]                    #定义目标函数系数
3 a = [[1,1],[12,8]]                  #定义约束条件系数
4 b = [50,480]                        #定义约束条件右边
5 x1=[0,100/3]                        #定义决策变量范围
6 x2=[0,None]                         #定义决策变量范围
7 result = optimize. linprog( c,a,b,bounds = ( x1,x2) )   #求解
8 print( result)                      #打印结果,最大值为 3360
```

运行代码 9.1 得到如图 9.1 所示的结果。

```
    con: array([], dtype=float64)
    fun: -3359.999999913194
message: 'Optimization terminated successfully.'
    nit: 5
  slack: array([1.29289646e-09, 1.23734480e-08])
 status: 0
success: True
      x: array([20., 30.])
```

图 9.1　代码 9.1 运行的结果

从图 9.1 中可以看出，设每天用 20 桶牛奶生产 A_1，用 30 桶牛奶生产 A_2，获利 3 360 元，fun 的值为负数需要取相反数得到所求最大值。

【例 9.2】 生产任务分配问题：五个车间的生产能力、单位产品成本、库存原材料总量、单位产品消耗的原材料量具体情况如下表。

车间	生产能力	单位产品成本	库存原材料总量	单位产品消耗的原材料量
1	1 600	0.5	1 000	0.76
2	1 400	0.6	1 200	0.78
3	800	0.7	900	0.80
4	650	0.75	800	0.82
5	1 000	0.8	1 200	0.85

现生产零件 4 500 个，怎样安排生产任务才能使总成本最低？

问题分析

设 1 车间生产 x_1 个，2 车间生产 x_2 个，3 车间生产 x_3 个，4 车间生产 x_4 个，5 车间生产 x_5 个，总成本设为 z，则 $z=0.5x_1+0.6x_2+0.7x_3+0.75x_4+0.8x_5$，$x_1+x_2+x_3+x_4+x_5=4\,500$，$x_1\leq1\,600$，$x_2\leq1\,400$，$x_3\leq800$，$x_4\leq650$，$x_5\leq1\,000$，$0.76x_1\leq1\,000$，$0.78x_2\leq1\,200$，$0.80x_3\leq900$，$0.82x_4\leq800$，$0.85x_5\leq1\,200$。

综上可得该问题的基本模型：$\min: z=0.5x_1+0.6x_2+0.7x_3+0.75x_4+0.8x_5$

st：$x_1+x_2+x_3+x_4+x_5=4\,500$；$x_1\leq1\,600$；$x_2\leq1\,400$；$x_3\leq800$；$x_4\leq650$；$x_5\leq1\,000$；

$0.76x_1\leq1\,000$；$0.78x_2\leq1\,200$；$0.80x_3\leq900$；$0.82x_4\leq800$；$0.85x_5\leq1\,200$；$x_1\geq0$，$x_2\geq0$，$x_3\geq0$，$x_4\geq0$，$x_5\geq0$。

模型求解 在 Anaconda 内建的 Spyder 集成开发环境中输入代码 9.2。

代码 9.2   模型求解程序

```
1 from scipy import optimize                                    #从 scipy 中导入 optimize
2 f = [0.5,0.6,0.7,0.75,0.8]                                    #定义目标函数系数
3 Aeq =[[1,1,1,1,1]]                                            #定义约束条件系数
4 beq =   [4500]                                                #等式的右边
5 bounds = ((0,1600),(0,1400),(0,800),(0,650),(0,1000))   #定义决策变量范围
6 A = [[0.76,0,0,0,0],[0,0.78,0,0,0],[0,0,0.8,0,0],[0,0,0,0.82,0],[0,0,0,0,0.85]]
7 b = [1000,1200,900,800,1200]                                 #定义约束条件小于等于的表达式右边的值
8 answer=optimize.linprog(f,A_ub=A,b_ub=b,A_eq = Aeq,b_eq = beq,bounds=bounds)#求解
9 print(answer)                                                 #打印求解结果
```

运行代码 9.2 得到如图 9.2 所示的结果。

```
        con: array([2.21524188e-05])
        fun: 2812.7631450443046
    message: 'Optimization terminated successfully.'
        nit: 7
      slack: array([6.78703316e-06, 1.08000006e+02, 2.60000003e+02, 2.67000003e+02,
        9.15921051e+02])
     status: 0
    success: True
          x: array([1315.78946475, 1399.99999183,  799.99999601,  649.99999678,
        334.21052846])
```

图 9.2   代码 9.2 运行结果

从图 9.2 中可以看出，分配 1 车间生产 1 316 个，2 车间生产 1 400 个，3 车间生产 800 个，4 车间生产 650 个，5 车间生产 334 个，fun 的最小值为 2 813。

9.1.2   用 PuLP 库实现线性规划

在 Anaconda. Navigator 中 base（root）下拉菜单里打开 Open Terminal 命令行运行 pip install PuLP 安装 PuLP 库。解决线性规划问题一般是通过以下三个步骤：列出约束条件及目标函数；画出约束条件所表示的可行域；在可行域内求目标函数的最优解及最优值。使用 PuLP 工具包，只需要做第一步即可，使用 PuLP 提供的 API 提供目标函数及约束条件就可以直接求解，非常方便。下面列举一些常用关键字。

Exported Classes：输出类别。LpProblem：线性规划问题的容器类。LpVariable：向 LP 中的约束添加的变量。LpConstraint：一般形式的约束。LpConstraintVar：在逐列建模中用于构造模型的列。Exported Functions：输出功能。value()：查找变量或表达式的值。lpSum()：给定表单 $[a_1x_1, a_2x_2, \cdots, a_nx_n]$ 构造用作约束或变量的线性表达式。lpDot()：给定两个列表 $[a_1, a_2, \cdots, a_n]$ 和 $[x_1, x_2, \cdots, x_n]$ 将构造一个线性表达式用作约束或变量。用 PuLP 库实现线性规划具体步骤如下：

1. 安装 PuLP 并导入

pip install pulp

from pulp import *

2. 义线性规划问题

Prob=LpProblem("problem_name", sense)

定义 Prob 变量，用来定义一个 LP 问题实例，其中 problem_name 指定问题名（输出信息用），sense 值是 LpMinimize 或 LpMaximize 中的一个，用来指定目标函数是求最大值还是最小值。

3. 定义决策变量

有两种方式，一种是定义单个变量（适用于变量个数不多的情况）。

DV=LpVariable(decision variable name, lowbound, upbound, category)

decision variable name 指定变量名，lowBound 和 upBound 是下界和上界，默认是 none，分别代表负无穷和正无穷。category 用来指定变量是离散（LpInteger，LpBinary）还是连续（LpContinuous），还有一种方式是用 dict 方式来定义大量的变量，如下：

Ingredients = [' Chicken' ,' Beef' ,' Mutton' ,' Rice' ,' Wheat' ,' Gel']

variables = LpVariable. dicts ("Ingr",Ingredients,0)

上面两行代码输出的变量字典是：

{' Chicken' : Ingr_Chicken,' Beef' : Ingr_Beef,' Mutton' : Ingr_Mutton,' Rice' : Ingr_Rice,' Wheat' : Ingr_Wheat,' Gel' : Ingr_Gel}

4. 添加目标函数和约束条件

先增加目标函数：

Prob += linear objective in equantion from objective name= XXX

注意：Prob+=A 意思是 Prob=Prob+A，但要注意两者还是有区别的。再设置约束条件：

Prob += linear objective in equantion from constraint name

5. 写入 LP 文件

Prob. writeLP (filename)

6. 模型求解

Prob. slove ( )

输出的结果若是'Optimal'，说明找到了最优解。my_lp_problem. status 是一个常量，pulp. LpStatus 是一个 dict，把常量变成可读的字符串：

LpStatus = { LpStatusNotSolved:"Not Solved",LpStatusOptimal:"Optimal",

LpStatusInfeasible:"Infeasible",LpStatusUnbounded:"Unbounded",

LpStatusUndefined:"Undefined"}

这些常量的含义是：

Not Solved：还没有调研 solve() 函数前的状态。

Optimal：找到了最优解。

Infeasible：问题没有可行解（如定义了 constraints x<=1 并且 x>=2 这样的约束）。

Unbounded：约束条件是无界的（not bounded），最大化会导致无穷大（比如只有一个 x>=3 这样的约束）。

Undefined：最优解可能存在但是没有求解出来。

7. 结果显示

check status : pulp. LpStatus[Prob. status]

注意：LpStatus 是 dict。PuLP 支持很多开源的线性规划求解器（solver），比如 CBC 和 GLPK；此外它也支持商业（收费）的求解器，比如 Gurobi 和 IBM 的 CPLEX。默认的是 CBC，安装 PuLP；是默认就会安装。对于大部分问题来说，来自 COIN-OR 的 CBC 开源求解器就够用了。

【例 9.3】用 PuLP 库求解下列线性规划问题。

$$\min : z = 2x_1 + 3x_2 + x_3 ; \ \text{st} : x_1 + 4x_2 + 2x_3 \geq 8 ; 3x_1 + 2x_2 \geq 6 ; x_1 , x_2 , x_3 \geq 0 。$$

在 Anaconda 内建的 Spyder 集成开发环境中输入代码 9.3。

代码 9.3　用 PuLP 库求解线性规划问题程序

```
1 z = [2,3,1]                                              #目标函数的系数
2 a = [[1,4,2],[3,2,0]]                                    #约束条件
3 b = [8,6]                                                #约束条件右边
4 m = pulp. LpProblem(sense=pulp. LpMinimize)              #最小化,最大化把 Min 改成 Max 即可
5 x = [pulp. LpVariable(f'x{i}',lowBound=0) for i in [1,2,3]]  #定义三个变量放到列表中
#定义目标函数,lpDot 将两个列表对应位相乘再求和,相当于 z[0]*x[0]+z[1]*x[1]+z[2]*x[2]
6 m += pulp. lpDot(z,x)
7 for i in range(len(a)):                                  #设置约束条件
    m += (pulp. lpDot(a[i],x) >= b[i])
8 m. solve()                                               #求解
9 print(f'优化结果:{pulp. value(m. objective)}')            #输出结果
10 print(f'参数取值:{[pulp. value(var) for var in x]}')     #输出结果
```

代码 9.3 生成的结果如图 9.3 所示。

```
优化结果：7.0
参数取值：[2.0, 0.0, 3.0]
```

图 9.3　代码 9.3 生成的结果

【例 9.4】用 PuLP 库求解下列线性规划问题。

$$\min: z = 10x_1 + 9x_2, \ \text{st}: 6x_1 + 5x_2 \leq 60; 10x_1 + 20x_2 \leq 150; x_1 \leq 8; x_1, x_2 \geq 0。$$

推导条件：$x_1, x_2 \geq 0$ 和 $10x_1 + 20x_2 \leq 150$ 可知：$0 \leq x_1 \leq 8; 0 \leq x_2 \leq 7.5$。

在 Anaconda 内建的 Spyder 集成开发环境中输入代码 9.4。

代码 9.4　用 PuLP 库求解线性规划问题程序

```
1 ProbLP = pulp. LpProblem( "ProbLP", sense=pulp. LpMaximize)     #定义问题,求最大值
2 x1 = pulp. LpVariable(' x1' ,lowBound=0,upBound=8,cat=' Continuous' )     #定义 x1
3 x2 = pulp. LpVariable(' x2' ,lowBound=0,upBound=7.5,cat=' Continuous' )    #定义 x2
3 ProbLP += （10*x1 + 9*x2）                #设置目标函数 f( x)
4 ProbLP += （6*x1 + 5*x2 <= 60）           #不等式约束
5 ProbLP += （10*x1 + 20*x2 <= 150）        #不等式约束
6 ProbLP. solve( )                          #求解
7 print( ProbLP. name )                     #输出求解状态
8 print( "Status:",pulp. LpStatus[ProbLP. status])    #输出求解状态
9 for v in ProbLP. variables( ):            #for 循环
10     print( v. name ,"=",v. varValue)      #输出每个变量的最优值
11 print( "F( x)=",pulp. value( ProbLP. objective) )   #输出最优解的目标函数值
```

代码 9.4 生成的结果如图 9.4 所示。

```
ProbLP
Status: Optimal
x1 = 6.4285714
x2 = 4.2857143
F(x)= 102.8571427
```

图 9.4　代码 9.4 生成的结果

【例 9.5】用 PuLP 库求解线性规划问题。$\min: z = 10x_1 + 9x_2 - x_3$

$$\text{st}: 6x_1 + 5x_2 \leq 60 + \frac{5}{4}x_3; \ 10x_1 + 20x_2 \leq 150; \ x_1 \leq 8; \ x_1, x_2 \geq 0。$$

推导条件：$x_1, x_2 \geq 0$ 和 $10x_1 + 20x_2 \leq 150$ 可知：$0 \leq x_1 \leq 8; 0 \leq x_2 \leq 7.5$。在 Spyder 中输入代码 9.5。

代码 9.5　用 PuLP 库求解线性规划问题程序

```
1 import pulp                              #导入 PuLP 库
2 ProbLP = pulp. LpProblem( "ProbLP", sense=pulp. LpMaximize)  #定义问题,求最大值
3 x1 = pulp. LpVariable(' x1' ,lowBound=0,upBound=8,cat=' Continuous' )     #定义 x1
4 x2 = pulp. LpVariable(' x2' ,lowBound=0,upBound=7.5,cat=' Continuous' )   #定义 x2
5 x3 = pulp. LpVariable(' x3' ,cat=' Continuous' )    #定义 x3
6 ProbLP += （11 *x1 + 9 *x2 - x3）         #设置目标函数
7 ProbLP += （6 *x1 + 5 *x2 - 1. 25 *x3 <= 60）      #不等式约束
8 ProbLP += （10 *x1 + 20 *x2 <= 150）      #不等式约束
```

```
 9 ProbLP. solve( )                                     #求解
10 print( ProbLP. name)                                 #输出求解状态
11 print( "Status:",pulp. LpStatus[ProbLP. status])     #输出求解状态
12 for v in ProbLP. variables( ):                       #for 循环
13      print( v. name ,"=",v. varValue)                #输出每个变量的最优值
14 print( "F( x) = ",pulp. value( ProbLP. objective) )  #输出最优解的目标函数值
```

代码9.5 生成的结果如图9.5 所示。

```
ProbLP
Status: Optimal
x1 = 8.0
x2 = 3.5
x3 = 4.4
F(x) = 115.1
```

图 9.5　代码 9.5 生成的结果

9.1.3　用 cvxpy 库和 PuLP 库实现整数线性规划

首先需要配置基本的环境，记得按顺序安装模块，电脑联网，在 Anaconda 命令行中输入以下各命令，按"Enter"键执行安装。

conda install numpy；conda install mkl；conda install cvxopt；pip install scs（需要在 Anaconda. Navigator 中运行）；conda install ecos；pip install osqp（需要在 Anaconda. Navigator 中运行）。再：pip install cvxpy（需要在 Anaconda. Navigator 中运行）。

anconda 命令行只能运行conda 安装程序，但有时安装不成功，需要在 Anaconda. Navigator 中运行一下 pip 试一试。也可以试一下下面安装方法：

电脑中已经安装 Anaconda 的用户，可以按照下面顺序安装 cvxpy：先安装 ecos，再安装 scs，最后安装 cvxpy。首先从网站 https://www. lfd. uci. edu/~gohlke/Pythonlibs/#scs 下载素材文件：ecos-2. 0. 10-cp39-cp39-win_amd64. whl；scs-3. 2. 0-cp39-cp39-win_amd64. whl；cvxpy-1. 2. 0-cp39-cp39-win_amd64. whl。实际操作：自己先找到安装 Anaconda 的目录，笔者的是在 C：\Users\Administrator\Anaconda3\，然后找到里面叫 pkgs 的文件夹，把之前下载的三个文件放到 Anaconda 安装目录里的 pkgs 文件夹里面。然后直接在搜索栏里面打开 cmd，建议用管理员模式打开。在命令提示符里，先输入 Anaconda 安装目录的磁盘，比如说 C，然后输入 cd+空格+pkgs 的地址（加号不要写上去）：cd。C：\Users\Administrator\Anaconda3\pkgs

输入 pip install ecos-2. 0. 10-cp39-cp39-win_amd64. whl

成功以后再输入 pip install scs-3. 2. 0-cp39-cp39-win_amd64. whl

成功以后输入 pip install cvxpy-1. 2. 0-cp39-cp39-win_amd64. whl

安装完以后可以去内置的 spider 里面试一下，直接输 import cvxpy 不报错就可以了。

【例 9. 6】 用 cvxpy 库求解整数线性规划问题：$\min: z = 40x_1 + 90x_2$

st：$9x_1 + 7x_2 \leqslant 56$；$7x_1 + 20x_2 \geqslant 70$；$x_1, x_2 \geqslant 0$ 为整数。在 Spyder 集成开发环境中输入代码 9. 6。

代码 9.6　用 cvxpy 库求解线性规划问题程序

```
1 import cvxpy as cp                                    #导入 cvxpy 记作 cp
2 from numpy import array                               #从 numpy 导入 array
3 import warnings                                        #导入 warnings 库
4 warnings. filterwarnings("ignore")                    #忽略,过滤警告
5 c = array([40,90])                                     #定义目标向量
6 a = array([[9,7],[- 7,- 20]])                          #定义约束矩阵
7 b = array([56,- 70])                                   #定义约束条件的右边向量
8 x = cp. Variable(2,integer=True)                       #定义两个整数决策变量
9 obj = cp. Minimize(c * x)                              #构造目标函数
11 cons = [a * x <= b,x >= 0]                            #构造约束条件
12 prob = cp. Problem(obj,cons)                          #构建问题模型
13 prob. solve(solver=' GLPK_MI' ,verbose=True)         #求解,用求解器 GLPK_MI 或 CPLEX
14 print("最优值为:",prob. value)                        #打印最小值
15 print("最优解为:",x. value)                           #打印最优解
```

代码 9.6 生成的结果如图 9.6 所示。

```
(CVXPY) Sep 08 05:20:25 PM: Problem status: optimal
(CVXPY) Sep 08 05:20:25 PM: Optimal value: 3.500e+02
(CVXPY) Sep 08 05:20:25 PM: Compilation took 1.001e-02 seconds
(CVXPY) Sep 08 05:20:25 PM: Solver (including time spent in interface) took 0.000e+00 seconds
最优值为: 350.0
最优解为: [2. 3.]
```

图 9.6　代码 9.6 生成的结果

【例 9.7】用 PuLP 库求解整数线性规划问题：max：$z = 10x_1 + 9x_2$

st：$6x_1 + 5x_2 \leqslant 60$；$10x_1 + 20x_2 \leqslant 150$；$x_1 \leqslant 8$；$x_1$，$x_2 \geqslant 0$ 为整数。

推导条件：由 x_1，$x_2 \geqslant 0$ 和 $10x_1 + 20x_2 \leqslant 150$ 可知：因此，$0 \leqslant x_1 \leqslant 8$，$0 \leqslant x_2 \leqslant 7$，在 Spyder 中输入代码 9.7。

代码 9.7　用 PuLP 库求解整数线性规划问题程序

```
1 import pulp                                                           #导入 PuLP 库
2 ProbLP = pulp. LpProblem("ProbLP",sense=pulp. LpMaximize)             #定义问题,求最大值
3 x1 = pulp. LpVariable(' x1' ,lowBound=0,upBound=8,cat=' Integer')    #定义 x1,变量类型:整数
4 x2 = pulp. LpVariable(' x2' ,lowBound=0,upBound=7. 5,cat=' Integer')  #定义 x2,类型:整数
5 ProbLP += (10 * x1 + 9 * x2)                                          #设置目标函数
6 ProbLP += (6 * x1 + 5 * x2 <= 60)                                     #不等式约束
7 ProbLP += (10 * x1 + 20 * x2 <= 150)                                  #不等式约束
8 ProbLP. solve()                                                       #求解
9 print(ProbLP. name)                                                   #输出求解状态
10 print("Status:",pulp. LpStatus[ProbLP. status])                      #输出求解状态
11 for v in ProbLP. variables():                                        #for 循环
12     print(v. name,"=",v. varValue)                                  #输出每个变量的最优值
13 print("F(x) = ",pulp. value(ProbLP. objective))                     #输出最优解的目标函数值
```

代码9.7生成的结果如图9.7所示。

```
ProbLP
Status: Optimal
x1 = 8.0
x2 = 2.0
F(x) = 98.0
```

图9.7　代码9.7生成的结果

9.1.4　用 PuLP 库实现 0−1 线性规划

0−1 整数规划是一类特殊的整数规划，变量的取值只能是 0 或 1。0−1 变量可以描述开关、取舍、有无等逻辑关系、顺序关系，可以处理背包问题、指派问题、选址问题、计划安排、线路设计、人员安排等各种决策规划问题。进而，任何整数都可以用二进制表达，整数变量就可以表示为多个 0−1 变量的组合，因此任何整数规划都可以转化为 0−1 规划问题来处理。0−1 规划问题与运筹学中的很多经典问题也都有紧密联系。

【例9.8】用 PuLP 库求解下列 0−1 线性规划问题。公司有 5 个项目被列入投资计划，各项目的投资额和预期投资收益如表9.1所示（万元）：

表 9.1　5 个项目投资计划投资额和预期投资收益

项目	A	B	C	D	E
投资额	210	300	100	130	260
投资收益	150	210	60	80	180

公司只有 600 万元资金可用于投资，综合考虑各方面因素，需要保证：（1）项目 A、B、C 中必须且只能有一项被选中；（2）项目 C、D 中最多只能选中一项；（3）选择项目 E 的前提是项目 A 被选中。如何在上述条件下，进行投资决策，使收益最大。

建模过程分析

$$定义决策变量为：x_i = \begin{cases} 0, & 不选择第 i 个项目 \\ 1, & 选择第 i 个项目 \end{cases}$$

建立目标函数

$$\max : z = 150x_1 + 210x_2 + 60x_3 + 80x_4 + 180x_5$$

$st : 210x_1 + 300x_2 + 100x_3 + 130x_4 + 260x_5 \leqslant 600 ; x_1 + x_2 + x_3 = 1 ; x_3 + x_4 \leqslant 1 ; x_5 \leqslant x_1 ; x_i = 0,1 ; i = 1,2,$ 3,4,5。在 Anaconda 内建的 Spyder 集成开发环境中输入代码9.8。

代码9.8　用 PuLP 库求解 0−1 线性规划问题程序

```
1 import pulp                                              #导入 PuLP
2 InvestLP = pulp.LpProblem("Invest decision problem",sense=pulp.LpMaximize)    #定义问题
3 x1 = pulp.LpVariable('A',cat='Binary')                   #定义x1,A 项目
4 x2 = pulp.LpVariable('B',cat='Binary')                   #定义x2,B 项目
5 x3 = pulp.LpVariable('C',cat='Binary')                   #定义x3,C 项目
```

```
6 x4 = pulp. LpVariable（' D' ，cat=' Binary' ）              #定义 x4,D 项目
7 x5 = pulp. LpVariable（' E' ，cat=' Binary' ）              #定义 x5,E 项目
#cat 用来设定变量类型，' Binary' 表示 0/1 变量（用于 0/1 规划问题）
8 InvestLP += （150*x1 + 210*x2 + 60*x3 + 80*x4 + 180*x5）              #设置目标函数
9 InvestLP += （210*x1 + 300*x2 + 100*x3 + 130*x4 + 260*x5 <= 600）     #不等式约束
10 InvestLP += （x1 + x2 + x3 == 1）                         #等式约束
11 InvestLP += （x3 + x4 <= 1）                              #不等式约束
12 InvestLP += （x5 - x1 <= 0）                              #不等式约束
13 InvestLP. solve（ ）                                      #求解
14 print（InvestLP. name）                                   #输出求解状态
15 print（"Status youcans:"，pulp. LpStatus[InvestLP. status]）     #输出求解状态
16 for v in InvestLP. variables（ ）:                          #for 循环
17      print（v. name，"="，v. varValue）                    #输出每个变量的最优值
18 print（"Max f（x）="，pulp. value（InvestLP. objective））    #输出最优解的目标函数值
```

运行代码 9.8 生成的结果如图 9.8 所示。

```
Invest_decision_problem
Status youcans: Optimal
A = 1.0
B = 0.0
C = 0.0
D = 1.0
E = 1.0
Max f(x) = 410.0
```

图 9.8　代码 9.8 生成的结果

从 0-1 规划模型的结果可知，选择 A、C、E 项目进行投资，可以满足限定条件并获得最大收益 410 万元。

9.1.5　用 SciPy. optimize. minimize 解决高次非线性规划问题

在实际数学建模应用中，会遇到很多约束条件是二次的、三次的或者是高次函数的情况，这样用 optimize. linprog（ ）来解决就显得不适用了，因此我们使用 scipy. optimize 下的 minimize 函数来解决这个问题。

【例 9.9】　求解约束条件下的最小值：min：$z = x_1^2 + x_2^2 + x_3^2 + 18$

st：$x_1^2 - x_2 + x_3^3 \geqslant 0$；$x_1 + x_2 + x_3^2 \leqslant 20$；$x_1 + x_2^2 - 2 = 0$；$x_2 + 2x_3^2 = 3$；$x_1$，$x_2$，$x_3 \geqslant 0$。

在 Anaconda 内建的 Spyder 集成开发环境中输入代码 9.9。

代码 9.9　求解约束条件下得最小值程序

```
1 from scipy import optimize                          #从 SciPy 中导入 optimize
2 z = lambda x: x[0] **2 + x[1] **2 + x[2] **2 + 18    #建立目标函数
3 cons = （{' type' : ' ineq' ，' fun' : lambda x: x[0]**2 - x[1] + x[2]**3},
         {' type' : ' ineq' ，' fun' : lambda x: - x[0]- x[1] - x[2]**2 + 20},
```

```
          {' type' : ' eq' ,' fun' : lambda x: x[0] + x[1]**2 - 2},
          {' type' : ' eq' ,' fun' : lambda x: x[1] + 2 * x[2]**2 - 3})     #建立约束条件函数
#type 表示约束条件的等式类型,如 ineq 是不等式,eq 是等式。
4 x = (0,0,0)                                                           #初始化 x,限定 x 范围
5 bounds = [[0,None],[0,None],[0,None]]                                 #x_1,x_2,x_3 ≥ 0
6 res = optimize. minimize( z ,x0=x,bounds=bounds ,constraints=cons )   #求解
7 print( res )                                                          #打印结果
```

运行代码 9.9 生成的结果如图 9.9 所示。

```
      fun: 20.659693516842726
      jac: array([1.15516615, 2.38530231, 1.90123582])
  message: 'Optimization terminated successfully'
     nfev: 40
      nit: 9
     njev: 9
   status: 0
  success: True
        x: array([0.57758305, 1.19265123, 0.9506179 ])
```

图 9.9　代码 9.9 生成的结果

9.1.6　用 cvxpy 库解决非线性整数规划问题

当一个规划问题的约束条件或者目标函数中包含至少一个非线性函数，这种规划问题就是非线性规划问题。

【例 9.10】 用 cvxpy 库非线性整数规划问题：

$$\min：z=x_1^4+x_2^2+3x_3^4+4x_4^4+2x_5^4-8x_1-2x_2-3x_3-x_4-2x_5$$

$$st：x_1+x_2+x_3+x_4+x_5 \leqslant 400；x_1+2x_2+2x_3+x_4+6x_5 \leqslant 800；2x_1+x_2+6x_3 \leqslant 200；$$

$$x_3+x_4+5x_5 \leqslant 200；0 \leqslant x_i \leqslant 99，i=1,2,3,4,5，x_i 为整数。$$

在 Anaconda 内建的 Spyder 集成开发环境中输入代码 9.10。

代码 9.10　用 cvxpy 库解非线性整数规划问题

```
1 import cvxpy as cp                               #导入 cvxpy 记作 cp
2 import numpy as np                               #导入 numpy 记作 np
3 c1 = np. array( [1,1,3,4,2])                      #定义向量 c1
4 c2 = np. array( [- 8,- 2,- 3,- 1,- 2])             #定义向量 c2
5 a = np. array( [[1,1,1,1,1],[1,2,2,1,6],[2,1,6,0,0],[0,0,1,1,5]])       #定义条件系数矩阵
6 b = np. array( [400,800,200,200])                 #条件矩阵右边
7 x = cp. Variable( 5,integer=True )               #定义变量 x_1,x_2,x_3,x_4,x_5
8 obj = cp. Minimize( c1 @ x**4+c2 @ x)            #@ 表示矩阵乘法,定义目标函数
9 con = [0<=x,x<=99,a @ x<=b]                      #定义条件范围
10 prob = cp. Problem( obj,con)                     #构建问题模型
11 prob. solve( solver=' CPLEX' )                   #选用求解器' CPLEX' 求解模型
12 print( prob)                                     #打印
13 print(' 最优值:' ,prob. value)                    #打印
14 print(' 最优解:' ,x. value)                       #打印
```

代码 9.10 生成的结果如图 9.10 所示。

```
minimize [1. 1. 3. 4. 2.] @ power(var779, 4.0) + [-8. -2. -3. -1. -2.] @ var779
subject to 0.0 <= var779
           var779 <= 99.0
           [[1. 1. 1. 1. 1.]
 [1. 2. 2. 1. 6.]
 [2. 1. 6. 0. 0.]
 [0. 0. 1. 1. 5.]] @ var779 <= [400. 800. 200. 200.]
最优值： -8.0
最优解： [1. 1. 1. 0. 1.]
```

图 9.10　代码 9.10 生成的结果

在 Anaconda Prompt 里可以运行 pip install cplex 来安装求解器' CPLEX' 。通过 cvxpy 库，选用相应的求解器，可以解决相应的规划问题，如表 9.2 所示。

表 9.2　cvxpy 库所用的所有求解器

	LP	QP	SOCP	SDP	EXP	POW	MIP
CBC	√						√
GLPK	√						
GLPK_ MI	√						√
OSQP	√	√					
CPLEX	√	√	√				√
NAG	√	√	√				
ECOS	√	√	√		√		
GUROBI	√	√	√				√
MOSEK	√	√	√	√	√	√	√
CVXOPT	√	√	√	√			
SCS	√	√	√	√	√	√	
SCIP	√	√					√
XPRESS	√	√	√				√
SCIPY	√						

表 9.2 就是 cvxpy 库所用的所有求解器，横轴是求解器所能求解的问题，包括 LP（线性规划）、QP（二次规划）、SOCP（二次锥规划）、SDP（半正定规划）、MIP（混合整数规划）等。如果一个非线性规划问题解决不了，可以换用一下求解器试一试。要注意的是，非线性规划里解往往是不唯一的。

习题9-1

1. 用函数 SciPy. optimize. linprog( ) 求解线性规划：min：$z = 890x_1 + 879x_2 + 875x_3$。

st：$54x_1 + 49x_2 + 45x_3 \geqslant 48$；$0.13x_1 + 0.22x_2 + 0.34x_3 \leqslant 0.25$；$x_1 + x_2 + x_3 = 1$；$x_1, x_2, x_3 \geqslant 0$。

2. 用 PuLP 库求解线性规划问题：max：$z = 40x_1 + 60x_2$. st：$2x_1 + 4x_2 \leqslant 180$；$3x_1 + 2x_2 \leqslant 150$；$x_1, x_2 \geqslant 0$。

3. 用 cvxpy 库求解整数线性规划问题：max：$z = 2x_1 + 3x_2 + 4x_3$。

st：$1.5x_1+3x_2+5x_3 \leqslant 6\,000$；$280x_1+250x_2+400x_3 \leqslant 60\,000$；$x_1,x_2,x_3 \geqslant 0$ 整数。

4. 用 scipy. optimize. minimize 解二次非线性规划：$\max: z=10x_1+4x_2-x_1^2+4x_1x_2-4x_2^2$

$$st: x_1+x_2 \leqslant 6; \quad 4x_1+x_2 \leqslant 18。$$

5. 用 cvxpy 库解下列非线性规划问题。

$\min: z=0.2x_1^2+0.2x_2^2+0.2x_3^2+58x_1+54x_2+50x_3-560$

st：$x_1+x_2 \geqslant 100$；$x_1+x_2+x_3 \geqslant 180$；$40 \leqslant x_1 \leqslant 100$；$x_2 \leqslant 100$；$x_3 \leqslant 100$；$x_1,x_2,x_3$ 为整数。

📖 9.2 Python 在空气质量建模中的应用

9.2.1 Python 空气质量项目概况

通常空气质量项目涉及的因素较多，计算复杂，适合使用 Python 语言进行批量处理。在学习 Python 在空气质量建模中的应用之前，先了解一下空气质量项目。

目前各省市通过空气质量预报预警平台，实时监测空气质量数据，通过数值模型、GIS、物联网等技术预测结果，确定大气环境状态和空气质量变化的速度和趋势，预测未来一段时间内的空气质量污染程度以及对人们日常生活带来的影响和危害。

空气预报的主体是各项大气污染物的浓度。常规大气污染物包括 6 个参数，可吸入颗粒物（PM10）、细颗粒物（PM2.5）、二氧化硫（SO_2）、二氧化氮（NO_2）、一氧化碳（CO）和臭氧（O_3）。洁净空气通常是由 78% 的氮气、21% 的氧气、0.93% 的稀有气体、0.04% 的二氧化碳以及 0.03% 的其他物质组成。而受污染的空气主要是由于人类活动及自然界发展过程中某些污染物质进入大气中，尤其像煤炭等能源燃烧、工业生产、交通运输、建筑施工、秸秆露天焚烧、燃放烟花爆竹等过程中排放的二氧化硫、氮氧化物、挥发性有机物、氨、烟尘、粉尘等污染物累积而成。大气污染形成是一个长期、复杂的过程，当风速变小，污染物水平输送变慢，加之不利地形阻挡等因素，污染物不能及时扩散，大气污染极易愈发严重。当不利的气象条件发生时，如果燃煤和生活活动产生的污染物一如既往地排到大气中，污染会持续累积，形成污染气团和区域性空气污染。但同时大气也具备自清洁能力，大气环境的自净能力可以使大气污染物稀释，乃至清除，大气的自净能力受温度、风向、风速、湿度、地理因素等影响。

9.2.2 Python 空气质量数值模型

下面通具体实例介绍 Python 在空气预报数值模型中的应用。

辽宁省各城市具备相对完善的空气监测条件。已知辽宁省各城市昨日未来 7 天气象监测数据"昨日气象数据.xlsx"（放置在"空气预报"根目录下）。

（1）通过中国气象网爬取今日起未来 7 天辽宁省各城市气象监测数据。

（2）通过辽宁省空气质量实时发布系统爬取昨日 AQI 实测数据。

（3）根据日常空气质量预报经验，利用已知数据和爬取数据使用 Python 进行空气 AQI 数值模型预报，准确判断辽宁省各城市未来 7 天空气质量指数情况。（中国气象网 http://www.weather.com.cn/textFC/db.shtml，辽宁省空气质量实时发布系统 http://218.60.147.143：8089/#/home，气象数据爬取和程序调用有效时段为 8：00~17：00)

【例 9.11】用 Python 方法将中国气象网平台上今日起未来 7 天辽宁省各城市气象监测数据爬取出来，将城市名称和各气象参数对应的值写在名为 a1 的列表里。将 a1 写入 Excel 文件"例题 9.11 输出文件.xlsx"存储在相对路径"空气预报"目录下，程序运行有效时段为每日 8：00~17：00。

想要进行环境空气 AQI 数值模型预报，前提条件是需将网页中今日起报的辽宁省各城市气象数据爬取出来。假设今日是 11 月 29 日，在中国气象网上爬取今日气象数据，命名为"例题 9.11 输出文件.xlsx"文件，放在"空气预报"根目录下；在做爬虫之前，此项爬虫工作同样分为两步骤：

第一步：应用 requests 库把你需要爬取的网页的数据全部拉取下来。

第二步是把从网站上拉取下来的数据进行过滤，把需要的提取出来，把不需要的过滤掉。这时候我们使用的一个第三方库是 beautifulsoup4。这个库是专门用来解析网页数据的。并且为了使接下效率更高，一般我们推荐使用 lxml 来作为解析的引擎。因此，要使用 beautifulsoup 库，要通过以下命令来安装：pip install lxml 和 pip install bs4。此题我们需要爬取的网站是：中国气象网（http://www.weather.com.cn/textFC/db.shtml），要对这个网站进行详细的分析。另外，该网页数据在上午比较齐全，下午 5 点后会更新数据，删除上午的数据，因此如果下午运行代码和程序，需要手工补全爬取的当日上午 Excel 文件数据。

在这个中国气象网的页面中我们可以看到，它是通过区域的方式把全国各大省份和城市进行区分的，有：华北、东北、华东、华中、华南、西北、西南、港澳台。在每个区域下面，均通过表格的形式把属于该区域下的所有省份以及城市的气象信息列出来。因此，我们要做的是，首先找到所有的区域的链接，然后再在每个区域的链接下把这个区域下的所有的城市气象信息爬取出来。需要去解析源代码，可以单击该页面任何一个地方，右键单击审查元素，打开控制台后，找到 Network 选项卡，单击 Doc，按 F5 刷新，依次单击 Name 和 Rasponse 就可以看到，一个省份的城市及其气象信息，都是放在一个叫作<div class='conMidtab2'>的盒子中。因此，我们只要找到所有的 conMidtab2 盒子，就找到了所有的城市。每个省份的数据都放在<'table'>的盒子中，每个城市的数据都放在<'tr'>的盒子中，每项参数的数据都放在<'td'>的盒子中。在 Anaconda 内建的 Spyder 开发环境中输入代码 9.11。

代码 9.11　从中国气象网网页爬取辽宁省城市气象数据

```
1 import requests                                    #调用 requests 库
2 from bs4 import BeautifulSoup                       #从 bs4 库中调用 BeautifulSoup 包
3 import pandas as pd                                 #调用 pandas 库作为 pd
4 headers={'User_Agent':'Mozilla/5.0（Windows NT 10.0; Win64; x64）AppleWebKit/537.36（KHTML,
like Gecko）Chrome/89.0.4389.82 Safari/537.36'}    #添加请求头
5 response = requests.get('http://www.weather.com.cn/textFC/db.shtml',headers=headers) #请求
6 text = response.content.decode('utf-8')             #获得网站数据
7soup = BeautifulSoup(text,'html5lib')               # pip install html5lib,用 html5lib 作为解析器
```

```
  8 conMidtab = soup.findAll('div',class_='conMidtab')    #得到这一天中这个区域下城市元素
  9 a1=pd.DataFrame(index=['日期','城市','白天','夜间','白天','夜间','白天','夜间','最高','最低'])
#定义a1为表格型数据结构,表格型数据结构由一组数据和一对索引(行索引和列索引)组成,设置行
索引
 10 a1=a1.T #转置                        #将a1表格转置
 11 for con in range(7):                 #给con赋值0,1,2,3,4,5,6
 12     tables = conMidtab[con].find_all('table')    #从conMidtab[0]到[6]找到全部table元素
 13     trs1=tables[2].find('tr')        #将第3个table的第1个tr中内容赋给trs1
 14     tds1=trs1.find_all('td')         #将trs1的所有td中内容赋给tds1
 15     rq=list(tds1[2].stripped_strings)    #将tds1第3个td文本过滤掉空格和空行赋给表rq
 16     rq=rq[0][3:-3]                   #以'周二(9月26日)白天'为例,取rq为'9月26日'
 17     trs=tables[2].find_all('tr')[2:]    #将第3个table的所有tr(前两个不要)内容赋给trs
 18     tq=[]                           #定义tq为空集
 19     for index,tr in enumerate(trs):    #返回的是索引以及对应值,一个城市气象对应一个tr
 20         tds = tr.find_all('td')      #将tr中所有的td内容赋给tds
 21         city_td = tds[0]             #city_td为tds的第一个td中内容,含城市名
 22         if index == 0:    #第一个索引除城市名字外还有省名,需除去,如果索引值等于0
 23             city_td = tds[1]         #city_td为tds的第二个td中内容,含城市名
 24         city = list(city_td.stripped_strings)[0]    #city_td为tds的第二个td中第一行文本
 25         day = list(tds[-7].stripped_strings)[0]     #day为tds的倒数第7个td中第一行文本
 26         wind_d1 = list(tds[-6].stripped_strings)[0]    #tds的倒数第6个td中第一行文本
 27         wind_d2 = list(tds[-6].stripped_strings)[1]    #tds的倒数第6个td中第二行文本
 28         temp_d = list(tds[-5].stripped_strings)[0]     #tds的倒数第5个td中第一行文本
 29         night = list(tds[-4].stripped_strings)[0]      #ds的倒数第4个td中第一行文本
 30         wind_n1 = list(tds[-3].stripped_strings)[0]    #tds的倒数第3个td中第一行文本
 31         wind_n2 = list(tds[-3].stripped_strings)[1]    #tds的倒数第3个td中第二行文本
 32         temp_n = list(tds[-2].stripped_strings)[0]     #tds的倒数第2个td中第一行文本
 33         tq.append([rq,city,day,night,wind_d1,wind_n1,wind_d2,wind_n2,temp_d,temp_n])    #给tq空集
追加各参数
 34     a2=pd.DataFrame(tq,columns=['日期','城市','白天','夜间','白天','夜间','白天','夜间','最高','最低'])
                                        #a2为表格型
 35     a1=pd.concat([a1,a2])           #纵向合并a1和a2
 36 print(a1)                           #输出
 37 pd.set_option('display.max_columns',1000)    #列显示设置
 38 pd.set_option('display.width',1000)          #宽度显示设置
 39 pd.set_option('display.max_colwidth',1000)   #最大列宽设置
 40 pd.set_option('display.unicode.ambiguous_as_wide',True)    #对齐显示设置
 41 pd.set_option('display.unicode.east_asian_width',True)     #对齐显示设置
 42 pd.set_option('expand.frame.repr',False)    #输出数据宽度超过设置宽度时,是否折叠,选否)
 43 a1.to_excel(excel_writer='./空气预报/例题9.11输出文件.xlsx',index=False)    #a1写入文件
```

运行代码9.11得到所要的结果。

【例 9.12】 通过辽宁省空气质量实时发布系统爬取昨日 AQI 实测数据。

用 Python 方法将辽宁省空气质量实时发布系统（http://218.60.147.143:8089/#/home）平台上 14 个城市 AQI 日报数据爬取出来，将城市名称和 AQI 对应的值写在名为 aqi 的列表里。将 aqi 写入 Excel 文件"例题 9.12 输出文件.xlsx"存储在相对路径"空气预报"目录下，程序运行有效时段为全天。

假设今日是 11 月 29 日，在辽宁省空气质量实时发布系统爬取昨日各城市 AQI，命名为"例题 9.12 输出文件.xlsx"文件，放在"空气预报"根目录下。

做爬虫之前，首先对爬虫的解题路径做个简单概述。此项爬虫工作分为两步骤：

第一步：应用 requests 库把你需要爬取的网页的数据全部拉取下来。

第二步：把从网站上拉取下来的数据进行过滤，把需要的提取出来，把不需要的过滤掉。需要细致研究网页"Headers"和"Response"选项卡下面的源代码，找到所需数据的位置。城市 AQI 日报的数据都放在一个叫作<data>的盒子里，各城市数据在不同的元组盒子中，只要找到所有的元组盒子，就找到了所有的城市。城市名称在每个<city>后面，AQI 数值在每个<aqi>后面。在 Anaconda 内建的 Spyder 开发环境中输入代码 9.12。

代码 9.12　辽宁省空气质量实时发布系统网页爬取数据

```
1 import requests                                    #调用 requests 库
2 from datetime import datetime                       #从 datetime 调用 datetime 库
3 import pandas as pd                                 #调用 pandas 库作为 pd
4 from pandas.tseries.offsets import Day,Hour         #从 pandas.tseries.offsets 调用 Day,Hour 库
5 headers = {' User _ Agent ':' Mozilla/5.0（Windows NT 10.0; Win64; x64）AppleWebKit/537.36
（KHTML,like Gecko）Chrome/69.0.3497.81 Safari/537.36 Maxthon/5.3.8.2000'}    #请求头
6 et =（datetime.now()-Day(1)).strftime(' %Y-%m-%d')                        #设置时间格式
7 wz = ' http://218.60.147.143:8089/api/zrEnvobsCityYmdLn/getAirCityDayDataApp? endTime = {}+00:00:
00&startTime={}+00:00:00'.format(et,et)              #设置网页爬取地址
8 response = requests.get(wz,headers=headers)         #响应网页爬取内容
9 text = response.json()                              #将响应文本解析为 json 对象
10 aqi =[]                                            #定义 aqi 为空列表
11 for i in range(14):                                #i 赋值为 0-14
12     cs =text[' data' ][i][' city' ].strip(' 市' )   #定义 cs 列表为城市名
13     zh =text[' data' ][i][' aqi' ]                 #定义 zh 列表为各城市对应的 aqi 值
14     aqi.append([cs,zh])                            #将由 cs 和 zh 组成的列表赋给 aqi
15 print(aqi)                                         #输出 aqi
16 aqi =pd.DataFrame(aqi)                             #将 aqi 列表设为 dataFrame 结构
17 aqi.to_excel(excel_writer=' ./空气预报/例题 9.12 输出文件.xlsx' ,index=False) #写入文件
```

运行代码 9.12 得到所要的结果。

【例 9.13】 设计一个函数 AQIforecast()，该函数可以根据辽宁省各城市今日与昨日的各气象参数权重系数差值计算出 AQI 修正值 k，某日的 AQI 的预报值为昨日 AQI 预测值与修正值 k 的加和，实现输出辽宁省各城市未来 7 天空气质量指数的目的。

首先，需要读取昨日气象数据（已知数据见图 9.11）、昨日的 AQI 指数（例题 9.12 输出），今日气象数据（例题 9.13 输出）。设计的 zhuanhuan() 函数给各城市今日和昨日的气

象参数分配 AQI 权重系数，计算出辽宁省各城市今日与昨日的各气象参数权重系数的差值 k，将昨日的 AQI 指数与权重系数的差值 k 相加，得到 AQIforecast( ) 函数。zhuanhuan( ) 函数返回值 zhi 按照如下规则设计：

（1）白天气象情况为"晴"，zhi 列表追加元素 10；"多云"，zhi 列表追加元素 4；其他文字，zhi 列表追加元素 0；夜晚气象情况规则与白天相同。

（2）白天风向为"南"，zhi 列表追加元素 10，风速为"<3 级"；zhi 列表追加元素 0，风速为其他文字；zhi 列表追加元素如"4-5 级风"，取 4 这个数字乘以 1。白天风向为"北"，zhi 列表追加元素 0，风速为"<3 级"；zhi 列表追加元素 0，风速为其他文字；zhi 列表追加元素如"4-5 级风"，取 4 这个数字乘以-1。风向为其他文字，zhi 列表追加元素 0，无论风速如何，zhi 列表追加元素 0；夜晚风向和风速规则与白天相同。

（3）zhi 列表追加最高气温数值*3；zhi 列表追加最低气温数值*3。

在 Anaconda 内建的 Spyder 开发环境中输入代码 9.13。

代码 9.13　设计 Python 预报 AQI 函数

```
1 import pandas as pd                                    #调用 pandas 库作为 pd
2 from datetime import datetime                          #从 datetime 库中调用 datetime 包
3 from pandas. tseries. offsets import Day,Hour          #从 pandas. tseries. offsets 库中调用 Day,Hour
4 import numpy as np                                      #调用 numpy 库作为 np
5 import os                                               #调用 os 库
6 riqi=str( datetime. now( ). month)+' 月' +str(datetime. now( ). day)+' 日'#定义 riqi 为今日
7 riqi1=str((datetime. now( )-Day(1)). month)+' 月' +str((datetime. now( )-Day(1)). day)+' 日'   #昨日
8 nian=str((datetime. now( )-Day(1)). year)+' 年'        #定义 nian 为昨日的年
9 wjj1=str((datetime. now( )-Day(1)). month)+' 月'       #定义 wjj1 为昨日的月
10 if not os. path. exists('. /空气预报/{}'. format( nian)):  #如果空气预报文件夹下无年目录
11     os. mkdir('. /空气预报/{}'. format( nian)#在空气预报文件夹下创建年目录
12 if not os. path. exists('. /空气预报/{}/{}'. format( nian,wjj1)):      #在年目录下不存在月目录
13     os. mkdir('. /空气预报/{}/{}'. format( nian,wjj1))              #在年目录下创建月目录
14 qishi=[riqi1]*14
15 for i in range(6):
16     riqi2=str((datetime. now( )+Day(i)). month)+' 月' +str((datetime. now( )+Day(i)). day)+' 日'
17     qishi=qishi+[riqi2]*14
18 tt=pd. read_excel('. /空气预报/昨日气象数据. xlsx')
19 tt[' 日期' ]=qishi
20 tt=pd. DataFrame( tt,columns=[' 日期','城市','白天','夜间','白天','夜间','白天','夜间','最高','最低' ])
                                                         #将列赋给 tt
21 tt. to_excel( excel_writer='. /空气预报/{}/{}/{}气象. xlsx'. format( nian,wjj1,riqi1))
                                                         #将 ss3 列表转置后写入文件
22 tt2=pd. read_excel('. /空气预报/{}/{}/{}气象. xlsx'. format( nian,wjj1,riqi1))   #读取 tt2 文件
23 ss=tt2. drop( tt2. columns[0],axis=1)         #删除 tt2 第一列，赋给 ss
24 aqi=pd. read_excel('. /空气预报/例题 9.12 输出文件. xlsx')       #读取 aqi 文件
25 a1=pd. read_excel('. /空气预报/例题 9.11 输出文件. xlsx')        #读取 a1 文件
26 array=np. array( aqi)                        #将 df 对象转化为 array 对象
27 kk=array. tolist( )                          #将 array 对象转化为 list 对象
```

28 aqi=kk	#将 kk 赋给 aqi
29 def zhuanhuan(a):	#定义 zhuanhuan 函数
30 zhi=[]	#建立一个空列表 zhi
31 if a[2]=='晴':	#如果 a[2]位置的单元格为"晴"
32 zhi. append(10)	#空列表追加数值10
33 elif a[2]=='多云':	#如果 a[2]位置的单元格为"多云"
34 zhi. append(4)	#空列表追加数值4
35 else:	#否则
36 zhi. append(0)	#空列表追加数值0
37 if a[3]=='晴':	#如果 a[3]位置的单元格为"晴"
38 zhi. append(10)	#空列表追加数值10
39 elif a[3]=='多云':	#如果 a[3]位置的单元格为"多云"
40 zhi. append(4)	#空列表追加数值4
41 else:	#否则
42 zhi. append(0)	#空列表追加数值0
43 if '南' in a[4]:	#如果 a[4]位置的单元格为"南"
44 zhi. append(10)	#空列表追加数值10
45 if a[6]=='<3 级':	#如果 a[6]位置的单元格为"<3 级"
46 zhi. append(0)	#空列表追加数值0
47 else:	#否则
48 zhi. append(int(a[6][0])*1)	#a[6]单元格,如"4- 5 级风",取4 这个数乘1
49 elif '北' in a[4]:	#如果 a[4]位置的单元格为"北"
50 zhi. append(0)	#空列表追加数值0
51 if a[6]=='<3 级':	#如果 a[6]位置的单元格为"<3 级"
52 zhi. append(0)	#空列表追加数值0
53 else:	#否则
54 zhi. append(int(a[6][0])*(-1))	#a[6]为单元格,取第一个数字,乘以(-1)
55 else:	#否则
56 zhi. append(0)	#空列表追加数值0
57 zhi. append(0)	#空列表追加数值0
58 if '南' in a[5]:	#如果 a[5]位置的单元格为"南"
59 zhi. append(10)	#空列表追加数值10
60 if a[7]=='<3 级':	#如果 a[7]位置的单元格为"<3 级"
61 zhi. append(0)	#空列表追加数值0
62 else:	#否则
63 zhi. append(int(a[7][0])*1)	#a[7]单元格,取第一个数字,乘以1
64 elif '北' in a[5]:	#如果 a[5]位置的单元格为"北"
65 zhi. append(0)	#空列表追加数值0
66 if a[7]=='<3 级':	#如果 a[7]位置的单元格为"<3 级"
67 zhi. append(0)	#空列表追加数值0
68 else:	#否则
69 zhi. append(int(a[7][0])*(-1))	#a[7]单元格,取第一个数字,乘以(-1)

70	else:	#否则
71	zhi. append(0)	#空列表追加数值 0
72	zhi. append(0)	#空列表追加数值 0
73	zhi. append(int(a[8])*3)	#空列表追加 a[8]位置的整数乘以 3
74	zhi. append(int(a[9])*3)	#空列表追加 a[9]位置的整数乘以 3
75	return zhi	#返回函数
76	def AQIforecast(city):	#定义 AQIforecast 函数
77	a3 = a1[a1. 城市 == city]	#将 a1 城市列 city 行赋给 a3
78	ss1 = ss[(ss['日期'] == riqi1)&(ss['城市'] == city)]	#ss 为昨日且城市为 city 的行赋给 ss1
79	b = list(ss1. iloc[0])	#ss1 除去列索引的第 1 行内容作为列表赋给 b
80	for j in aqi:	#j 为 aqi 列表中的子列表
81	if j[0] == city:	#j[0]为子列表中第一个位置内容,等于 city
82	sy = int(j[1])	# j[1]为子列表中第二个位置内容取整数赋给 sy
83	i = 0	#将 0 赋给 i
84	k = [sum(zhuanhuan(list(a3. iloc[0]))) - sum(zhuanhuan(b))] #zhuanhuan(a3 的第一行内容列表)函数加和- zhuanhuan(ss1 的第一行内容列表)函数加和的内容赋给 k	
85	k1 = [sy+k[0]]	#k1 为今日 AQI(sy)与 k 子列表中第一个位置内容加和
86	while i<6:	#当 i<6 时
87	k. append(sum(zhuanhuan(list(a3. iloc[i+1]))) - sum(zhuanhuan(list(a3. iloc[i])))) #k 追加未来 7 日的权重差值	
88	k1. append(k[i+1]+k1[i])	#k 追加未来 7 日的 AQI 预测值
89	i = i+1	#将 i+1 的值赋给 i
90	k2 = []	#k2 为空列表
91	for n in k1:	# k1 中的各项数值 n
92	if n>40:	#如果 n>40
93	k2. append(n)	#如果 n>40,k2 列表追加 n 值
94	else:	#否则
95	k2. append(40)	#k2 追加 40(基于经验判断,通常 AQI 不会低于 40)
96	return k2	#返回 k2
97	a3 = a1[a1. 城市 == "沈阳"]	#将 a1 列表中带有"沈阳"行内容列表赋给 a3
98	ss3 = pd. DataFrame(index = a3['日期'])	#将 a3 的"日期"列内容赋给 ss3,作为行索引
99	liaoning = ["沈阳","大连","鞍山","抚顺","本溪","丹东","锦州","营口","阜新","辽阳", "盘锦","铁岭","朝阳","葫芦岛"]	#将辽宁省各城市作为列表赋给 liaoning
100	for cs in liaoning:	#在 liaoning 列表里的元素 cs
101	ss3[cs] = AQIforecast(cs)	#将 AQIforecast(cs)的返回内容赋给 ss3
102	pd. set_option('display. max_columns',1000)	#列显示设置
103	pd. set_option('display. width',1000)	#宽度显示设置
104	pd. set_option('display. max_colwidth',1000)	#最大列宽设置
105	pd. set_option('display. unicode. ambiguous_as_wide',True)	#对齐显示设置
106	pd. set_option('display. unicode. east_asian_width',True)	#对齐显示设置
107	pd. set_option('expand. frame. repr',False)	#输出数据宽度超过设置宽度时,是否折叠,选否)
108	print(ss3)	#输出 ss3

运行代码 9.13 得到所要的结果。

【例 9.14】根据日常空气质量预报经验,利用已知数据和爬取数据使用 Python 进行空气 AQI 数值模型预报,准确判断辽宁省各城市未来 7 天空气质量指数情况。在 Anaconda 内建的 Spyder 开发环境中输入代码 9.14。

代码 9.14 利用已知数据和爬取数据准确判断未来 7 天空气质量指数情况解决方案

```
1 import requests                          #调用 requests 库
2 from bs4 import BeautifulSoup            #从 bs4 库调用 BeautifulSoup 包
3 import pandas as pd                      #调用 pandas 库作为 pd
4 from datetime import datetime            #从 datetime 库调用 datetime 包
5 from pandas. tseries. offsets import Day,Hour#    #从 pandas. tseries. offsets 库中调用 Day,Hour
6 import os                               #调用 os 库
7 riqi=str( datetime. now( ). month)+'月'+str( datetime. now( ). day)+'日'#设置今日日期格式
8 riqi1=str( ( datetime. now( )-Day( 1) ). month)+'月'+str( ( datetime. now( )-Day( 1) ). day)+'日' #昨日
9 nian1=str( ( datetime. now( )-Day( 1) ). year)+'年'    #设置昨日日期中年格式
10 wjj1=str( ( datetime. now( )-Day( 1) ). month)+'月'    #设置昨日日期中月格式
11 qishi=[riqi1]*14                        #给 qishi 赋值为 14 个 riqi1 纵向排列的列表
12 for i in range( 6):                     #i 取值为 1-6 的整数
13      riqi2=str( ( datetime. now( )+Day( i) ). month)+'月'+str( ( datetime. now( )+Day( i) ). day)+'日'
14      qishi=qishi+[riqi2]*14             #qishi 为未来 7 天的日期纵向列表
15 tt=pd. read_excel( './空气预报/昨日气象数据. xlsx') #tt 为读取的相对路径文件
16 tt['日期']=qishi                         #将 qishi 赋给 tt 的日期列
17 tt=pd. DataFrame( tt,columns=['日期','城市','白天','夜间','白天','夜间','白天','夜间','最高','最低'])    #tt 为 DataFrame 表格型数据结构,包含方括号中的列名
18 tt. to_excel( excel_writer='./空气预报/{}/{}/{}气象. xlsx'. format( nian1,wjj1,riqi1))
                                          #将 ss3 列表转置后写入文件
19 tt2=pd. read_excel( './空气预报/{}/{}/{}气象. xlsx'. format( nian1,wjj1,riqi1))    #读取文件
20 ss=tt2. drop( tt2. columns[0],axis=1)   #删除 tt2 中第 1 列数据
21 headers = {' User _ Agent ':' Mozilla/5. 0  ( Windows  NT  10. 0; Win64; x64)  AppleWebKit/537. 36
( KHTML,like Gecko) Chrome/69. 0. 3497. 81 Safari/537. 36 Maxthon/5. 3. 8. 2000'}   #请求头
22 et=( datetime. now( )-Day( 1) ). strftime( '%Y-%m-%d')        #设置时间格式
23 wz=' http://218. 60. 147. 143:8089/api/zrEnvobsCityYmdLn/getAirCityDayDataApp? endTime={}+00:00:
00&startTime={}+00:00:00'. format( et,et)            #设置网页爬取地址
24 response = requests. get( wz,headers=headers)          #响应网页爬取内容
25 text = response. json( )                 #将响应文本解析为 json 对象
26 aqi=[]                                  #定义 aqi 为空列表
27 for i in range( 14):                    #i 赋值为 0-14
28      cs=text['data' ][i]['city' ]. strip( '市')     #定义 cs 列表为城市名
29      zh=text['data' ][i]['aqi' ]       #定义 zh 列表为各城市对应的 aqi 值
30      aqi. append( [cs,zh])              #将由 cs 和 zh 组成的列表赋给 aqi
31 print( aqi)                             #输出 aqi
32 headers = {' User _ Agent ':' Mozilla/5. 0  ( Windows  NT  10. 0; Win64; x64)  AppleWebKit/537. 36
( KHTML,like Gecko) Chrome/89. 0. 4389. 82 Safari/537. 36'}  #添加请求头,解决反爬问题
```

```
33 response = requests. get(' http://www. weather. com. cn/textFC/db. shtml' ,headers=headers)  #获得网站数据

34 text = response. content. decode(' utf- 8' )          #获得网站数据

35 soup = BeautifulSoup( text,' html5lib' )          #pip install html5lib,用 BeautifulSoup 作为解析器

36 conMidtab = soup. findAll(' div' ,class_=' conMidtab' )    #得到这一天中这个区域下城市元素

37 a1=pd. DataFrame(index=[' 日期' ,' 城市' ,' 白天' ,' 夜间' ,' 白天' ,' 夜间' ,' 白天' ,' 夜间' ,' 最高' ,' 最
低' ]) #a1 为表格型数据结构,由一组数据和一对索引(行索引和列索引)组成,设置行索引

38 a1=a1. T #转置                      #将 a1 表格转置

39 for con in range( 7):                   #给 con 赋值 0,1,2,3,4,5,6

40      tables = conMidtab[con]. find_all(' table' )   #从 conMidtab[0]到 [6]找到全部 table 元素

41      trs1=tables[2]. find(' tr' )          #将第 3 个 table 的第 1 个 tr 中内容赋给 trs1

42      tds1=trs1. find_all(' td' )          #将 trs1 的所有 td 中内容赋给 tds1

43      rq=list( tds1[2]. stripped_strings)    #将 tds1 第 3 个 td 文本过滤掉空格和空行赋给表 rq

44      rq=rq[0][3:- 3]              #以' 周二(9 月 26 日)白天' 为例,rq 为 ' 9 月 26 日'

45      trs=tables[2]. find_all(' tr' )[2:]    #将第 3 个 table 的所有 tr( 前两个不要)内容赋给 trs

46      tq=[]                      #定义 tq 为空集

47      for index,tr in enumerate( trs):      #返回的是索引以及对应值,一个城市气象对应一个 tr

48          tds = tr. find_all(' td' )          #将 tr 中所有的 td 内容赋给 tds

49          city_td = tds[0]              #city_td 为 tds 的第一个 td 中内容,含城市名

50          if index == 0: #第一个索引除城市名字外还有省名,需除去,如果索引值等于 0

51              city_td = tds[1]          #city_td 为 tds 的第二个 td 中内容,含城市名

52          city = list( city_td. stripped_strings) [0] #city_td 为 tds 的第二个 td 中第一行文本

53          day = list( tds[- 7]. stripped_strings) [0] #day 为 tds 的倒数第 7 个 td 中第一行文本

54          wind_d1 = list( tds[- 6]. stripped_strings) [0]  #tds 的倒数第 6 个 td 中第一行文本

55          wind_d2 = list( tds[- 6]. stripped_strings) [1]  #tds 的倒数第 6 个 td 中第二行文本

56          temp_d = list( tds[- 5]. stripped_strings) [0]  #tds 的倒数第 5 个 td 中第一行文本

57          night = list( tds[- 4]. stripped_strings) [0]   #ds 的倒数第 4 个 td 中第一行文本

58          wind_n1 = list( tds[- 3]. stripped_strings) [0]  #tds 的倒数第 3 个 td 中第一行文本

59          wind_n2 = list( tds[- 3]. stripped_strings) [1]  #tds 的倒数第 3 个 td 中第二行文本

60          temp_n = list( tds[- 2]. stripped_strings) [0]  #tds 的倒数第 2 个 td 中第一行文本

61          tq. append( [rq,city,day,night,wind_d1,wind_n1,wind_d2,wind_n2,temp_d,temp_n])
                                    #给 tq 空集追加各参数

62      a2=pd. DataFrame(tq,columns=[' 日期' ,' 城市' ,' 白天' ,' 夜间' ,' 白天' ,' 夜间' ,' 白天' ,' 夜间' ,'
最高' ,' 最低' ])                      #a2 为表格型

63      a1=pd. concat( [a1,a2])          #纵向合并 a1 和 a2

64 print( a1)                      #输出 a1

65 def zhuanhuan( a):                #定义函数

66      zhi=[]                      #建立一个空列表 zhi

67      if a[2]==' 晴' :              #如果 a[2]位置的单元格为"晴"

68          zhi. append( 10)          #空列表追加数值 10

69      elif a[2]==' 多云' :          #如果 a[2]位置的单元格为"多云"

70          zhi. append( 4)          #空列表追加数值 4
```

```
71      else:                               #否则
72          zhi. append(0)                  #空列表追加数值 0
73      if a[3]==' 晴':                     #如果 a[3]位置的单元格为"晴"
74          zhi. append(10)                 #空列表追加数值 10
75      elif a[3]==' 多云':                 #如果 a[3]位置的单元格为"多云"
76          zhi. append(4)                  #空列表追加数值 4
77      else:                               #否则
78          zhi. append(0)                  #空列表追加数值 0
79      if ' 南' in a[4]:                   #如果 a[4]位置的单元格为"南"
80          zhi. append(10)                 #空列表追加数值 10
81          if a[6]==' <3 级':             #如果 a[6]位置的单元格为"<3 级"
82              zhi. append(0)              #空列表追加数值 0
83          else:                           #否则
84              zhi. append(int(a[6][0])*1) #a[6]单元格,如"4- 5 级风",取 4 这个数乘 1
85      elif ' 北' in a[4]:                 #如果 a[4]位置的单元格为"北"
86          zhi. append(0)                  #空列表追加数值 0
87          if a[6]==' <3 级':             #如果 a[6]位置的单元格为"<3 级"
88              zhi. append(0)              #空列表追加数值 0
89          else:                           #否则
90              zhi. append(int(a[6][0])*(- 1))  #a[6]为单元格,取第一个数字,乘以(- 1)
91      else:                               #否则
92          zhi. append(0)                  #空列表追加数值 0
93          zhi. append(0)                  #空列表追加数值 0
94      if ' 南' in a[5]:                   #如果 a[5]位置的单元格为"南"
95          zhi. append(10)                 #空列表追加数值 10
96          if a[7]==' <3 级':             #如果 a[7]位置的单元格为"<3 级"
97              zhi. append(0)              #空列表追加数值 0
98          else:                           #否则
99              zhi. append(int(a[7][0])*1) #a[7]单元格,取第一个数字,乘以 1
100     elif ' 北' in a[5]:                 #如果 a[5]位置的单元格为"北"
101         zhi. append(0)                  #空列表追加数值 0
102         if a[7]==' <3 级':             #如果 a[7]位置的单元格为"<3 级"
103             zhi. append(0)              #空列表追加数值 0
104         else:                           #否则
105             zhi. append(int(a[7][0])*(- 1))  #a[7]单元格,取第一个数字,乘以(- 1)
106     else:                               #否则
107         zhi. append(0)                  #空列表追加数值 0
108         zhi. append(0)                  #空列表追加数值 0
109     zhi. append(int(a[8])*3)            #空列表追加 a[8]位置的整数乘以 3
110     zhi. append(int(a[9])*3)            #空列表追加 a[9]位置的整数乘以 3
111     return zhi                          #返回函数 zhi
112 def AQIforecast(city):                  #定义函数
```

113	a3=a1[a1. 城市==city]	#将 a1 城市列 city 行赋给 a3
114	ss1=ss[(ss['日期']==riqi1)&(ss['城市']==city)]	# ss 为昨日且城市为 city 的行赋给 ss1
115	b=list(ss1. iloc[0])	#ss1 除去列索引的第 1 行内容作为列表赋给 b
116	for j in aqi:	#aqi 见图 22,j 为 aqi 列表中的子列表
117	if j[0]==city:	#j[0]为子列表中第一个位置内容,等于 city
118	sy=int(j[1])	#j[1]为子列表中第二个位置内容取整数赋给 sy
119	i=0	#将 0 赋给 i
120	k=[sum(zhuanhuan(list(a3. iloc[0])))-sum(zhuanhuan(b))]	#zhuanhuan(a3 的第一行内容列表)函数加和- zhuanhuan(ss1 的第一行内容列表)函数加和的内容赋给 k
121	k1=[sy+k[0]]	#k1 为今日 AQI(sy)与 k 子列表中第一个位置内容加和
122	while i<6:	#当 i<6 时
123	k. append(sum(zhuanhuan(list(a3. iloc[i+1])))-sum(zhuanhuan(list(a3. iloc[i]))))	#k 追加未来 7 日的权重差值
124	k1. append(k[i+1]+k1[i])	#k 追加未来 7 日的 AQI 预测值
125	i=i+1	#将 i+1 的值赋给 i
126	k2=[]	#k2 为空列表
127	for n in k1:	#k1 中的各项数值 n
128	if n>40:	#如果 n>40
129	k2. append(n)	#如果 n>40,k2 列表追加 n 值
130	else:	#否则
131	k2. append(40)	#k2 追加 40(基于经验判断,通常 AQI 不会低于 40)
132	return k2	#返回 k2
133	a3=a1[a1. 城市=="沈阳"]	#将 a1 列表中带有"沈阳"行内容列表赋给 a3
134	ss3=pd. DataFrame(index=a3['日期'])	#将 a3 的"日期"列内容赋给 ss3,作为行索引
135	liaoning=["沈阳","大连","鞍山","抚顺","本溪","丹东","锦州","营口","阜新","辽阳","盘锦","铁岭","朝阳","葫芦岛"]	#将辽宁省各城市作为列表赋给 liaoning
136	for cs in liaoning:	#在 liaoning 列表里的元素 cs
137	ss3[cs]=AQIforecast(cs)	#将 AQIforecast(cs)的返回内容赋给 ss3
138	pd. set_option('display. max_columns',1000)	#列显示设置
139	pd. set_option('display. width',1000)	#宽度显示设置
140	pd. set_option('display. max_colwidth',1000)	#最大列宽设置
141	pd. set_option('display. unicode. ambiguous_as_wide',True)	#对齐显示设置
142	pd. set_option('display. unicode. east_asian_width',True)	#对齐显示设置
143	pd. set_option('expand. frame. repr',False)	#输出数据宽度超过设置宽度时,是否折叠,选否
144	print(ss3)	#输出 ss3
145	nian=str(datetime. now(). year)+'年'	#将当前日期年数值转换成字符,如:2022 年
146	wjj=str(datetime. now(). month)+'月'	#将当前日期月数值转换成字符,如:9月
147	if not os. path. exists('. /空气预报/{}'. format(nian)):	#如果空气预报文件夹下无年目录
148	os. mkdir('. /空气预报/{}'. format(nian))	#在空气预报文件夹下创建年目录
149	if not os. path. exists('. /空气预报/{}/{}'. format(nian,wjj)):	#在年目录下不存在月目录
150	os. mkdir('. /空气预报/{}/{}'. format(nian,wjj))	#在年目录下创建月目录
151	a1. to_excel(excel_writer='. /空气预报/{}/{}/{}气象数据. xlsx'. format(nian,wjj,riqi),index=False)	#将 a1 写入文件
152	ss3. T. to_excel(excel_writer='. /空气预报/{}/{}/{}AQI 预报. xlsx'. format(nian,wjj,riqi))	

代码9.14得到所要的结果。

习题9-2

请用 Python 方法将中国气象网（http://www.weather.com.cn/textFC/db.shtml）平台上沈阳和大连两个城市今日起报的未来7天气象数据爬取出来，写在名为 a1 的列表里；将辽宁省空气质量实时发布系统（http://218.60.147.143:8089/#/home）平台上沈阳和大连两个城市昨日 AQI 爬取出来，将城市名称和 AQI 对应的值写在名为 aqi 的列表里。利用表9.3数据、a1 和 aqi 列表进行环境空气 AQI 数值模型预报，并判断沈阳和大连未来7天空气质量指数情况，输出预报 AQI 数值。（表9.3数据在"./空气预报"文件夹下，文件名为"昨日沈阳大连气象数据"）。

表9.3　昨日沈阳、大连气象数据

日期	城市	白天	夜间	白天	夜间	白天	夜间	最高	最低
	沈阳	晴	晴	西北风	西风	3~4级	3~4级	22	10
	大连	晴	晴	西风	西风	5~6级	4~5级	26	19
	沈阳	晴	晴	西南风	西南风	3~4级	<3级	25	15
	大连	晴	多云	西风	西南风	4~5级	3~4级	27	18
	沈阳	晴	晴	西南风	西南风	3~4级	<3级	29	15
	大连	多云	多云	西南风	南风	3~4级	3~4级	26	20
	沈阳	晴	晴	西南风	西南风	3~4级	<3级	29	17
	大连	多云	多云	南风	东南风	4~5级	4~5级	25	18
	沈阳	晴	晴	西南风	西南风	3~4级	<3级	29	17
	大连	多云	多云	东南风	东风	4~5级	4~5级	25	19
	沈阳	晴	多云	西南风	西南风	3~4级	<3级	29	17
	大连	多云	多云	东风	东风	4~5级	4~5级	25	19
	沈阳	晴	晴	无持续风	无持续风	<3级	<3级	27	13
	大连	晴	晴	无持续风	无持续风	<3级	<3级	24	18

本章小结

本章分2节介绍了 Python 在数学建模中的应用。第1节介绍了 Python 在数学规划建模中的应用，具体包含用 SciPy 库实现线性规划、用 PuLP 库实现线性规划、用 cvxpy 库和 PuLP 库实现整数线性规划、用 PuLP 库实现 0-1 线性规划、用 SciPy.optimize.minimize 解决高次非线性规划问题。第2节介绍了 Python 在空气质量建模中的应用，具体包含 Python 空气质量项目概况、Python 空气质量数值模型。

总习题 9

1. 求目标函数 $z = 4x_1 + 3x_2$ 的最大值，约束条件为：$2x_1 + x_2 \leqslant 10$，$x_1 + x_2 \leqslant 8$，$x_2 \leqslant 7$，$x_1 \geqslant 0$，$x_2 \geqslant 0$。

2. 求解线性规划问题：$\max$：$z = 5x_1 + 8x_2 - 5x_3$

   st：$x_1 + x_2 + x_3 = 7$；$2x_1 - 5x_2 + x_3 \geqslant 10$；$x_1 + 3x_2 + x_3 \leqslant 12$；$x_1, x_2, x_3 \geqslant 0$。

3. 求解线性规划问题：$\max$：$z = 12x_1 + 33x_2 - 15x_3$

   st：$x_1 + x_2 + x_3 = 7$；$2x_1 - 5x_2 + x_3 \geqslant 10$；$x_1 + 3x_2 + x_3 \leqslant 12$；$x_1, x_2, x_3 \geqslant 0$。

4. 求解线性规划问题：$\min$：$z = 5x_1 + 6x_2 + 7x_3 + 8x_4$。

   st：$x_1 + x_2 + x_3 + x_4 = 100$；$5x_1 + 4x_2 + 5x_3 + 6x_4 \geqslant 530$；$2x_1 + x_2 + x_3 + 2x_4 \leqslant 160$；

   $x_1, x_2, x_3, x_4 \geqslant 0$。

5. 求解下列整数线性规划问题：

   $\max$：$z = 3x_1 + 5x_2 + 4x_3$。

   st：$2x_1 + 3x_2 \leqslant 150$；$2x_2 + 4x_3 \leqslant 800$；$3x_1 + 2x_2 + 5x_3 \leqslant 2\,000$ $x_1, x_2, x_3 \geqslant 0$。

第 9 章答案

参考文献

［1］刘卫国. Python 语言程序设计［M］. 北京：电子工业出版社，2019.

［2］赵莉，唐小平，彭庆喜. Python 程序设计［M］. 北京：北京理工大学出版社，2021.

［3］单显明，贾琼，陈琦. Python 程序设计案例教程［M］. 北京：北京理工大学出版社，2020.

［4］李汉龙，缪淑贤，等. Mathematica 基础及其在数学建模中的应用［M］. 北京：国防工业出版社，2013.

［5］李汉龙，缪淑贤，等. 数学建模入门与提高［M］. 北京：国防工业出版社，2013.

［6］李汉龙，隋英，等. 概率论与数理统计典型题解题指南［M］. 北京：机械工业出版社，2019.

［7］李汉龙，等. 线性代数典型题解答指南［M］. 北京：国防工业出版社，2016.

［8］李汉龙，隋英，韩婷. LINGO 基础培训教程［M］. 北京：国防工业出版社，2021.

［9］［美］B. J. Korites. Python 图形编程：2D 和 3D 图像的创建［M］. 李铁萌，译. 北京：机械工业出版社，2020.

［10］同济大学应用数学系. 线性代数［M］. 北京：高等教育出版社，2003.

［11］范传辉. Python 爬虫开发与项目实战［M］. 北京：机械工业出版社，2017.

［12］王斌会，王术. Python 数据分析基础教程［M］. 北京：电子工业出版社，2018.

［13］同济大学数学系. 高等数学第七版（上，下册）［M］. 北京：高等教育出版社，2014.

［14］张俊红. 对比 EXCEL，轻松学习 Python 数据分析［M］. 北京：电子工业出版社，2019.

［15］房小怡. 城市空气质量数值预报模式系统及其应用［J］. 环境科学学报，2004，24（1）：111-115.

［16］汪飞，城市环境空气质量预测预报方法研究［J］. 环境与发展，2020，32(09)，176-178.

［17］李汉龙，隋英，韩婷. Python 数学实验［M］. 北京：机械工业出版社，2022. 10.

［18］https：//www.Anaconda.com/

［19］https：//numpy.org/.

［20］https：//matplotlib.org/tutorials/introductory/sample_plots.html

［21］https：//www.cnblogs.com/moon1992/p/4960700.html.

［22］https：//blog.csdn.net/youcans/article/details/117463682

［23］https://blog.csdn.net/m0_53392188/article/details/118875916

［24］https://blog.csdn.net/kittyzc/article/details/105879978

［25］https://blog.csdn.net/weixin_41596280/article/details/89112302

［26］https://mirrors.tuna.tsinghua.edu.cn/help/Anaconda/

［27］https://www.lfd.uci.edu/~gohlke/Pythonlibs/#scs

［28］https://www.lfd.uci.edu/~gohlke/Pythonlibs/#mayavi